काल की वैज्ञानिक अवधारणा

[विज्ञान]

काल की वैज्ञानिक अवधारणा

गुणाकर मुळे

संपादन

शांति गुणाकर मुळे

राजकमल प्रकाशन

ISBN : 978-81-966726-8-3

मूल्य : ₹ 695

पहला संस्करण : 2015
पहली आवृत्ति : 2024

प्रकाशक : राजकमल प्रकाशन प्रा. लि.
1-बी, नेताजी सुभाष मार्ग, दरियागंज
नई दिल्ली-110 002

शाखाएँ : अशोक राजपथ, साइंस कॉलेज के सामने, पटना-800 006
पहली मंजिल, दरबारी बिल्डिंग, महात्मा गांधी मार्ग, प्रयागराज-211 001
1, अनमोल सोराबजी संतुक लेन, धोबी तलाव, मरीन लाइंस, मुम्बई-400 002
वेबसाइट : www.rajkamalprakashan.com
ई-मेल : info@rajkamalprakashan.com

मुद्रक : राजकमल प्रेस
नई दिल्ली-110 002

KAAL KI VAIGYANIK AVDHARNA
by Gunakar Muley
Edited by Shanti Gunakar Muley

अपनी बात

काल की व्याख्या करना संभव नहीं, फिर भी मानव-जगत् को सबसे अधिक आतंकित किया है काल ने। काल विनाशक है, सर्वभक्षक है, इसलिए भारतीय परंपरा में काल को मृत्यु और यम कहा जाता है। अंत समय को अंतकाल कहते हैं और इस समय मनुष्य हार जाता है, कुछ कर नहीं सकता है।

काल भूतकाल से वर्तमान में आता और फिर भविष्य की ओर गमन करता है। कल क्या होगा? इसको कोई नहीं बता सकता। मानव जगत् में जीव पैदा हो वयस्क होता है फिर बूढ़ा हो मर जाता है, यही प्रकृति का नियम है।

आधुनिक विज्ञान किसी भी कालातीत सत्ता को स्वीकार नहीं करता। काल को अनादि-अनंत मानते हैं! घटनाएं एक चक्र में घटित होती हैं। काल से कैलेंडर बने, पंचांग बने और इनसे तिथियों और पर्वों का विकास हुआ।

श्री गुणाकर जी की चिरनिद्रा विलुप्ति के बाद पाठकों की सांत्वना भरी चिट्ठियां आई थीं, उनमें अधूरी नई किताबों के बारे में जानकारी मांगी थी, खासतौर से सिक्कों, किलों और काल की वैज्ञानिक अवधारणा के बारे में।

काल से संबंधित लेखों का संकलन करके मैं पुस्तक रूप में प्रकाशित करवा रही हूं। आशा है, सभी पाठकों को काल की वैज्ञानिक अवधारणा पुस्तक अवश्य पसंद आएगी।

—शांति गुणाकर मुळे

सी 210, पांडव नगर
दिल्ली-110092
फोन : 22485168
10 दिसंबर, 2013

अनुक्रम

प्रश्न : काल क्या है?

भौतिक-जगत् के अस्तित्व की चार बुनियादी धारणाएं हैं-द्रव्य, गति, दिक् और काल। इनमें मानव को सबसे अधिक आतंकित किया है काल ने। काल विनाशक है, सर्वभक्षक है इसलिए भारतीय परंपरा में काल को मृत्यु और यम कहा गया है।

हम काल में जीते हैं। हम सभी काल का अनुभव करते हैं। हमारे व्याकरण में भूत, वर्तमान व भविष्य काल हैं। हम बीते काल और आने वाले काल की चर्चा करते हैं, कल्पों, युगों, वर्षों, महीनों, दिनों, घंटों, मिनटों और सेकंडों की बात करते हैं परंतु यदि पूछ लिया जाए कि 'काल क्या है?' तो बहुतों से कोई जवाब देते नहीं बनेगा। सेंट ऑगस्टिन (354-430 ई.) ने ठीक ही कहा था, 'काल क्या है?' यदि यह मुझसे कोई न पूछे, तब तो मैं जानता हूं कि वह क्या है लेकिन मुझे यदि पूछने वाले को यह समझाना पड़े, तो फिर मैं इसे नहीं जानता।

दिक् और काल एक-दूसरे से जुड़े हुए हैं, मगर उनमें सुस्पष्ट अंतर है। हम दिक् के तीन आयामों में से किसी में भी मजे से विचरण (गमन) कर सकते हैं किंतु काल के बारे में ऐसी बात नहीं है। काल के अनिवार्यतः तीन घटक होते हैं-भूत, वर्तमान और भविष्य। हमें लगता है कि काल भविष्य की ओर से बहता हुआ आता है, वर्तमान में क्षणभर अपने करतब दिखाता है और फिर भूत की ओर आगे बढ़ जाता है। काल हमें प्रवाह रूप प्रतीत होता है।

किंतु काल का स्वरूप इतना सरल नहीं है। अतिविशाल और अतिसूक्ष्म विश्वों में द्रव्य और उसकी गतियों के अनुसार काल भी अपना स्वरूप बदलता प्रतीत होता है। आज के वैज्ञानिकों ने काल के स्वरूप के बारे में कई तरह की संभावनाएं व्यक्त की हैं।

काल का एकदिक् गमन अथवा 'काल का तीर' आज स्वीकार किया जाता है, मगर हमेशा ऐसा नहीं रहा है। ज्वार-भाटों, अयनों (दक्षिणायन-उत्तरायण), ऋतुओं और आकाशीय पिंडों की चक्रीय गतियों को देखकर आदिम मानव ने सोचा कि काल प्रवाह को भी चक्रीय होना चाहिए। दिन के बाद रात आती है, पूनम के बाद अमावस, ग्रीष्म ऋतु के बाद वर्षा ऋतु। इसी आधार पर यह सोचा गया कि मानव-

इतिहास भी चक्रीय ही होगा। इस तरह, चक्रीय काल की धारणा कई प्राचीन सभ्यताओं में रूढ़ हुई और उसके बारे में अनगिनत आख्यान और मिथक गढ़े गए।

कालचक्र की धारणा सभी वैष्णव पुराणों और महाभारत में मौजूद है। कालचक्र के साथ ह्रासोन्मुख चतुर्युगी–कृत, त्रेता, द्वापर और कलि–की कल्पना अभिन्न रूप से जुड़ी हुई है। यह धारणा जनसाधारण में काफी रूढ़ हो गई है और आम मान्यता यह है कि भारत में यह धारणा सर्वदा सर्वमान्य रही है परंतु वास्तविकता कुछ और ही है। वैदिक साहित्य में ह्रासोन्मुख युग, महायुग, मन्वंतर या कल्प-जैसी लंबी कालावधियों का कहीं कोई उल्लेख नहीं है। वैदिक साहित्य में, वेदांग-ज्योतिष में भी युग की अवधि केवल पांच वर्ष बताई गई है।

गणितज्ञ-ज्योतिषी आर्यभट (499 ई.) कालचक्र को नहीं मानते थे। ब्रह्मांड की सृष्टि और प्रलय में उनकी आस्था नहीं थी। उनका मत था कि काल एक सतत प्रक्रिया है, काल का न तो आरंभ है और न अंत (कालोऽयमनाद्यन्तः)। उन्होंने यह भी स्पष्ट लिखा है कि युगारंभ या कल्पारंभ का हमारी पार्थिव या लौकिक घटनाओं से कोई लेना-देना नहीं है। इनका संबंध विशुद्ध रूप से ग्रहों के आकाश-गमन की खगोलीय घटनाओं से है। आर्यभट के अनुसार, चारों युग समान कालावधि के हैं।

इस तरह, यह स्पष्ट है कि प्राचीन भारत में केवल कालचक्र और ह्रासोन्मुख चतुर्युगों की धारणा ही प्रचलित नहीं थी। प्राचीन भारत में कालवाद नाम की एक स्वतंत्र विचारधारा भी अस्तित्व में आ गई थी। उसके अनुसार, काल ही परम सत्ता है, काल ही विश्व का कर्ता है। कई आयुर्वेदाचार्यों का विचार था कि काल ही संपूर्ण सृष्टि का आधार है। प्राचीन भारत में कुछ ऐसे भी विचारक हुए जो वर्तमान काल को नहीं मानते थे, वे केवल भूत और भविष्य को स्वीकार करते थे। सारांश यह कि प्राचीन भारत में काल के बारे में बीसियों मत प्रचलित रहे हैं। खगोलविदों, चिकित्सकों और परमाणुवादियों ने काल के बारे में भौतिकवादी दृष्टि से ही चिंतन किया था।

प्राचीन यूनानी विचारकों ने भी काल की परिकल्पना चक्र या वृत्त के रूप में ही की थी। उनकी मान्यता थी कि प्रत्येक कालचक्र में पूर्ववर्ती कालचक्र की घटनाओं की ही पुनरावृत्ति होती है, नया कुछ भी घटित नहीं होता अर्थात् ब्रह्मांडीय काल घटनाओं की पुनरावृत्ति का चक्र है। प्राचीन मिस्रवासी काल को अवस्थाओं की पुनरावृत्ति के एक क्रमिक सिलसिले के रूप में देखते थे। भूत या भविष्य का उन्हें विशेष बोध नहीं था। वे विश्व को तत्त्वतः स्थिर और अपरिवर्तनशील मानते थे। प्राचीन मेसोपोटामियावासियों की स्थायित्व में आस्था नहीं थी। वे सूर्य, चंद्र और ग्रहों की आवर्ती गतियों के अनुरूप काल को भी चक्रीय मानना पसंद करते थे।

प्राचीन चीनियों ने व्यावहारिक काल-मापन को बहुत महत्त्व दिया था और कई पेचीदा जल-घड़ियों का निर्माण किया था। ई.पू. पांचवीं सदी के चीनी दार्शनिक मो ती की मान्यता थी कि काल कणमय है। इतना ही नहीं, मो ती के अनुयायी काल और गति के अन्योन्याश्रय को भी मानते प्रतीत होते हैं। मध्य अमरीका के मय लोग दुनिया की अन्य उन्नत सभ्यताओं से अलग-थलग रहे किंतु काल-चिंतन उन पर बहुत हावी रहा। वे काल को अनादि-अनंत मानते थे और सोचते थे कि घटनाएं एक चक्र में घटित होती रहती हैं।

ईसाई धर्म ने काल के एकदिक् गमन की धारणा यहूदी धर्म से ली। ईसाई चिंतन में काल का एक निश्चित आरंभ-बिंदु है, एक निश्चित दिशा है और एक निश्चित लक्ष्य है। दूसरे शब्दों में, काल एक निश्चित रैखिक दिशा में-भूत से भविष्य की ओर-गमन करता है।

इसके विपरीत, इस्लाम में काल के सातत्य (नैरंतर्य) को स्वीकार नहीं किया गया है। इस्लामी चिंतन में काल क्षणों का समूह है अर्थात् इस्लाम की दृष्टि में दिक् और काल दोनों बिंदु-बिंदु से निर्मित समुच्चय हैं। इसी जन्म में तत्काल मुक्ति की चाह रखने वाले गूढ़ ज्ञानवादियों की भी यही मान्यता रही है कि काल टुकड़ों-टुकड़ों में विभक्त है। इस प्रकार हम देखते हैं कि प्राचीन जगत् में काल के बारे में मुख्यतया तीन प्रकार की धारणाएं प्रचलित रही हैं-1. काल चक्रीय है, 2. काल की गति सीधी रेखा में एकदिक् है, और 3. काल बिंदु-बिंदु या खंड-खंड में विभक्त है।

बीसवीं सदी की भौतिकी ने दिक् और काल विषयक सभी पुरानी मान्यताओं को अस्वीकार कर दिया और गतिमान द्रव्य के साथ दिक्-काल का अभिन्न संबंध स्थापित किया। आइंस्टाइन ने अपने आपेक्षिकता के सिद्धांत में प्रतिपादित किया कि पदार्थ से पृथक् दिक् और काल का कोई स्वतंत्र अस्तित्व नहीं है। वस्तुओं या पिंडों की गतियों के अनुसार काल की गति घटती-बढ़ती रहती है। यह अब एक प्रयोगसिद्ध तथ्य है, भले ही इस वास्तविकता के कई परिणाम हमें पहेली जैसे प्रतीत होते हैं।

मगर इसका मतलब यह नहीं है कि आधुनिक भौतिकी ने या आपेक्षिकता के सिद्धांत ने काल से संबंधित सभी सवालों का समाधान खोज लिया है। भौतिक विश्व के कुछ ऐसे घटनाक्रम इस सदी में पता चले हैं जिन्होंने वैज्ञानिकों को काल के प्रवाह के बारे में, विशेषकर उसकी दिशा के बारे में, नए सिरे से सोचने को विवश किया है।

हमारे दैनिक जीवन की घटनाएं इसकी गवाही देती हैं कि काल हमेशा भूत से भविष्य की ओर आगे बढ़ता है। भौतिक विज्ञान में भी काल के एकदिक् तीर को स्वीकार कर लिया गया है। मान लिया गया है कि काल का विपरीत दिशा में-वर्तमान से भूत की ओर-गमन संभव ही नहीं है।

किंतु अतिसूक्ष्म जगत् में कुछ ऐसी घटनाओं के दर्शन होते हैं जो इस बात का संकेत देती हैं कि काल का तीर विपरीत दिशा में भी गमन करता है। परमाणु के भीतर के सूक्ष्म जगत् की व्याख्या करने वाली क्वांटम भौतिकी काल के एकदिश तीर को स्वीकार नहीं करती। क्वांटम भौतिकी के समीकरणों से हम एक ही क्षण में किसी परमाणु-कणिका की (जैसे, इलेक्ट्रॉन की) गति और स्थिति एक साथ निर्धारित नहीं कर सकते। परमाणु के अतिसूक्ष्म जगत् में अंतर्भूत यह अनिवार्य व्यवस्था काल की दिशा को भी अनिवार्य बना देती है।

आज हम देखते हैं कि विराट ब्रह्मांड का निरंतर विस्तार हो रहा है। मंदाकिनियों के बीच दूरियां बढ़ती जा रही हैं, काल का तीर आगे ही बढ़ता जा रहा है पर विश्व में यदि पर्याप्त द्रव्य विद्यमान है तो एक समय आएगा जब गुरुत्वाकर्षण के अंतर्गत ब्रह्मांड सिकुड़ने लग जाएगा। मंदाकिनियां एक-दूसरे के निकट आती जाएंगी। तब काल का तीर विपरीत दिशा में अग्रसर होगा।

अधिकांश वैज्ञानिकों की मान्यता है कि आज से करीब 15 अरब साल पहले एक महाविस्फोट (Big Bang) के साथ ब्रह्मांड का आरंभ हुआ था। महाविस्फोट के समय या उसके पहले द्रव्य का विकिरण या काल तथा दिक् की क्या स्थिति रही थी, इसके बारे में कोई स्पष्ट जानकारी आज के वैज्ञानिक सिद्धांत हमें नहीं देते। वह विलक्षणता (Singularity) की स्थिति थी और ऐसी विलक्षणताओं के बारे में जानने में अभी हम असमर्थ हैं।

पिछले कुछ वर्षों से 'ब्लैकहोल' की चर्चा है। कोई बड़ा तारा अपने ही गुरुत्वाकर्षण के अंतर्गत सिकुड़कर कृष्ण विवर बन सकता है। तब उसमें से प्रकाश किरणें भी बाहर नहीं जा सकेंगी। 'बिग बैंग' की तरह 'ब्लैक होल' भी एक विलक्षणता की स्थिति होगी। ब्लैक होल में काल की गति इतनी धीमी हो जाएगी कि उसे हमें स्थिर ही मानना होगा।

इस तरह, भौतिक विश्व में काल की गति और दिशा के बारे में विभिन्न दशाओं के दर्शन होते हैं। तार्किक सिद्धांतों पर आधारित भौतिकी के नियम या समीकरण काल के अग्रगामी या पश्चगामी प्रवाह में कोई भेद नहीं मानते। विराट ब्रह्मांड की व्यवस्था में भी काल के दुतरफा गमन की व्यवस्था अंतर्निहित है परंतु विश्व की एकांकी पृथक् प्रणालियों में काल का प्रवाह सदैव एक ही दिशा की ओर है-भूत से भविष्य की ओर।

वास्तव में काल की दिशा का सवाल वैज्ञानिकों के लिए आज भी एक पहेली ही बना हुआ है। यकीन के साथ केवल इतना ही कहा जा सकता है कि द्रव्य और गति से पृथक् दिक् और काल का कोई अस्तित्व नहीं है।

काल का इतिहास

द्रव्य, गति, दिक् और काल भौतिक विश्व के अस्तित्व की बुनियादी धारणाएं हैं। बहुत प्राचीन काल से मनुष्य इनके बारे में चिंतन करता आया है, इन्हें समझने के प्रयास में मिथक या आख्यान गढ़ता आया है। प्राय: सभी धर्मों और दर्शनों ने इन धारणाओं के पारस्परिक संबंधों के बारे में विचार प्रस्तुत किए हैं।

इनमें काल की धारणा ने मानव को सबसे अधिक आतंकित किया है। काल विनाशक है, इसलिए भारतीय परंपरा में काल को मृत्यु और यम माना गया है। इसलिए भी काल के बारे में अधिक व्यापक चिंतन हुआ है।

आधुनिक विज्ञान दिक् और काल को स्वतंत्र सत्ताएं नहीं मानता। आइंस्टाइन के आपेक्षिकता के सिद्धांत की बुनियादी मान्यता यही है कि दिक् और काल का निर्धारण द्रव्य और इसकी गतियों से होता है। मगर आज के वैज्ञानिक यह दावा नहीं ही करते कि उन्हें काल के बारे में सभी सवालों के उत्तर मिल गए हैं। इधर के वर्षों में काल की दिशा या काल के तीर के बारे में नए सिरे से वैज्ञानिक चिंतन हो रहा है। दिलचस्प बात यह है कि काल की गति या दिशा के बारे में प्राचीन काल में भी काफी चिंतन हुआ है। इस नए चिंतन को समझने के लिए काल-संबंधी पुरातन मान्यताओं पर एक सरसरी नजर डाल लेना उपयोगी होगा।

भारतीय चिंतन परंपरा में शुरू से ही महाकाल को एक चक्र या वृत्त के रूप में माना गया है। सृष्टि और प्रलय के आवर्तन की धारणा अथर्ववेद में भी देखने को मिलती है। ब्रह्मवैवर्त पुराण के एक दिलचस्प आख्यान के अनुसार, इंद्रों और ब्रह्माओं के उदय और अस्त का सिलसिला अनंत काल तक जारी रहता है। इस आख्यान के अनुसार, इंद्र और ब्रह्मा जैसे देवता भी कालातीत नहीं हैं।

वस्तुत: अनंत कालचक्र और सृष्टि तथा प्रलय के आवर्तन की धारणाएं प्राय: सभी आदिम समाजों में मौजूद रही हैं। कालचक्र की धारणा को बौद्ध और जैनों ने भी स्वीकार किया। हां, इनकी युग-पद्धतियां अवश्य भिन्न-भिन्न हैं। मानव जीवन की निस्सारता को दर्शाने के लिए बाद में अनंत कालचक्र को बड़ी-बड़ी संख्याओं वाले युगक्रमों में बांटा गया था। निर्वाण या मोक्ष प्राप्त करने का मतलब था-अनंत कालचक्र के बंधन से मुक्ति पाना।

प्राचीन यूनानी विचारकों ने भी काल को चक्र या वृत्त के रूप में ही स्वीकार किया था। प्लेटोवादियों की तो यहां तक मान्यता रही कि प्रत्येक कालचक्र में पहले के कालचक्रों की घटनाओं की ही पुनरावृत्ति होती है। नया कुछ भी घटित नहीं होता। प्रत्येक कालचक्र में विषपान करने वाला सुकरात अवश्य होगा।

मगर ईसाई धर्म ने कालचक्र को स्वीकार नहीं किया। ईसाई विचारकों के अनुसार काल का एक निश्चित आरंभिक बिंदु है, एक निश्चित दिशा है और एक निश्चित लक्ष्य है। अन्य शब्दों में, काल एक निश्चित दिशा में–अतीत से भविष्य की ओर–गमन करता है, एक ही रैखिक दिशा में आगे बढ़ता है।

विपरीत, इस्लाम के अनुसार काल क्षणों का समूह है, क्षण, बिंदुओं से निर्मित समुच्च्य है। इस्लाम काल के सातत्य को स्वीकार नहीं करता।

काल के बारे में एक और मान्यता प्रचलित रही है। वह यह कि काल टुकड़ों-टुकड़ों में विभक्त है। गूढ़ ज्ञानवादियों या योगियों की साधना के लिए काल का ऐसा विखंडन अपरिहार्य था।

काल के संबंध में एक और विवाद प्राचीन काल से चला आ रहा है। भौतिकवादी दार्शनिकों ने काल को एक वस्तुनिष्ठ सत्ता माना और किसी भी कालातीत सत्ता के अस्तित्व को स्वीकार नहीं किया। दूसरी ओर, चैतन्यवादी दार्शनिकों ने निरपेक्ष मान कर कालातीत सत्ताओं को स्वीकार किया। ब्रह्मवादियों ने परमसत्ता या ब्रह्म को 'कालातीत' माना है। प्लेटो के दर्शन में प्रत्यय (आइडिया) कालातीत है। कांट के अनुसार, दिक् और काल पूर्व–प्रदत्त सत्ताएं हैं, यानी इनका अस्तित्व मानव के प्रत्यक्ष संवेदनों से बिलकुल स्वतंत्र है।

कांट के इन विचारों ने 19वीं सदी के अंत तक के यूरोप के अनेक वैज्ञानिकों को बड़ा प्रभावित किया है। न्यूटन की मान्यता थी कि दिक् और काल की अपनी पृथक् और स्वतंत्र सत्ताएं हैं। उनका मत था कि वस्तुओं की गति का या घटनाक्रम का काल के प्रवाह पर कोई प्रभाव नहीं पड़ता। काल का प्रवाह, बिना किसी बाह्य प्रभाव के, भूत से भविष्य की ओर सतत जारी रखता है।

बीसवीं सदी की भौतिकी ने दिक् और काल संबंधी सभी पुरानी मान्यताओं को अस्वीकार कर दिया और गतिशील द्रव्य के साथ इनका अभिन्न संबंध स्थापित किया। आइंस्टाइन ने प्रमाणित किया कि गतिमान द्रव्य से पृथक् दिक् और काल का कोई स्वतंत्र अस्तित्व नहीं। उन्होंने यह भी स्पष्ट किया है कि द्रव्य की स्थिति के अनुसार दिक् की ज्यामिति बदलती है और द्रव्य की गति के अनुसार काल के प्रवाह में परिवर्तन होता है। आइंस्टाइन के ये निष्कर्ष प्रयोगसिद्ध तथ्य हैं, भले ही ये हमें पहेली जैसे प्रतीत होते हों। मगर इस सारे विवेचन का निष्कर्ष यह नहीं है कि आधुनिक भौतिकी ने काल संबंधित सभी सवालों का समाधान खोज लिया है। हमारे

परिचय की घटनाएं गवाही देती हैं कि हम काल को रोक नहीं सकते, इसे पीछे मोड़ नहीं सकते। घटनाक्रमों से जुड़ा हुआ काल अनिवार्यतः भूत से भविष्य की ओर आगे बढ़ता है। काल के एकदिश तीर को स्वीकार कर लिया गया है। भौतिक विज्ञान ने मान लिया है कि काल का पीछे लौटना–वर्तमान से अतीत की ओर गमन–संभव नहीं है।

परंतु इधर के कुछ दशकों में भौतिक विश्व में, विशेषकर परमाणु–कणिकाओं के सूक्ष्म जगत् में, कुछ ऐसे घटनाक्रमों का उद्‌घाटन हुआ है जिन्होंने वैज्ञानिकों को फिर से सोचने के लिए विवश किया है।

यहां यह स्पष्ट कर देना जरूरी है कि सैद्धांतिक भौतिकी के अनुसार काल के पश्च–गमन को स्वीकार करने में कोई कठिनाई नहीं है। न्यूटन और मैक्सवेल की चिरस्थापित यांत्रिकी और नई क्वांटम यांत्रिकी, दोनों में ही काल की विपरीत दिशा को सहज स्वीकार किया जा सकता है। कारण यह है कि चिरस्थापित यांत्रिकी तथा क्वांटम यांत्रिकी गति के समीकरणों में काल के चिह्न को धन से ऋण में बदल दिया जाए, तब भी परिणाम एक–से ही प्राप्त होते हैं। तो क्या इससे निष्कर्ष निकाला जा सकता है कि काल का विपरीत दिशा में गमन भी संभव है?

आइए, कुछ घटनाक्रमों पर विचार करें। सभी जीव–जंतु जन्म लेते हैं, बढ़ते हैं और अंत में मर जाते हैं। इससे उलटा क्रम कहीं देखने को नहीं मिलता। जैव–जगत् में घटनाक्रम की एक सुनिश्चित दिशा है। यह अनपलट घटनाक्रम काल जैविक तीर को निर्धारित करता है।

प्रकृति में सर्वत्र यही देखने को मिलता है कि ऊष्मा का प्रवाह हमेशा गर्म वस्तु से ठंडी वस्तु की ओर होता है। भौतिकी में इस तथ्य को तापगतिकी के द्वितीय नियम के नाम से जाना जाता है। इस नियम का उल्लंघन करने वाला घटनाक्रम विश्व में कहीं देखने को नहीं मिलता। अतः यह सार्वभौमिक नियम काल के तापगतिक तीर को निर्धारित करता है।

मैक्सवेल के विद्युत–गतिकी के समीकरण भले ही काल–सममित (टाइम सिमिट्रिक) हों, मगर किसी भी स्रोत से निकली हुई विद्युत–चुंबकीय तरंगें हमेशा बाहर की ओर ही प्रसरित होती हैं, स्रोत में पुंजीभूत कभी नहीं होतीं। यह तथ्य भी काल के एकदिश तीर को निर्धारित करता है। इसी प्रकार, विशाल पैमाने के विश्व का निरंतर हो रहा विस्तार काल के ब्रह्मांडीय तीर को निर्धारित करता है। यदि आगे जाकर विश्व का विस्तार रुक जाता है, विश्व पुनः सिकुड़ने लग जाता है, तो काल का भी पश्च–गमन होगा।

विशाल पैमाने के विश्व के विभिन्न घटनाक्रमों में काल के तीर का एकदिश गमन काफी सुस्पष्ट है। मगर परमाणु, कणिकाओं के सूक्ष्म जगत् के कुछ घटनाक्रमों

में काल के तीर का एकदिश गमन सुस्पष्ट नहीं है। घटनाक्रम या काल की दिशा निर्धारित करने के लिए कार्य–कारण संबंध को आधार मानते आए हैं परंतु सूक्ष्म जगत् के कार्य–कारण संबंध सुस्पष्ट नहीं हैं। सूक्ष्म जगत् में काफी कुछ अनिर्धार्य है, काल की दिशा भी। वैज्ञानिकों के लिए यह एक बहुत बड़ी पहेली है।

एक नई परिकल्पना यह भी है कि विश्वोत्पत्ति बिग बैंग के बाद, एक अत्यल्प सेकंडांश तक, काल का प्रवाह आगे और पीछे, दोनों तरफ रहा। प्रकाश की गति से अधिक गति वाले टाख्योन कणों की परिकल्पना को स्वीकार किया जाए, काल के पश्च–गमन को भी स्वीकार करना पड़ा है।

तात्पर्य यह कि काल के प्रवाह की दिशा के बारे में आज के वैज्ञानिक नए सिरे से गहन चिंतन कर रहे हैं। मगर एक बात स्पष्ट है–द्रव्य और गति से पृथक् दिक् और काल का कोई स्वतंत्र अस्तित्व नहीं। आधुनिक विज्ञान किसी भी कालातीत सत्ता को स्वीकार नहीं करता।

काल की वैज्ञानिक अवधारणा

द्रव्य, गति, दिक् और काल भौतिक विश्व के अस्तित्व की बुनियादी अवधारणाएं हैं। बहुत प्राचीन काल से मनुष्य इनके बारे में चिंतन करता आया है, इन्हें समझाने के प्रयास में मिथक या आख्यान गढ़ता आया है। प्राय: सभी धर्मों और दर्शनों ने इन धारणाओं के पारस्परिक संबंधों के बारे में अपने विचार व्यक्त किए हैं।

इन चार बुनियादी धारणाओं में मानव को सबसे अधिक आतंकित किया है– काल की धारणा ने। काल विनाशक है, इसीलिए भारतीय परंपरा में काल को मृत्यु और यम माना गया है। इसलिए भी प्राचीन काल से ही काल के बारे में अधिक व्यापक चिंतन हुआ है।

फिर भी काल की पहेली पूरी तरह सुलझी नहीं है। आज के वैज्ञानिक भी यह दावा नहीं करते कि उन्हें काल के बारे में सभी सवालों के उत्तर मिल गए हैं। काल की दिशा या काल के तीर (The Arrow of Time) के सवाल को लेकर आजकल वैज्ञानिकों में काफी मतभेद है। दिलचस्प बात यह कि काल की गति या दिशा के बारे में पुरातन काल से ही चिंतन होता आ रहा है। अत: काल संबंधी आज के वैज्ञानिक चिंतन को समझने के लिए काल संबंधी पुरातन मान्यताओं पर भी एक नजर डाल लेना जरूरी है।

प्राचीन भारतीयों की महाकाल संबंधी मान्यता पर ब्रह्मवैवर्त पुराण का एक प्रसिद्ध आख्यान अच्छा प्रकाश डालता है। आख्यान है–

वृत्र पर विजय प्राप्त करने के बाद इंद्र देवताओं के निवास के लिए एक भव्य प्रासाद के निर्माण की योजना बनाता है। विश्वकर्मा वर्ष भर परिश्रम करके एक अनुपम प्रासाद तैयार कर देता है परंतु उससे इंद्र की संतुष्टि नहीं होती। वह चाहता है कि विश्वकर्मा उसे और भी बड़ा और बेहतर प्रासाद बनाकर दे। यह काम करते-करते विश्वकर्मा थक जाता है और अंत में शिकायत करने ब्रह्मा के पास पहुंच जाता है। ब्रह्मा उसे सहायता का वचन देता है और इंद्र को होश में लाने की जिम्मेदारी विष्णु को सौंपता है।

एक दिन फटे-पुराने वस्त्र पहना हुआ एक बालक इंद्र के सामने उपस्थित होता है। वह बालक वस्तुतः विष्णु था, मगर उसने इंद्र को अपनी पहचान नहीं कराई। उलटे उसने इंद्र को 'मेरे बेटे' कहकर संबोधित किया और कहा-

एक इंद्र का जीवन तथा राज्य 71 युगों तक चलता है। जब 28 इंद्रों का जीवनकाल समाप्त होता है, तब ब्रह्मा का एक अहोरात्र होता है। अहोरात्र के इस पैमाने के हिसाब से एक ब्रह्मा का जीवनकाल 108 वर्षों का होता है लेकिन यह केवल एक ब्रह्मा का जीवनकाल हुआ। ब्रह्माओं का यह सिलसिला एक के बाद एक चलता रहता है। एक ब्रह्मा का अस्त होता है, तो दूसरे का उदय होता है। ब्रह्माओं का यह क्रम अनंत तक जारी रहता है। ब्रह्माओं का यह सिलसिला ही अंतहीन है, तो फिर इंद्रों की क्या कहें?

इसी तरह, विश्वों के उदय और अस्त का सिलसिला भी अंतहीन है। एक विश्व में एक समय में केवल एक ही ब्रह्मा और एक ही इंद्र का अस्तित्व होता है। ऐसी स्थिति में क्या तुम अतीत और वर्तमान के सभी देवताओं की संख्या बता सकते हो?

जब विष्णुरूपी बालक इंद्र को यह सब बता रहा था, तब उसी समय वहां प्रासाद के फर्श पर चींटियों की एक लंबी-चौड़ी कतार प्रकट हुई। बालक ने उस दृश्य को देखा और वह एकाएक हंस पड़ा।

''तुम क्यों हंस रहे हो?'' इंद्र ने पूछा।

''हे इंद्र,'' बालक ने उत्तर दिया, ''चींटियों की इस लंबी पलटन को देखकर मुझे हंसी आई है। इनमें से प्रत्येक चींटी अतीत में एक इंद्र थी। तुम्हारी तरह ही प्रत्येक ने पुण्यकार्य करके देवराज का पद प्राप्त किया था। मगर अनेकानेक जन्मों के बाद प्रत्येक इंद्र अब चींटी बन गया है। यह अतीत के इंद्रों की पलटन है...''

इस उद्घाटन से इंद्र का घमंड चूर-चूर हो जाता है। वह विश्वकर्मा को बुलाकर पुरस्कृत करता है और प्रासाद को विस्तृत करने की योजना त्याग देता है।

इस आख्यान से एक बात यह स्पष्ट होती है कि ब्रह्मा और इंद्र जैसे देवता भी कालातीत नहीं हैं।

दूसरी बात यह स्पष्ट होती है कि भारतीय चिंतन परंपरा में शुरू से ही महाकाल को एक चक्र या वृत्त के रूप में माना गया है। सृष्टि और प्रलय के आवर्तन की धारणा अथर्ववेद में भी देखने को मिलती है। वस्तुतः अनंत कालचक्र और सृष्टि तथा प्रलय के आवर्तन की धारणाएं प्रायः सभी आदिम समाजों में मौजूद रही हैं।

कालचक्र की धारणा को बौद्ध और जैन धर्मों ने भी स्वीकार किया। हां, इन भारतीय धर्मों की युग-पद्धतियां अवश्य भिन्न-भिन्न हैं, मगर यहां उन पर हमें

विचार नहीं करना है। मानव-जीवन की निस्सारता को दर्शाने के लिए ही बाद में अनंत कालचक्र को बड़ी-बड़ी संख्याओं वाले युगक्रमों में बांटा गया था। निर्वाण या मोक्ष प्राप्त करने का मतलब था अनंत कालचक्र के बंधन से मुक्ति पाना।

प्राचीन यूनानी विचारकों ने भी काल को चक्र या वृत्त के रूप में ही स्वीकार किया था। पायथेगोरवादियों और प्लेटोवादियों की तो यहां तक मान्यता रही है कि प्रत्येक कालचक्र में पहले के कालचक्रों की घटनाओं की ही पुनरावृत्ति होती है। नया कुछ भी घटित नहीं होता। ब्रह्मांडीय काल वस्तुतः घटनाओं की पुनरावृत्ति का चक्र है।

कालचक्र संबंधी इस यूनानी चिंतन के दो मुख्य निष्कर्ष निकलते हैं। इस कालचक्र में निरपेक्ष अर्थ में किसी भी बिंदु को आरंभ का या मध्य का या अंत का बिंदु नहीं कहा जा सकता। अन्य शब्दों में, विश्व का आरंभ या अंत जैसी कोई चीज नहीं है।

दूसरा निष्कर्ष यह है कि हालांकि यह कालचक्र अपने को दोहराता रहता है और इसलिए काल में आवर्तन विद्यमान है, मगर इसकी कोई सुनिश्चित दिशा नहीं है। इसमें निरपेक्ष कालक्रम की दृष्टि से कोई भी घटना 'पहले' या 'बाद में' नहीं है। जैसा कि अरस्तू ने कहा है, घूमते कालचक्र में हम अपने आज के बिंदु के बारे में यह कहते हैं कि यह ट्रोजन युद्ध के 'बाद' है, मगर कालचक्र घूमता रहता है और पुनः ट्रोजन युद्ध घटित होगा। तब उस घटना की दृष्टि से हमारा आज का बिंदु पूर्वकाल का द्योतक होगा।

इस प्रकार हम देखते हैं कि भारतीय तथा यूनानी विचारकों ने कालचक्र की धारणा को तो स्वीकार किया था, मगर दोनों के कालचक्रों में बुनियादी अंतर है।

ईसाई धर्म की काल संबंधी धारणा नितांत भिन्न रही है। ईसाई धर्म के अनुसार काल ईश्वर द्वारा विश्व की सृष्टि और उसकी सतत क्रियाशीलता के साथ जुड़ा हुआ है। ईसाई मान्यता के अनुसार काल का एक निश्चित आरंभिक बिंदु है, एक निश्चित दिशा है और एक निश्चित लक्ष्य है। अन्य शब्दों में, ईसाई विचारकों के अनुसार काल एक निश्चित दिशा में-अतीत से भविष्य की ओर-गमन करता है अर्थात् काल एक ही रैखिक दिशा में आगे बढ़ता है।

विपरीत, इस्लाम काल के सातत्य को स्वीकार नहीं करता। इस्लाम के अनुसार काल क्षणों (Instant) का समूह है। अन्य शब्दों में, इस्लाम के अनुसार दिक् और काल, दोनों ही बिंदु-बिंदु से निर्मित समुच्चय हैं।

काल के बारे में एक और धारणा प्रचलित रही है। वह यह है कि काल टुकड़ों-टुकड़ों में विभक्त हैं। पूर्व के धर्मों से प्रभावित ईसाई गूढ़ज्ञानवादियों (Grigstics) की काल के बारे में यही मान्यता रही है। तत्काल मुक्ति की उनकी जरूरत काल को

खंडित मानकर ही पूरी हो सकती थी। भारतीय साधकों के लिए काल का ऐसा विखंडन अपरिहार्य था।

सारांश यह कि प्राचीन जगत् में काल के बारे में तीन प्रमुख धारणाएं प्रचलित रही हैं–

1. कालचक्र की धारणा,
2. काल की गति सीधी रेखा में एकदिश है–अतीत से भविष्य की ओर और
3. काल बिंदु-बिंदु या खंड-खंड में विभक्त है।

काल से संबंधित इन प्रमुख परंपरागत धारणाओं का यहां मैंने संक्षिप्त विवेचन इसलिए किया है कि आज आधुनिक विज्ञान में काल संबंधी यही तीन धारणाएं, अपने नए विकसित रूपों में, वैज्ञानिकों के बीच काफी वाद-विवाद का विषय बनी हुई हैं। काल से संबंधित आज के वैज्ञानिक चिंतन को और विवाद को भी समझने में काल से संबंधित पुराना चिंतन कुछ मदद दे सकता है, इसीलिए मैंने इनकी यहां चर्चा की है।

काल के संबंध में एक और विवाद प्राचीन काल से चला आ रहा है। वह यह कि काल की सत्ता वास्तविक है अथवा यह एक ऐसी अमूर्त धारणा है जिसका अस्तित्व केवल मनुष्य की चेतना में ही है। दिक् के बारे में भी दार्शनिकों में ठीक यही मतभेद रहा है। भौतिकवादी दार्शनिक काल को एक वस्तुनिष्ठ सत्ता मानते हैं और किसी भी कालातीत सत्ता के अस्तित्व को स्वीकार नहीं करते। दूसरी ओर, चैतन्यवादी दार्शनिकों की मान्यता रही है कि काल का कोई वस्तुनिष्ठ अस्तित्व नहीं, यह एक निरपेक्ष धारणा है और यह व्यक्ति की चेतना पर आश्रित है।

ब्रह्मवादी दार्शनिक ने परम-सत्ता या ब्रह्मा को कालातीत माना है। उसी प्रकार प्लेटो के दर्शन में प्रत्यय कालातीत है। कांट के अनुसार, दिक् और काल अनुभवपूर्व या प्रागनुभव धारणाएं है अर्थात् ऐसी धारणाएं हैं जिनकी प्रामाणिकता संवेदन-प्रत्यक्ष से बिलकुल स्वतंत्र है।

विपरीत, भौतिकवाद दिक् और काल की वस्तुनिष्ठता को, इनकी वास्तविकता को स्वीकार करता है और ऐसी किसी सत्ता का अस्तित्व स्वीकार नहीं करता जो कालातीत हो यानी जो समय से परे हो या उससे पूर्णतया स्वतंत्र हो। भौतिकवादियों के अनुसार दिक् और काल द्रव्य के साथ अभिन्न रूप से जुड़े हुए हैं। दिक् के तीन आयाम हैं, तो काल का केवल एक आयाम है। कोई भी भौतिक क्रिया केवल एक दिशा में विकसित होती है–अतीत से भविष्य की ओर। आधुनिक भौतिकवादियों के अनुसार द्रव्य, गति, काल और दिक् एक-दूसरे के साथ अभिन्न रूप से जुड़े हुए हैं। आधुनिक विज्ञान की भी यही मान्यता है।

मगर बीसवीं सदी के पहले के वैज्ञानिकों की इन धारणाओं के बारे में भिन्न मान्यताएं थीं। न्यूटन की मान्यता थी कि दिक् और काल अपनी पृथक् और स्वतंत्र

सत्ताएं हैं। ये निरपेक्ष सत्ताएं द्रव्य तथा गति से प्रभावित नहीं होतीं। वस्तुओं की गति का या इनके घटनाक्रम का काल के प्रवाह पर कोई प्रभाव नहीं पड़ता। न्यूटन का मत था कि काल का प्रवाह, बिना किसी बाह्य प्रभाव के, अनंत भूत से अनंत भविष्य तक सतत जारी रहता है।

बीसवीं सदी के अंत तक अधिकांश वैज्ञानिक मानते रहे कि दिक् एक प्रकार का निरपेक्ष आकाश है जो सदैव और सर्वत्र एक-सा है, गतिहीन है। काल के बारे में उनकी मान्यता थी कि इसका प्रवाह सदैव एक-सा बना रहता है।

यहां यह बता देना प्रासंगिक होगा कि जर्मन दार्शनिक-गणितज्ञ लाइबनिट्ज के दिक् और काल संबंधी विचार न्यूटन से भिन्न थे। लाइबनिट्ज ने दिक् और काल को सापेक्ष सत्ताएं माना था।

बीसवीं सदी की भौतिकी ने दिक् और काल संबंधी सभी पुरानी मान्यताओं को अस्वीकार कर दिया और गतिशील द्रव्य के साथ इनका अभिन्न संबंध स्थापित किया। आइंस्टाइन ने अपने आपेक्षिकता के सिद्धांत में इस तथ्य को प्रतिपादित किया कि पदार्थ से पृथक् दिक् तथा काल का कोई स्वतंत्र अस्तित्व नहीं है। मिंकोवस्की के गणित के आधार पर आइंस्टाइन ने दिक् और काल की एक संयुक्त चतुर्वैमितिक सातत्य four dimentional continuem of space and time की स्थापना की। आधुनिक भौतिकी ने आइंस्टाइन की इस स्थापना को प्रमाणित कर दिया है कि काल का प्रवाह और वस्तुओं का विस्तार इन वस्तुओं या पिंडों की गति पर आश्रित है, अर्थात् काल और दिक् भौतिक पिंडों से अपृथक् हैं और इनका सापेक्ष अस्तित्व है। आइंस्टाइन ने स्पष्ट कर दिया है कि भौतिक पिंडों के द्रव्यमानों द्वारा निर्मित गुरुत्वाकर्षण क्षेत्रों के अनुसार दिक् के ज्यामितीय गुणधर्म बदलते रहते हैं। उसी प्रकार, पिंडों की गति के अनुसार काल के प्रवाह में भी रद्दोबदल होता है। सारांश यह कि द्रव्य, दिक्, काल और गति एक-दूसरे से जुड़े हुए हैं। आपेक्षिकता का सिद्धांत दिक्काल के परे किसी भौतिक वस्तु की सत्ता को स्वीकार नहीं करता।

आदिम समाजों ने दिक् और काल से संबंधित अपने विचार मिथकों और आख्यानों के जरिए व्यक्त किए थे। दार्शनिकों ने इन धारणाओं से संबंधित अपनी मान्यताएं तत्त्व-चिंतन की विशिष्ट शब्दावली में प्रस्तुत की थी। मगर दिक् और काल से संबंधित आधुनिक भौतिकी की स्थापनाओं को गणित के संकेतों और समीकरणों में ही ठीक-ठीक व्यक्त किया जा सकता है। इस तथ्य की ओर मैंने इसलिए भी निर्देश किया है कि आजकल कुछ लोग आधुनिक भौतिकी की स्थापनाओं से स्थूल निष्कर्ष निकालकर अक्सर यह दावा पेश कर देते हैं कि इस प्रकार का चिंतन हमारे पूर्वजों ने भी किया था। परंतु वास्तविकता यह है कि द्रव्य,

गति, दिक् और काल के संयोजन और अन्योन्याश्रय से संबंधित आज की वैज्ञानिक मान्यताएं पुरानी सभी मान्यताओं से सर्वथा भिन्न हैं। महत्त्व की बात यह है कि इन मान्यताओं की प्रयोगों से पुष्टि हो गई है। पदार्थों की गतियों के अनुसार काल की गति घटती-बढ़ती रहती है, यह अब एक प्रयोगसिद्ध तथ्य है, भले ही वास्तविकता के परिणाम हमें पहेली जैसे प्रतीत हों।

मगर इस सारे विवेचन का निष्कर्ष यह नहीं ही है कि आधुनिक भौतिकी या आपेक्षिकता के सिद्धांत ने काल से संबंधित सभी सवालों का समाधान खोज लिया है। बीसवीं सदी में एक ओर अतिविशाल विश्व का उद्घाटन हुआ है तो दूसरी ओर परमाणु के भीतर एक अतिसूक्ष्म जगत् का भी उद्घाटन हुआ है। भौतिक विश्व में कुछ ऐसे घटना-क्रमों का उद्घाटन है जिन्होंने वैज्ञानिकों को काल के प्रवाह के बारे में, विशेषकर इसकी दिशा के बारे में, फिर से सोचने के लिए विवश किया है।

प्रस्तुत निबंध में मुझे काल से संबंधित वैज्ञानिकों के इसी नए चिंतन की प्रमुख रूप से चर्चा करनी है। यह नई समस्या काल की दिशा से संबंधित है। चूंकि काल की दिशा के बारे में प्राचीन विचारकों ने भी चिंतन किया था, इसलिए निबंध के आरंभ में मैंने काल की दिशा से संबंधित प्राचीन मान्यताओं का संक्षिप्त विवेचन प्रस्तुत किया था। हमने देखा है कि काल की दिशा के बारे में प्रमुखतः तीन मान्यताएं प्रचलित रही हैं–

1. काल चक्र या वृत्त में घूमता है,
2. काल एक ही दिशा में, भूत से भविष्य की ओर, गमन करता है और
3. काल बिंदु-बिंदु में बंटा हुआ है।

हमारे दैनंदिन जीवन की घटनाएं इस तथ्य की गवाही देती हैं कि हम काल को रोक नहीं सकते, इसे पीछे मोड़ नहीं सकते, घटनाक्रमों से जुड़ा हुआ काल अनिवार्यतः भूत से भविष्य की ओर आगे बढ़ता है। घटनाक्रमों और काल के क्षणों के साथ हम एक सुनिश्चित संबंध स्थापित कर सकते हैं। इसलिए भौतिक विज्ञान में भी काल की एक रैखिक दिशा को, काल के एकदिश तीर को स्वीकार कर लिया गया है। भौतिक विज्ञान ने यह मान लिया है कि काल का विपरीत दिशा में–वर्तमान से भूत की ओर–गमन संभव नहीं है।

मगर चिरस्थापित यांत्रिकी और नई क्वांटम यांत्रिकी, दोनों में ही काल के प्रवाह की विपरीत दिशा को भी स्वीकार करने में कोई कठिनाई नहीं है। कारण यह है कि चिरस्थापित तथा क्वांटम यांत्रिकीयों के गति के समीकरणों में काल के चिह्न को धन से ऋण में बदल दिया जाए, तब भी परिणाम एक-से ही प्राप्त होते हैं। तो क्या इससे यह निष्कर्ष निकाला जा सकता है कि काल का विपरीत दिशा में भी गमन संभव है?

प्रश्न बेतुका नहीं है। इधर के वर्षों में जानकारी मिली है कि विशाल जगत् में काल का तीर भले ही एक ही दिशा में गमन करता हो, मगर अतिसूक्ष्म जगत् में कुछ ऐसी घटनाएं देखने को मिलती हैं जो इस बात का संकेत देती हैं कि काल का तीर विपरीत दिशा में भी गमन करता है। इसमें तार्किक दृष्टि से असंगत कुछ भी नहीं है क्योंकि चिरस्थापित भौतिकी और नई क्वांटम यांत्रिकी, दोनों के ही समीकरण काल-सममित (time-symmetric) हैं अर्थात् इन समीकरणों के अनुसार क्रियाएं या प्रतिक्रियाएं "आगे की ओर" या "पीछे की ओर" बड़े मजे में घटित हो सकती हैं।

इस समस्या ने वैज्ञानिकों को काल के तीर के बारे में नए सिरे से सोचने के लिए विवश किया है। इस समस्या को समझने के लिए विशाल जगत् और अतिसूक्ष्म जगत् की कुछ घटनाओं पर दृष्टिपात करना जरूरी है।

सबसे पहले जैव-जगत् का उदाहरण लीजिए। हम अपना जीवन शैशवावस्था से शुरू करते हैं और बढ़ते-बढ़ते पहले तरुण और फिर बूढ़े हो जाते हैं। अंत मृत्यु में होता है। हम कहीं ऐसा कोई जीव नहीं देखते जो प्रौढ़ावस्था से शैशवावस्था की ओर अग्रसर होता है। अत: जैव जगत् में घटना-क्रम की एक सुनिश्चित दिशा है। यह अनपलट (irreversible) घटना-क्रम काल के जैविक तीर को निर्धारित करता है।

अब मान लीजिए कि आप बर्फ का एक टुकड़ा लेते हैं और उसे गर्म चाय के एक प्याले में डालते हैं। कुछ समय बाद आप देखेंगे कि बर्फ का वह टुकड़ा प्याले में घुल गया है और चाय ठंडी हो गई है। हुआ यह कि समय के साथ ऊष्मा गर्म वस्तु से ठंडी वस्तु की ओर प्रवाहित हुई है। हमेशा यही होता है कि किसी गर्म वस्तु के किसी ठंडी वस्तु के संसर्ग में आने पर ऊष्मा का प्रवाह उच्च तापमान से निम्न तापमान तब तक जारी रहता है जब तक दोनों में संतुलन स्थापित न हो जाए, ऊष्मा का यह प्रवाह काल की दिशा निर्धारित करता है।

कहा जा सकता है कि ऊष्मा के प्रवाह को ठंडी वस्तु से गर्म वस्तु की ओर प्रवाहित होते हुए भी माना जा सकता है। मगर प्रकृति में ऐसे उलटे घटना-क्रम को कहीं देखा नहीं गया है। इस तथ्य को जिस नियम के द्वारा व्यक्त किया जाता है उसे भौतिकी में तापगतिकी के द्वितीय नियम (Second Law of Thermodynamics) का नाम दिया गया है। इस नियम के अनुसार ऊष्मा सदैव उच्च तापमान वाली वस्तुओं से निम्न तापमान वाली वस्तुओं की ओर प्रवाहित होती है। अत: तापगतिकी का दूसरा नियम भी काल के तीर को निर्धारित करता है।

इसी प्रकार, विद्युत-गतिकी के क्षेत्र की घटनाएं भी काल के तीर को निर्धारित करती हैं। यदि किसी विद्युत आवेग को त्वरित किया जाए तो देखने में आता है कि उस आवेश से विद्युत-चुंबकीय तरंगों का उत्सर्जन होता है और वे तरंगें उस आवेश से बाहर की ओर प्रसरित होती हैं। विपरीत क्रिया यानी विद्युत-चुंबकीय

तरंगों के आवेश पर केंद्रित होने की क्रिया प्रकृति में कहीं देखने को नहीं मिलती, यद्यपि मैक्सवेल के विद्युत-गतिकी के समीकरण, दोनों स्थितियों को स्वीकार करते हैं। इस प्रकार, विद्युत-गतिकी के क्षेत्र की घटनाएं भी काल के तीर को निर्धारित करती हैं।

विशाल विश्व का अध्ययन भी काल के तीर की ही पुष्टि करता है। हम जानते हैं कि दूर की मंदाकिनियां बड़ी तेजी से एक-दूसरे से दूर भाग रही हैं। अन्य शब्दों में, समय के साथ दो मंदाकिनियों के बीच की दूरी निरंतर बढ़ती जा रही है। इसलिए हम कहते हैं कि विश्व का सतत विस्तार हो रहा है। मंदाकिनियों के बीच की दूरी घट रही है, ऐसा कहीं देखने को नहीं मिलता। यदि हम कालक्रमानुसार तीन समयों में कुछ मंदाकिनियों के चित्र उतारते हैं और उनमें मंदाकिनियों के बीच की दूरियां मापते हैं, तो देखते हैं कि कालक्रमानुसार उनके बीच की दूरियां बढ़ती गई हैं। अतः विशाल विश्व यानी मंदाकिनियों के स्तर का घटना-क्रम भी काल के तीर को निर्धारित करता है।

इस प्रकार, भौतिक विश्व की अलग-अलग व्यवस्थाओं से काल के तीर के बारे में अनेक उदाहरण पेश किए जा सकते हैं। विभिन्न स्रोतों से जन्म लेने वाले काल के इन तीरों को एकसूत्र में बांधने के लिए वैज्ञानिकों ने एंट्रोपी (entropy) की धारणा का सहारा लिया है। सरल शब्दों में कहें तो भौतिकी की यह धारणा ऊर्जा के परिवर्तन की प्रक्रिया को व्यक्त करती है। निम्न तापमान वाली ऊर्जा की एंट्रोपी उच्च होती है और उच्च तापमान वाली ऊर्जा की एंट्रोपी निम्न होती है। हम यह भी कह सकते हैं कि एंट्रोपी व्यवस्था (order) अव्यवस्था (disorder) की ओर होने वाले बदलाव का मापन करती है। इस प्रकार, विश्व की प्रत्येक पृथक् प्रणाली में एंट्रोपी में सदैव वृद्धि होती जाती है। किसी भी पृथक् प्रणाली में एंट्रोपी के घटते जाने का उदाहरण कहीं देखने को नहीं मिलता। इसलिए बढ़ती एंट्रोपी से काल की दिशा सुस्पष्ट हो जाती है।

मगर यही बात परमाणु के भीतर के सूक्ष्म जगत् के बारे में यकीन के साथ नहीं कही जा सकती। चिरस्थापित भौतिकी की तरह क्वांटम यांत्रिकी के समीकरण भी काल की दोनों दिशाओं को स्वीकार करते हैं। परमाणु के भीतर के सूक्ष्म जगत् की व्याख्या करने वाली क्वांटम भौतिकी काल के तीर को स्वीकार नहीं करती। क्वांटम भौतिकी के इन समीकरणों से एक ही क्षण में हम किसी परमाणु-कणिका की, उदाहरणार्थ, एक इलेक्ट्रॉन की, गति और स्थिति एक साथ निर्धारित नहीं कर सकते। परमाणु के जगत् की इस अनिर्धार्य व्यवस्था को बेर्नेर हाइजेनबर्ग ने स्पष्ट कर दिया है। परमाणु जगत् में अंतर्भूत यह अनिर्धार्य व्यवस्था काल की दिशा को भी अनिर्धार्य बना देती है।

तात्पर्य यह कि परमाणु के सूक्ष्म जगत् की व्याख्या करने वाले क्वांटम यांत्रिकी के समीकरण तो काल-सममित हैं ही, इस सूक्ष्म जगत् में काल की दिशा भी अनिर्धार्य है।

अब विशाल पैमाने के समूचे विश्व की व्यवस्था पर विचार कीजिए। आज हम जानते हैं कि विश्व का निरंतर विस्तार हो रहा है। मंदाकिनियों के बीच की दूरियां बढ़ती जा रही हैं, विश्व का तापमान घटता जा रहा है और एंट्रोपी बढ़ती जा रही है। इस बात के भी सबूत मिल गए हैं कि विश्व का तापमान निरंतर घटते-घटते अब करीब 3 डिग्री कैल्विन पर पहुँच गया है।

भविष्य में क्या होगा?

विश्व का भविष्य इसमें मौजूद द्रव्य की संपूर्ण द्रव्यराशि से निर्धारित होगा। वैज्ञानिकों ने आज तक विश्व में जितने द्रव्य की खोज की है वह विश्व के विस्तार को रोक सकने के लिए पर्याप्त नहीं है। इसलिए कहा जा सकता है कि विश्व का विस्तार सतत जारी रहेगा। इसका तापमान और भी अधिक घटता जाएगा। एंट्रोपी बढ़ती ही जाएगी अर्थात् काल का तीर आगे ही बढ़ता जाएगा।

मगर सभी वैज्ञानिक ऐसा नहीं सोचते। विश्व में "अदृश्य" द्रव्य की तलाश जारी है। अनेक वैज्ञानिकों की मान्यता है कि विश्व में पर्याप्त द्रव्य विद्यमान है और भविष्य में विश्व का विस्तार होना रुक जाएगा। उसके बाद, गुरुत्वाकर्षण के अंतर्गत, विश्व सिकुड़ने लग जाएगा। मंदाकिनियां एक-दूसरे के नजदीक आती जाएंगी। विश्व का तापमान पुनः बढ़ता जाएगा और एंट्रोपी घटती जाएगी।

वैसी स्थिति में काल की दिशा क्या होगी?

स्पष्ट है कि तब काल विपरीत दिशा में गमन करेगा। काल का तीर विपरीत दिशा में अग्रसर होगा।

तात्पर्य यह कि विशाल पैमाने के विश्व पर विचार करें तो काल की दोनों दिशाएं संभव हैं–एक भूत से भविष्य की ओर और दूसरी भविष्य से भूत की ओर।

आज अधिकांश वैज्ञानिकों की मान्यता है अतीत में, करीब 20 अरब साल पहले, विश्व का समस्त द्रव्य और विकिरण अति उच्च तापमान में एक स्थान पर पुंजीभूत था। किसी कारण से उस महापुंज में अस्थिरता पैदा हुई। कहा जा सकता है कि उसमें महाविस्फोट हुआ। विश्व के इस प्रकार के आरंभ को बिग बैंग (Big Bang) का नाम दिया गया है। उसके बाद ही विश्व का विस्तार शुरू हुआ। उसके बाद ही काल का प्रवाह शुरू हुआ। उसके बाद ही दिक् का फैलाव आरंभ हुआ।

महाविस्फोट के समय या उसके पहले द्रव्य या विकिरण और काल तथा दिक् की क्या स्थिति रही है, इसके बारे में आज के वैज्ञानिक सिद्धांतों से हमें कोई स्पष्ट जानकारी नहीं मिलती। मगर महाविस्फोट के करीब दस सहस्रांश सेकंड के बाद की द्रव्य, विकिरण, दिक् और काल की परिस्थितियों के बारे में आपेक्षिकता के सिद्धांत से स्पष्ट जानकारी मिल जाती है। तब से लेकर आज तक के विश्व के विकास का सिलसिलेवार चित्र प्रस्तुत करना संभव है।

इस प्रकार काल की दिशा के बारे में हमें विभिन्न दशाओं के दर्शन होते हैं। तार्किक सिद्धांतों पर आधारित भौतिकी के नियम या समीकरण काल के अग्र या पश्च प्रवाह में कोई भेद नहीं मानते। विशाल पैमाने के समूचे विश्व की व्यवस्था में भी काल के पश्च-गमन की संभावनाएं विद्यमान हैं। परमाणु के भीतर के सूक्ष्म जगत् में भी काल के दुतरफा गमन की व्यवस्था अंतर्निहित है। मगर विश्व की एकाकी पृथक् प्रणालियों में, जैसा कि हमने देखा है, काल का प्रवाह सदैव एक ही दिशा की ओर है-भूत से भविष्य की ओर।

विश्व के विभिन्न भागों में या प्रणालियों में काल-प्रवाह की दिशा में यह विभेद क्यों है? वैज्ञानिक इसी समस्या का समाधान खोज रहे हैं। कुछ वैज्ञानिकों का मत है कि समूचे विश्व पर केवल तापगतिकी का दूसरा नियम ही शासन करता है, इसलिए काल का प्रवाह सदैव एकदिश बना रहता है। विश्व की अनपलट प्रक्रियाएं ही वास्तविकता को व्यक्त कर सकती हैं।

जर्मन भौतिकविद् हांस राइखेनबाख का मत रहा है कि समस्त विश्व के संदर्भ में काल के प्रवाह की चर्चा करना संभव नहीं है। हम केवल विश्व के अलग-अलग भागों के संदर्भ में ही काल के प्रवाह को जान सकते हैं और इन भागों में काल का प्रवाह एकदिश होना जरूरी नहीं है।

कुछ अन्य भौतिकविदों की मान्यता है कि विशाल घटना-क्रमों में और सूक्ष्म-क्रमों में काल-प्रवाह की दिशा को लेकर जो विसंगति लक्षित होती है उसे सांख्यिकीय भौतिकी के आधार पर सुलझाना संभव है।

प्राचीन काल से अनेक दार्शनिक और वैज्ञानिक कार्य-कारण संबंध को काल की दिशा का एकमात्र आधार मानते आ रहे हैं। मगर गहराई से देखें तो स्पष्ट होता है कि काल की दिशा को भूत से भविष्य की ओर प्रवाहित मानकर ही हम कार्य-कारण संबंध के आधार पर कालगत घटना-क्रम को निर्धारित करते हैं। अतः काल की दिशा के निर्धारण के लिए, कार्य-कारण संबंध के अलावा, अन्य कोई आधार खोजना आवश्यक है।

सारांश यह कि काल की दिशा का सवाल वैज्ञानिकों के लिए आज भी एक पहेली बना हुआ है। आइंस्टाइन के आपेक्षिकता के सिद्धांत के अनुसार, प्रकाश की

गति (3,00,000 कि.मी. प्रति सेकंड) ही विश्व की महत्तम गति है। मगर गेराल्ड फाइनबर्ग ने टाख्योन (Tachyon) नामक ऐसी कणिकाओं की कल्पना की है जिनकी गति हमेशा प्रकाश के वेग से अधिक रहती है। यदि इस कल्पना को स्वीकार किया जाए तो निष्कर्ष निकलता है कि ये कणिकाएं काल में पश्च-गमन करती रहेंगी। मगर अभी टाख्योनों की प्रयोगों की पुष्टि नहीं हुई है।

विश्वोत्पत्ति के महाविस्फोट के सिद्धांत के अनुसार विश्व की उत्पत्ति के साथ ही काल का भी उद्‌गम हुआ। एक परिकल्पना यह भी है कि विश्वोत्पत्ति के बाद, एक अत्यल्प सेकंडांश तक, काल का प्रवाह आगे और पीछे दोनों तरफ रहा। कुछ वैज्ञानिकों की यह भी मान्यता रही कि जिस प्रकार प्रकाश फोटॉन-कणिकाओं का प्रवाह है उसी प्रकार काल-प्रवाह के लिए भी सूक्ष्म कणिकाओं या बिंदुओं का अस्तित्व होना चाहिए।

इस प्रकार हम देखते हैं काल के प्रवाह के बारे में वे सभी सवाल आज भी अनुत्तरित हैं जिन्हें प्राचीन काल के विचारकों ने उठाया था और जिनके बारे में उन्होंने अपने-अपने ढंग से गहन चिंतन किया था। हां, एक फर्क अवश्य है। आज के वैज्ञानिक भौतिक विश्व के बारे में प्राप्त नई व्यापक जानकारी के आधार पर काल के प्रवाल की गुत्थी सुलझाने में जुटे हुए हैं।

काल के स्वरूप के बारे में पुरानी दार्शनिक मान्यओं में और नई वैज्ञानिक मान्यताओं में एक और स्पष्ट अंतर है। आज का विज्ञान इस स्पष्ट निष्कर्ष पर पहुँचा है कि द्रव्य और गति से पृथक् दिक् और काल का कोई स्वतंत्र अस्तित्व नहीं है। आधुनिक विज्ञान किसी भी कालातीत सत्ता को स्वीकार नहीं करता।

काल का पहिया घूमता है साल-दर-साल

अपने देश में काल-गणना या पंचांगों की जैसी पंचमेल व्यवस्था है, वैसी दुनिया के किसी भी दूसरे देश में देखने को नहीं मिलती। नए साल के साथ हमारे घर में दीवार पर एक खूबसूरत कैलेंडर टंग जाता है। दरअसल यह कैलेंडर **पोप ग्रेगोरी** द्वारा संशोधित यूरोपीय पंचांग है और ईसाई धर्म-कर्म के अनुसार बना है। पूर्णिमा, अमावस्या, कृष्ण पक्ष, शुल्क पक्ष और प्रतिपदा, द्वितीया, एकादशी आदि तिथियों से इस ग्रेगोरी पंचांग का कोई सरोकार नहीं है फिर भी हमारे देश में अब इसी ग्रेगोरी पंचांग का ज्यादा उपयोग होता है।

हमारा एक **राष्ट्रीय पंचांग** भी है। भारतीय परंपराओं को ध्यान में रखकर वैज्ञानिक काल-गणना के आधार पर डॉ. मेघनाद साहा और उनके सहयोगियों ने यह राष्ट्रीय पंचांग तैयार किया था और सरकार ने इसे 1957 से लागू किया। यह राष्ट्रीय पंचांग सायन वर्षमान पर आधारित है और इसके लिए भारत में परंपरा से सर्वाधिक प्रचलित **शक काल** को अपनाया गया है। इस पंचांग का पहला चैत्र महीना वसंत-विषुव के दिन यानी 22 मार्च से शुरू होता है। राष्ट्रीय पंचांग में भारतीय परंपरा और ग्रेगोरी पंचांग, दोनों की प्रमुख विशेषताओं का समावेश हुआ है।

लेकिन आज इस राष्ट्रीय पंचांग का कितना इस्तेमाल होता है? लोक-व्यवहार में इसका उपयोग नहीं के बराबर है। शासन तंत्र अपनी चिट्ठी-पत्रियों में ग्रेगोरी पंचांग की तारीखों के साथ-साथ एक रस्म के तौर पर राष्ट्रीय पंचांग की तिथियां भी अंकित कर देता है और आकाशवाणी भी रोज यही रस्म अदा कर देती है।

हमारा शासन राष्ट्रीय पंचांग को देश की 12 भाषाओं में प्रकाशित करता है लेकिन इसकी बिक्री कितनी होती है? हर साल प्रत्येक भाषा के मुश्किल से ही डेढ़-दो सौ राष्ट्रीय पंचांग बिकते होंगे। दूसरी ओर, देश के विभिन्न स्थानों से आज भी पुरानी परंपरा के अनेक निजी पंचांग प्रकाशित होते हैं और इनकी बिक्री एक-एक लाख तक पहुंचती है। राष्ट्रीय पंचांग की कहीं कोई कदर नहीं।

देश में, अब भी पुरानी परंपरा के करीब 30 पंचांगों का प्रचलन है। कारण यह है कि हमारा लौकिक जीवन भले ही ग्रेगोरी पंचांग के अनुसार चलता हो, पर धार्मिक

कृत्यों के लिए आज भी परंपरागत पंचांगों की आवश्यकता है। धार्मिक तिथियों और मुहूर्तों की जानकारी ग्रेगोरी पंचांग से नहीं बल्कि परंपरागत भारतीय पंचांगों से ही मिल सकती है।

पर मुसीबत यह है कि परंपरागत पंचांग कोई एक नहीं, अनेक हैं। भारतीय पंचांगों का यह झमेला बहुत पुराना है। पिछले करीब सौ वर्षों में एक शुद्ध पंचांग बनाने के अनेक प्रयास हुए हैं पर इन प्रयासों को यश नहीं मिला। मिल भी नहीं सकता। इसके अनेक कारण हैं–कुछ ऐतिहासिक, कुछ धार्मिक और कुछ गणना-पद्धतियों से संबंधित।

फिलहाल तो यही देखने में आता है कि पंचांग बनाने वाले हमारे देश के कुछ परंपरागत पुरोहित-परिवार अपने मतों को छोड़ने के लिए तैयार नहीं हैं। इसलिए देश में अब भी तरह-तरह के तीस से भी अधिक पंचांग चलते हैं। कहीं सौर-पंचांग चलता है, तो कहीं सौर-चंद्र पंचांग। कहीं सायन पंचांग चलता है, तो कहीं निरयन पंचांग। यही कारण है कि पर्वों और धार्मिक कृत्यों की तिथियों को लेकर अक्सर विवाद उठते रहते हैं। एक नया विवाद यह है कि हरिद्वार के आगामी कुंभ मेले का स्नान किस दिन हो?

भारत में एक और पंचांग चलता है। यह है इस्लामी **चांद्र पंचांग**। वास्तविक वर्षमान या ऋतुओं से इस चांद्र पंचांग का कोई संबंध नहीं है। इस चांद्र पंचांग में अनेक त्रुटियां हैं, फिर भी आज सारे इस्लामी जगत् में इसका प्रचलन है। यह पंचांग भी अनेक झमेले पैदा करता है। गणित की सहायता से चंद्र की स्थितियों की ठीक-ठीक गणना की जा सकती है, फिर भी इस्लाम में चंद्र दर्शन को ही महत्त्व दिया जाता है। प्रायः हर साल ईद के चांद के प्रथम दर्शन को लेकर झमेला पैदा होता है।

दुनिया का कोई भी पंचांग परिपूर्ण नहीं है, न हो सकता है। मानव-सभ्यता के आरंभकाल से पंचांग बनाने के प्रयास हो रहे हैं। प्राचीन काल के अनेक ज्योतिषियों ने अधिक से अधिक शुद्ध पंचांग बनाने के प्रयास किए लेकिन किसी को पूरी सफलता नहीं मिली है। इसके कुछ बुनियादी कारण हैं।

इस भौतिक जगत् की तीन प्रमुख चीजें हमें समय की जानकारी देती हैं– (1) खगोल का परिभ्रमण, जिससे हमें रात और दिन के क्रम की जानकारी मिलती है। पुराने जमाने के सभी ज्योतिषी नहीं जानते थे पर आज हम जानते हैं कि खगोल का यह परिभ्रमण पृथ्वी के अक्ष-भ्रमण के कारण है। (2) चंद्रमा की घटती-बढ़ती कलाएं भी हमें समय की जानकारी देती हैं। मास शब्द का मूल अर्थ ही है चंद्र। (3) खगोल में सूर्य की प्रत्यक्ष गति से या क्षितिज पर सूर्य की विभिन्न स्थितियों में हमें ऋतुओं या वर्षमान की जानकारी मिलती है। प्राचीन काल में भारतीय ज्योतिष को यह जानकारी नहीं थी कि पृथ्वी एक वर्ष में सूर्य की एक परिक्रमा पूरी करती है। आज स्कूल का विद्यार्थी भी इस तथ्य को जानता है।

समय-सूचक इन तीन नैसर्गिक व्यवस्थाओं में से अब एक-एक को लें। दिनमान समय की मूलभूत इकाई है लेकिन इस इकाई का भी एक सुनिश्चित काल नहीं है। भारतीय ज्योतिष में एक सूर्योदय से दूसरे सूर्योदय तक के काल को एक दिन माना गया है लेकिन यह एक स्थिर मान नहीं है। **नाक्षत्र दिन** और **सौर दिन** के मान भी स्थिर नहीं हैं। आधुनिक खगोल-विज्ञान में अनेक वर्षों के दिनमानों का औसत निकालकर एक माध्य सौर दिनमान को स्वीकार किया गया है।

अब महीने के मान को लें। चंद्र और सूर्य की एक संक्रांति (अमावस्या) से लेकर दूसरी संक्रांति (अमावस्या) तक के काल को एक **महीना** माना जाता है लेकिन यह भी एक स्थिर मान नहीं है। महीने का मान 29.3055 दिनों से 29.8125 दिनों तक बदलता रहता है। इसलिए खगोल विज्ञान में 29.5306 सौर दिनों के एक माध्य मासमान को स्वीकार किया गया है।

वर्षमान में तो और भी झमेला है। वर्षमान कई प्रकार के हैं। सूर्य जब वसंत-संपात बिंदु से यात्रा आरंभ करके फिर उसी बिंदु पर पहुंचता है, तो उस कालावधि को **सायन या सांपातिक वर्ष** कहते हैं। सूर्य जब एक निश्चित तारे से यात्रा शुरू करके पुनः उसी तारे के पास पहुंचता है, तो उस कालावधि को **निरयन** या **नाक्षत्र वर्ष** कहते हैं। दिलचस्प बात यह है कि इन दिनों ही वर्षमान स्थिर नहीं हैं। इसलिए खगोल-विज्ञान में 365.2422 दिनों के एक माध्य सायन वर्ष को स्वीकार किया गया है।

कुछ भारतीय पंचांग सायन वर्षमान के आधार पर बनते हैं और कुछ निरयन वर्षमान के आधार पर। दोनों परंपराओं के अपने-अपने मताग्रह हैं। महाराष्ट्र में सायन और निरयन पंचांगों का यह झगड़ा करीब सौ साल पुराना है। एक शुद्ध सायन वर्षमान लेकर पंचांग बनाने के प्रयास अनेक पंडितों ने किए हैं लेकिन उन्हें इसमें यश नहीं मिला। हमारा राष्ट्रीय पंचांग सायन वर्षमान पर आधारित है लेकिन कुछ लोग अब इसे एक निरयन पंचांग में बदलना चाहते हैं।

लेकिन पंचांगों का झमेला केवल सायन-निरयन का नहीं, दूसरा ही है। बुनियादी मुद्दा यह है कि एक महीने में और एक वर्ष में दिनों की संख्याएं पूर्णांक नहीं हैं। अन्य शब्दों में चांद्र महीने को और सौर वर्ष को पूरे-पूरे दिनों में बांटना संभव नहीं है। किसी भी पंचांग की सबसे बड़ी कठिनाई है-दिनों, महीनों और वर्ष में तालमेल बिठाना। पिछले करीब छह हजार वर्षों से दुनिया भर के ज्योतिषी यह तालमेल बिठाने का प्रयत्न करते आ रहे हैं लेकिन किसी को इसमें पूरी सफलता नहीं मिली। जब तक हम काल-गणना के लिए पृथ्वी, चंद्र और सूर्य की गतियों पर आश्रित रहेंगे, तब तक यह समस्या सुलझ ही नहीं सकती।

इस नैसर्गिक समस्या के अलावा भारतीय पंचांगों की कुछ कृत्रिम समस्याएं भी हैं। पहली बात तो यही है कि सभी भारतीय पंचांगों में कोई एक निश्चित

वर्षमान नहीं चलता। भारतीय पंचांग पुराने **आर्य-सिद्धांत, ब्रह्म-सिद्धांत** और **सूर्य-सिद्धांत** के आधार पर बनते हैं। इन तीनों के वर्षमान एकरूप नहीं हैं। महत्त्व की बात यह है कि इन पुराने ग्रंथों के वर्षमान और आधुनिक वर्षमान में कई मुद्दों का अंतर है।

इन बातों के अलावा भारतीय पंचांगों की ऐसी कुछ विशेषता है जो दूसरे पंचांगों में देखने को नहीं मिलती। भारतीय पंचांगों में प्रमुख रूप से पांच बातें बताई जाती हैं–तिथि, वार, नक्षत्र, योग और करण। सप्ताह या सात वारों की परंपरा पश्चिम एशिया से भारत में आई है। वैदिक साहित्य या महाभारत में सात वारों का कहीं कोई उल्लेख नहीं है। मध्य प्रदेश के एरण स्थान से प्राप्त बुधगुप्त के 484 ई. के एक लेख में पहली बार हमें सात वारों के बारे में सूचना मिलती है।

आकाश के रविमार्ग को 27 भागों में बांटा गया है और प्रत्येक को नक्षत्र कहते हैं। पंचांग में जानकारी दी जाती है कि चंद्रमा किस समय किस नक्षत्र में है। सूर्य और चंद्र के भोगांशों के योगफल से योग की जानकारी मिलती है। पंचांगों में योग का कोई खास उपयोग नहीं है। आधी तिथि को **करण** कहते हैं।

तिथि भारतीय काल-गणना या पंचांग की एक विशिष्ट धारणा है। सूर्य और चंद्र के भोगांशों के अंतर से तिथियों की जानकारी मिलती है। जब यह अंतर शून्य अंश से 12 अंश के बीच रहता है, तो उसे हम प्रतिपदा की तिथि कहते हैं। इस प्रकार, एक चांद्रमास में 30 तिथियां होती हैं लेकिन तिथि की अवधि कम-ज्यादा होती रहती है। इसलिए एक सूर्योदय से दूसरे सूर्योदय तक के दिनमान का और तिथियों का कोई तालमेल नहीं बैठता। इसलिए अक्सर यह होता है कि किसी दिन तो दो तिथियां होती हैं और किसी दिन कोई भी तिथि नहीं होती। एक ही दिन विभिन्न स्थानों पर विभिन्न तिथियां भी हो सकती हैं। यही कारण है कि हमारे देश में अलग-अलग स्थानों के अलग-अलग पंचांग हैं।

अधिमास की व्यवस्था किसी-न-किसी रूप में दुनिया में प्रायः सभी पंचांगों में देखने को मिलती है लेकिन **क्षयमास** की व्यवस्था केवल भारतीय पंचांगों में है।

संक्षेप में, यही है भारतीय पंचांगों की स्थिति। इनका झमेला कुछ-कुछ वैसा ही है जैसी कि हमारे धर्मों, हमारी भाषाओं और लिपियों का है। आज एक विदेशी भाषा भारतीय भाषाओं पर शासन कर रही है। भारतीय पंचांगों में काल-गणना के बारे में मतैक्य नहीं, इसलिए ईसाई धर्म के कर्मकांड के लिए बना हुआ एक विदेशी पंचांग आज हमारे लौकिक जीवन पर शासन कर रहा है।

काल का तीर लौटेगा?

ब्रह्मवादी विचारक ब्रह्म या 'परम-सत्ता' के अस्तित्व को कालातीत मानते रहे हैं। चैतन्यवादी दार्शनिक दिक् और काल की वास्तविकता को अस्वीकार करते हैं और इनका संबंध व्यक्ति की चेतना से जोड़ते हैं।

बीसवीं सदी के शुरू तक वैज्ञानिक दिक् और काल की वास्तविकता तो मानते रहे, पर उनकी दृष्टि में दिक् और काल का अस्तित्व द्रव्य और गति से पूरी तरह स्वतंत्र था। न्यूटन की भी यही मान्यता थी। उन्नीसवीं सदी के अंत समय तक वैज्ञानिक दिक् की कल्पना निर्वात स्थान के रूप में करते रहे और काल के प्रवाह को सदैव एकरूप मानते रहे।

लेकिन आधुनिक भौतिकी ने सिद्ध कर दिया है कि दिक् और काल का कोई स्वतंत्र अस्तित्व नहीं है। 1905 में **आइंस्टाइन** ने अपने **आपेक्षिकता के सिद्धांत** में यह तथ्य स्थापित किया कि द्रव्य से पृथक् दिक् या काल का स्वतंत्र अस्तित्व नहीं है। जहां द्रव्य और गति नहीं, वहां दिक् नहीं, काल नहीं। द्रव्य, गति, काल और दिक् एक-दूसरे से अभिन्न जुड़े हुए हैं।

इतना ही नहीं, आइंस्टाइन के आपेक्षिकता के सिद्धांत में भौतिक विश्व को जिन चार आयामों में प्रस्तुत किया गया है, उनमें तीन आयाम दिक् के हैं और एक आयाम काल का। इस तरह दिक् और काल स्वतंत्र न रहकर **दिक्काल** के एक संयुक्त स्वरूप में प्रकट होते हैं।

आधुनिक भौतिकी के अनुसार, काल का प्रवाह भी एकरूप नहीं है। काल का प्रवाह भौतिक पिंडों की गति पर आश्रित है, यानी काल की गति सापेक्ष है। चार आयामों वाले दिक्काल का स्वरूप भौतिक पिंडों के स्वरूप के अनुसार बदलता रहता है।

आइंस्टाइन के आपेक्षिकता सिद्धांत के अनुसार प्रकाश की गति (एक सेकंड में तीन लाख किलोमीटर) विश्व की महत्तम गति है। यदि कोई घड़ी अत्यधिक वेग से, प्रकाश के बराबर वेग से, प्रवाह करती है, तो उसकी रफ्तार काफी धीमी हो जाती है। सिद्धांत रूप में कहा जा सकता है कि यदि कोई अंतरिक्ष यात्री प्रकाशतुल्य वेग

से यात्रा करता है, तो धरती के आदमी की तुलना में उसकी आयु बहुत बड़ी रहेगी। सिद्धांत रूप में, प्रकाशतुल्य वेग से किसी तारे की यात्रा करके एक मिनट में पृथ्वी पर वापस लौटना संभव है, पर उस बीच धरती पर 80 साल का लंबा अरसा गुजर चुका होगा। आपेक्षिकता सिद्धांत पर आधारित काल के इस विरोधाभास के आधार पर अनेक दिलचस्प वैज्ञानिक कथानक लिखे गए हैं।

लेकिन अतीत में वापस लौटने वाली किसी 'काल-मशीन' का निर्माण करना कतई संभव नहीं है। काल का प्रवाह एक दिशा में है, यानी अतीत से भविष्य की ओर। **काल का तीर** एक ही दिशा में आगे बढ़ता है। अनेक वैज्ञानिक काल के तीर की इस धारणा का गहराई से अन्वेषण कर रहे हैं। काल का तीर हमेशा आगे ही बढ़ता रहेगा या कभी वापस भी लौट सकता है? फिलहाल यकीन के साथ कुछ भी नहीं कहा जा सकता। भूतद्रव्य के अस्तित्व की तरह दिक्काल का अस्तित्व भी एक चिरंतन पहेली है।

ब्रह्मा का एक दिन

भारतीय चिंतन-परंपरा में कालचक्र की कल्पना एक अनंत काल-चक्र के रूप में की गई है। काल के इस स्वरूप के बारे में बह्मवैवर्व पुराण में एक दिलचस्प मिथक देखने को मिलता है।

वृत्रासुर पर विजय प्राप्त करने के बाद इंद्र ने देवपुरी में एक भव्य प्रासाद के निर्माण का निर्णय लिया। विश्वकर्मा ने एक साल तक कठोर परिश्रम करके एक अनुपम महल तैयार कर दिया लेकिन इंद्र उससे संतुष्ट नहीं हुआ। वह चाहता था कि विश्वकर्मा उसे उससे भी बड़ा एक अद्वितीय महल बनाकर दे।

विश्वकर्मा बेचारे थक गए थे। मदद मांगने ब्रह्मा के पास पहुंचे। ब्रह्मा ने विष्णु को तैयार किया। विष्णु ने चीथड़े पहने हुए एक बालक का रूप धारण किया और सबक सिखाने के इरादे से इंद्र के सामने उपस्थित हो गए। अपनी पहचान न बताकर विष्णु ने इंद्र को सीधे संबोधन किया 'मेरे बेटे'...और फिर इंद्र को जानकारी दी :

'एक इंद्र का जीवन और राज्यकाल 71 महायुगों तक चलता है (एक महायुग में 12,000 'दिव्य वर्ष' या हमारे 43,20,000 वर्ष होते हैं)। जब ऐसे 28 इंद्रों का जीवनकाल समाप्त होता है, तब ब्रह्मा का एक अहोरात्र पूरा होता है लेकिन ऐसे अहोरात्र वाले ब्रह्मा का जीवनकाल भी केवल 108 वर्ष होता है। ब्रह्माओं का सिलसिला जारी रहता है। ब्रह्माओं का यह सिलसिला भी अंतहीन है, इंद्रों का तो कहना ही क्या?'

'ब्रह्मांडों का भी यही सिलसिला है। कौन कर सकता है इनकी गिनती? महाविस्तार में सृष्टि और प्रलय का चक्र निरंतर जारी रहता है। क्या तुम इनकी गिनती कर सकते हो? क्या तुम आज के और अतीत के सभी विश्वों के देवों की गणना कर सकते हो?'

बालरूप विष्णु जब इंद्र को महाकाल के इस विस्तार की जानकारी दे रहे थे, उस समय वहां चींटियों की एक लंबी-चौड़ी कतार प्रकट हुई। बाल विष्णु उस दृश्य को देखकर एकाएक हंस पड़े। इंद्र ने उन्हें पूछा-'क्यों हंस रहे हो?'

बाल विष्णु कहते हैं-'हे इंद्र, मैंने चींटियों की इस लंबी कतार को पहचाना है। इनमें से प्रत्येक चींटी किसी समय एक इंद्र थी। अपने सुकर्मों के कारण प्रत्येक चींटी

किसी समय तुम्हारी तरह ही देवराज इंद्र बन गई थी लेकिन अनेक जन्मांतरों के बाद अब पुनः चींटी बन गई है। यह, भूतपूर्व इंद्रों की सेना है...।'

विष्णु के इस व्याख्यान से इंद्र का अभिमान चूर-चूर हो गया। उसने विश्वकर्मा को बुलाकर उनका समुचित सम्मान किया और महल के विस्तार का विचार छोड़ दिया।

इस मिथक की रचना का उद्देश्य स्पष्ट है। इसके जरिए यह बताने का प्रयास किया गया है कि कालचक्र अनादि अनंत है। अनंत महाकाल में सृष्टि और प्रलय के निरंतर विवर्त की यह धारणा हमारे यहां अथर्ववेद में और दुनिया के पुरातन समाजों में भी देखने को मिलती है।

महाकाल के पौराणिक मिथक का भारतीय ज्योतिषियों ने अपने **सिद्धांत ग्रंथों** में बड़ी खूबी से उपयोग किया है। **महायुग** (43,20,000 वर्ष) सिद्धांत ग्रंथों की एक बुनियादी धारणा है। भारतीय ज्योतिषियों की यह मान्यता रही है कि महायुग के

लातिन अमेरिका की आस्तेक सभ्यता का कैलेंडर

आरंभ और अंत में सभी 'ग्रह' संक्रांति में यानी एक स्थान पर रहते हैं और एक महायुग के दौरान इनके परिक्रमा-कालों (भगणों) की संख्याएं पूरी-पूरी रहती हैं। आज हम जानते हैं कि भारतीय ज्योतिषियों की यह मान्यता सही नहीं है।

महायुग के बाद काल की बड़ी इकाई है **कल्प**। ब्रह्मा के एक दिन के समय को एक कल्प माना गया है। ब्रह्मा की रात भी एक कल्प की होती है अर्थात्, ब्रह्मा का एक अहोरात्र दो कल्पों के बराबर होता है लेकिन काल के कालमान के बारे में पुराणों और ज्योतिष-सिद्धांतों में मतैक्य नहीं है।

आर्यभट (499 ई.) के अनुसार एक कल्प में 1008 महायुग या चतुर्युग होते हैं। उनके अनुसार 72 महायुगों का एक **मन्वंतर** होता है, और 14 मन्वंतरों का एक कल्प होता है। आर्यभट महायुग को जिन चार युगों (युगपादों) में बांटते हैं, वे समान कालावधि के हैं अर्थात् कृत, त्रैता, द्वापर और कलि, ये चारों युग समान कालावधि (10,80,000 वर्ष) के हैं। आर्यभट पौराणिक प्रभाव से मुक्त थे।

इस्लामी जगत् का चांद्र पंचाग

आर्यभट के बाद के **ब्रह्मगुप्त** के ग्रंथ (ब्राह्म-स्फुट-सिद्धांत) और **सूर्य-सिद्धांत** में पौराणिक युग-पद्धति को अपनाया गया है। विष्णु धर्मोत्तर आदि पुराणों के अनुसार एक कल्प में 1000 महायुग या चतुर्युग होते हैं। यहां भी कल्प को 14 मन्वंतरों में बांटा गया है लेकिन एक मन्वंतर 71 महायुगों का माना गया है।

आर्यभट के अनुसार, एक महायुग के चारों युग समान कालावधि के हैं, यानी प्रत्येक युग 10,80,000 वर्षों का है। पर स्मृतियों और पुराणों के अनुसार कृत, त्रेता, द्वापर और कलि की कालावधियां क्रमशः 4, 3, 2 व 1 के अनुपात में हैं। इनके संधिकाल भी इसी अनुपात में हैं। इस प्रकार, इन चार युगों की कालावधियां हैं–

कृत	17,28,000 सौर-वर्ष
त्रेता	12,96,000 सौर-वर्ष
द्वापर	8,64,000 सौर-वर्ष
कलि	4,32,000 सौर-वर्ष
	43,20,000

इस तरह पुराणों के अनुसार ब्रह्मा का एक अहोरात्र दो कल्पों या 2000 महायुगों या 8,64,00,00,000 वर्षों के बराबर और ब्रह्मा का एक वर्ष हमारे 31,10,40,00,00,000 वर्षों के बराबर होता है। ब्रह्मवैवर्त पुराण के उपर्युक्त मिथक में बालरूप विष्णु ने इंद्र को जानकारी दी है कि एक ब्रह्मा की आयु ऐसे 108 वर्षों के बराबर होती है। अतः संक्षेप में, पुराणों के अनुसार एक ब्रह्मा की आयु लगभग 336000 अरब वषों के बराबर होती है। और, ब्रह्माओं का यह सिलसिला अंतहीन है।

पुराणों का महाकाल संबंधी यह मिथक आज बहुतों को चकित कर देता है। अनेक पुराणपंथी विचारक ब्रह्मा की आयु में और विश्वोत्पत्ति की आज की वैज्ञानिक काल-गणना में साम्य खोजते हैं। ब्रह्मा का एक अहोरात्र करीब साढ़े आठ अरब वर्षों का है, जबकि खगोलविदों के मतानुसार हमारा यह विश्व करीब 15 अरब साल पुराना है।

क्या काल पश्च-गमन करेगा?

बहुत से लोग घड़ी और कैलेंडर द्वारा दर्शाए जाने वाले समय को ही वास्तविक काल मान लेते हैं। मगर काल का स्वरूप इतना सरल नहीं है। काल आज भी एक पहेली है। वैज्ञानिकों के लिए भी। आज के वैज्ञानिक भी यह दावा नहीं करते कि उन्हें काल के बारे में सभी सवालों के उत्तर मिल गए हैं। एक ही दिशा में चलने वाले काल-प्रवाह या काल के तीर के सवाल को लेकर आजकल वैज्ञानिकों में काफी वाद-विवाद है। वस्तुतः काल से संबंधित चिंतन के बारे में प्राचीन काल से ही मत-मतांतर देखने को मिलते हैं।

वेदों, उपनिषदों, पुराणों, महाकाव्यों ने और वैशेषिक, सांख्य, योग जैसी दार्शनिक परंपराओं तथा बौद्ध, जैन, ईसाई, इस्लाम आदि धर्मों ने काल को विभिन्न रूप में देखा है और उसकी अलग-अलग ढंग से व्याख्या की है। कोई इसे सृष्टि का आधार मानता है। किसी ने भूत से भविष्य की ओर जाने वाले काल की निश्चित दिशा की धारणा दी है, तो कोई कालचक्र तथा सृष्टि और प्रलय के बारंबार दोहराए

जाने की बात करता है। किसी के लिए काल क्षणों का समुच्चय है। तो कोई इसे एक द्रव्य के रूप में स्वीकार करता है।

काल के संबंध में एक और विवाद प्राचीन काल से चला आ रहा है। काल की सत्ता वास्तविक है अथवा यह एक ऐसी अमूर्त धारणा है जिसका अस्तित्व केवल मनुष्य की चेतना में ही है? ब्रह्मवादियों ने परम-सत्ता या ब्रह्म को काल से परे माना है। उसी तरह प्लेटो (428-347 ई.पू.) के दर्शन में प्रत्यय (आइडिया) कालातीत है, नित्य है। पर विभिन्न भौतिकवादियों की मान्यता है कि द्रव्य, गति, दिक् और काल एक-दूसरे के साथ अभिन्न रूप से जुड़े हुए हैं। आधुनिक विज्ञान की भी यही मान्यता है। मगर इन धारणाओं के बारे में बीसवीं सदी के पहले के वैज्ञानिकों की मान्यताएं भिन्न थीं। न्यूटन की मान्यता थी कि दिक् और काल की अपनी पृथक् और स्वतंत्र सत्ताएं हैं।

आइंस्टाइन ने अपने आपेक्षिकता के सिद्धांत में इस तथ्य को प्रतिपादित किया कि पदार्थ से अलग दिक् तथा काल का कोई स्वतंत्र अस्तित्व नहीं है। आधुनिक भौतिकी ने आइंस्टाइन की इस स्थापना को प्रमाणित कर दिया है कि काल का प्रवाह और वस्तुओं का विस्तार इन वस्तुओं या पिंडों की गति पर निर्भर है। इसका मतलब यह नहीं है कि आधुनिक भौतिकी या आपेक्षिकता के सिद्धांत ने काल संबंधी सभी सवालों का समाधान खोज लिया है।

काल की दिशा क्या है? यह प्रश्न अभी तक विवाद के घेरे से मुक्त नहीं है। हमारे दैनंदिन जीवन की घटनाएं इस तथ्य की गवाही देती हैं कि हम काल को रोक नहीं सकते, इसे पीछे मोड़ नहीं सकते। घटनाक्रमों से जुड़ा हुआ काल अनिवार्यतः भूत से भविष्य की ओर आगे बढ़ता है। भौतिकी में भी काल की एकदिश गति को ही स्वीकार किया गया है। मगर चिरस्थापित (क्लासिकीय) यांत्रिकी और नई क्वांटम यांत्रिकी, दोनों में काल के विपरीत प्रवाह को स्वीकार करने में कोई सैद्धांतिक कठिनाई नहीं है। तो क्या काल का विपरीत दिशा में भी गमन संभव है?

प्रश्न बेतुका नहीं है। इधर के वर्षों में जानकारी मिली है कि विशाल ब्रह्मांड में 'काल का तीर' भले ही एक ही दिशा में गमन करता हो किंतु अतिसूक्ष्म जगत् में कुछ ऐसी घटनाएं देखने को मिल जाती हैं जो इस बात का संकेत देती हैं कि 'काल का तीर' पीछे की ओर भी जा सकता है अर्थात् क्रियाएं और प्रतिक्रियाएं 'आगे की ओर' या 'पीछे की ओर' बड़े मजे में घटित हो सकती हैं।

हमारा अपना जीवन बचपन से बुढ़ापे की ओर अग्रसर होता है। यह अनपलट घटना-क्रम 'काल के जैविक तीर' को निर्धारित करता है। इसी प्रकार, जब कोई गर्म वस्तु किसी ठंडी वस्तु के संपर्क में आती है तब ऊष्मा का प्रवाह उच्च तापमान से

निम्न तापमान की ओर तब तक जारी रहता है जब तक दोनों में संतुलन स्थापित न हो जाए। इस तथ्य को भौतिकी के जिस नियम द्वारा व्यक्त किया जाता है उसे तापगतिकी के द्वितीय नियम का नाम दिया गया है। यह दूसरा नियम भी 'काल के तीर' को तय करता है। इसी प्रकार, विद्युत-गतिकी के क्षेत्र की घटनाएं भी 'काल के तीर' को तय करती हैं।

काल के तीर : क्या पीछे भी चलता है?

विशाल विश्व का अध्ययन भी 'काल के तीर' की ही पुष्टि करता है। हम जानते हैं कि समय के साथ दो मंदाकिनियों (गैलक्सी) के बीच की दूरी निरंतर बढ़ती रही है। विश्व का सतत विस्तार हो रहा है। दो मंदाकिनियों के बीच की दूरी घट रही हो ऐसा कहीं देखने को नहीं मिलता।

आज अधिकांश वैज्ञानिकों की मान्यता है कि अतीत में करीब 20 अरब साल पहले, विश्व का समस्त विकिरण और द्रव्य अति उच्च तापमान में एक महापिंड में पुंजीभूत था। किसी कारण से उस महापुंज में अस्थिरता पैदा हुई और उसमें महाविस्फोट हुआ। विश्व के इस प्रकार के आरंभ, को 'बिग बैंग' का नाम दिया गया है। उसके बाद ही विश्व का विस्तार शुरू हुआ।

महाविस्फोट के समय या उसके पहले द्रव्य तथा विकिरण और काल तथा दिक् की क्या स्थिति रही है, इसके बारे में हमें आज के वैज्ञानिक सिद्धांतों से कोई स्पष्ट जानकारी नहीं मिलती। आज की वैज्ञानिक शब्दावली में उसे 'विलक्षणता' की स्थिति कही जाती है। मगर आपेक्षिकता के सिद्धांत की मदद से महाविस्फोट के करीब दशसहस्रांश सेकंड के बाद से लेकर आज तक के विश्व के विकास का क्रमिक चलचित्र प्रस्तुत करना संभव है।

विभिन्न व्यवस्थाओं के जन्म लेने वाले काल के इन तीरों को एकसूत्र में बांधने के लिए वैज्ञानिकों ने 'एंट्रापी' की धारणा का सहारा लिया है। सरल शब्दों में कहें

तो भौतिकी की यह धारणा ऊर्जा के परिवर्तन की प्रक्रिया को व्यक्त करती है। ऊर्जा के विषम वितरण से समरूपता की ओर बढ़ने का अर्थ है एंट्रापी का बढ़ना। इसे व्यवस्था से अव्यवस्था की ओर जाना भी कहा जा सकता है। विश्व की प्रत्येक पृथक् प्रणाली में एंट्रापी सदैव बढ़ती जाती है। एंट्रापी के घटते जाने का उदाहरण कहीं देखने को नहीं मिलता। इसलिए बढ़ती एंट्रापी से काल की दिशा सुस्पष्ट हो जाती है।

मगर यही बात परमाणु के भीतर के अतिसूक्ष्म जगत् के बारे में यकीन के साथ नहीं कही जा सकती। परमाणु के भीतर के सूक्ष्म जगत् की व्याख्या करने वाली क्वांटम भौतिकी 'काल के तीर' या काल के एक ही दिशा की ओर बढ़ने को अनिवार्यत: स्वीकार नहीं करती। क्वांटम भौतिकी के इन समीकरणों से एक ही क्षण में हम किसी परमाणु-कणिका की, जैसे कि एक इलेक्ट्रॉन की गति और स्थिति एक साथ निर्धारित नहीं कर सकते। अतिसूक्ष्म जगत् के भीतर की यह अनिश्चितता काल की दिशा को भी अनिर्धार्य बना देती है।

आज हम जानते हैं कि विश्व का लगातार विस्तार होने के कारण विश्व का तापमान घटते-घटते अब करीब 3 डिग्री केल्विन (शून्य के 270 डिग्री सेल्सियन नीचे) पर पहुंच गया है।

विश्व का भविष्य इसमें मौजूद द्रव्य की संपूर्ण राशि से निर्धारित होगा। वैज्ञानिकों ने विश्व में आज तक जितने द्रव्य की खोज की है वह विश्व के विस्तार को रोक सकने के लिए पर्याप्त नहीं है।

मगर सभी वैज्ञानिक ऐसा नहीं सोचते। विश्व में अदृश्य द्रव्य की तलाश जारी है। अनेक वैज्ञानिकों की मान्यता है कि विश्व में पर्याप्त द्रव्य मौजूद हैं और भविष्य में विश्व का विस्तार होना रुक जाएगा। मंदाकिनियां एक-दूसरी के नजदीक पहुंचती जाएंगी। विश्व का तापमान पुन: बढ़ता जाएगा और एंट्रापी घटती जाएगी।

उस स्थिति में काल की दिशा क्या होगी?

तब काल पश्चगमन करेगा। काल का तीर विपरीत दिशा में अग्रसर होगा। इस प्रकार विशाल पैमाने के विश्व पर विचार करें, तो भी काल की दोनों दिशाएं संभव हैं-एक भूत से भविष्य की ओर और दूसरी भविष्य से भूत की ओर।

काल की दिशा का सवाल वैज्ञानिकों के लिए आज भी एक पहेली बना हुआ है। आइंस्टाइन की आपेक्षिकता के सिद्धांत के अनुसार, प्रकाश का वेग (3,00,000 कि.मी. प्रति सेकंड) ही विश्व का महत्तम वेग है। इस वेग पर समय ठहर जाता है। इससे अधिक वेग होने पर काल पीछे की ओर लौटने लगेगा। कुछ वैज्ञानिकों ने 'टाख्योन' नामक ऐसी कणिकाओं की कल्पना की है जिनका वेग हमेशा ही प्रकाश के वेग से अधिक रहता है परंतु अभी 'टाख्योनों' का अस्तित्व सिद्ध नहीं हुआ है।

विश्वोत्पत्ति के महाविस्फोट के सिद्धांत के अनुसार, विश्व की उत्पत्ति के साथ ही काल का भी उदय हुआ। एक नई परिकल्पना यह भी है कि विश्वोत्पत्ति के बाद, एक अत्यल्प सेकंडांश तक, काल का प्रवाह आगे और पीछे, दोनों तरफ रहा।

कुछ वैज्ञानिकों की यह भी मान्यता है कि जिस प्रकार प्रकाश 'फोटोन' कणिकाओं का प्रवाह है, उसी प्रकार काल-प्रवाह के लिए भी सूक्ष्म कणिकाओं का अस्तित्व होना चाहिए। ऐसी क्षणिका को 'क्रोनोल' कहा गया है। स्पष्ट है कि क्षणिकाओं से निर्मित काल का प्रवाह वस्तुतः असतत होगा परंतु हमें यह चलचित्र की तरह सतत भासित होता है।

इस तरह हम देखते हैं कि काल के प्रवाह के बारे में वे सभी सवाल आज भी अनुत्तरित हैं जिन्हें प्राचीन काल के विचारकों ने उठाया था। हां, एक फर्क अवश्य है। आज के वैज्ञानिक भौतिक विश्व के बारे में प्राप्त नई व्यापक जानकारी के आधार पर काल के प्रवाह की गुत्थी सुलझाने में लगे हुए हैं।

कालस्य कुटिला गतिः

द्रव्य, गति, दिक् और काल भौतिक विश्व के अस्तित्व की बुनियादी धारणाएं हैं। बहुत प्राचीन काल से मनुष्य इनके बारे में चिंतन करता आया है, इन्हें समझने के प्रयास में मिथक या आख्यान गढ़ता आया है। प्रायः सभी धर्मों और दर्शनों ने इन धारणाओं और इनके पारस्परिक संबंधों के बारे में अपने विचार व्यक्त किए हैं।

इन चार बुनियादी धारणाओं में मानव को सबसे अधिक आतंकित किया है काल की धारणा ने। काल विनाशक है (कः कालस्य न गोचरान्तरगतः–भर्तृहरि) इसीलिए भारतीय परंपरा में काल को मृत्यु और यम माना गया है। इसलिए भी प्राचीन काल से ही काल के बारे में अधिक व्यापक चिंतन हुआ है।

काल इस भौतिक विश्व की एक सबसे विलक्षण विशेषता है। हम सभी इसका अनुभव करते हैं। हमारे व्याकरण में भूत और भविष्य काल हैं। हम बीते कल और आने वाले कल की चर्चा करते हैं, वर्षों, महीनों, दिनों, घंटों, मिनटों और सेकंडों की बाते करते हैं। पर पूछा जाए कि, काल क्या है?–तो बहुतों से कोई जवाब नहीं मिलेगा। बहुत पहले सेंट ऑगस्तीन (354-430 ई.) ने ठीक ही कहा था–''काल क्या है? यदि यह मुझसे कोई न पूछे, तब तो मैं जानता हूं कि यह क्या है। मगर यदि पूछने वाले को इसे मैं समझाना चाहूं, तो फिर मैं इसे नहीं जानता।''

दिक् और काल एक-दूसरे से जुड़े हुए हैं। किसी भी वस्तु का वर्णन करते समय हमें यह बताना होता है कि वह कहां है और यह भी कि कब है। परंतु थोड़ा गहराई से विचार करें, तो दिक् और काल का अंतर स्पष्ट हो जाता है। इस दिक् के तीन आयामों में से किसी में भी मजे में गमन कर सकते हैं–दाएं, बाएं, ऊपर, नीचे, किधर भी। किंतु काल में हम केवल आगे ही गमन कर सकते हैं। इसी बात को अन्य शब्दों में इस तरह समझा जा सकता है कि दिक् के अलग-अलग भाग एक ही समय में अस्तित्वमान रहते हैं, उनका सहास्तित्व रहता है। मगर काल के घटकों में ऐसा सहास्तित्व नहीं रहता। उसके कुछ घटक भूत में रहते हैं, तो कुछ भविष्य में होते हैं। इसलिए काल के अनिवार्यतः तीन भाग पड़ते हैं-भूत, वर्तमान और भविष्य। हमें लगता है कि काल भविष्य की ओर से बहता आता है, वर्तमान में क्षणभर के लिए

अपने करतब दिखाता है और फिर भूत की ओर बढ़ जाता है। काल हमें प्रवाही प्रतीत होता है।

किंतु काल का स्वरूप इतना सरल नहीं है। काल के बारे में यह कह देना कि यह घटनाओं के बीच का अंतराल मात्र है, पर्याप्त नहीं है। आज के वैज्ञानिक भी यह दावा नहीं करते कि उन्हें काल के बारे में सभी सवालों के उत्तर मिल गए हैं। अतिविशाल और अतिसूक्ष्म जगतों में द्रव्य और उसकी गतियों के अनुसार काल भी अपना स्वरूप बदलता प्रतीत होता है। देखिए काल के स्वरूप के बारे में व्यक्त की गई कुछ प्रमुख संभावनाएं–

* एक ऐसा विश्व जिसमें काल वृत्त में गमन करते हुए पुनः अपने आरंभ-बिंदु पर पहुंच जाता है।
* एक ऐसा विश्व जिसमें काल नदी की तरह प्रवाहित रहता है, परंतु जब-तब यह प्रवाह रुक भी जाता है।
* एक ऐसा विश्व जिसमें काल, दिक् की तरह, त्रिविमितीय होता है।
* एक ऐसा विश्व जिसमें काल इसके परिधि क्षेत्र में, इसके केंद्रीय क्षेत्र की तुलना में, धीमी गति से बहता है।
* एक ऐसा विश्व जिसमें काल निरपेक्ष है।
* एक ऐसा विश्व जिसमें काल के अंतर्गत कारण-कार्य संबंध अनिश्चित रहता है।
* एक ऐसा विश्व जिसमें भविष्य के एक निश्चित क्षण पर काल विलुप्त हो जाएगा।
* एक ऐसा विश्व जिसमें काल की बनावट स्थान-स्थान के अनुसार और व्यक्ति-व्यक्ति के अनुसार अलग-अलग रहती है।
* एक ऐसा विश्व जिसमें काल-प्रवाह के साथ-साथ व्यवस्था में वृद्धि होती है।
* एक ऐसा विश्व जिसमें काल अक्षरशः स्थिर रहता है।
* एक ऐसा विश्व जिसमें स्मृति या याददाश्त जैसी कोई चीज नहीं।
* एक ऐसा विश्व जिसमें गतिमान व्यक्तियों के लिए काल की गति धीमी रहती है।

संभावनाएं और भी कई हैं। इन संभावनाओं के बारे में वैज्ञानिक कथानक तो लिखे ही जा रहे हैं, वैज्ञानिक भी इनके बारे में गंभीरता से चिंतन कर रहे हैं। काल को एकदिश मान लिया गया है, मगर काल की दिशा या 'काल के तीर' के सवाल को लेकर आज के वैज्ञानिक एकमत नहीं हैं। दिलचस्प बात यह है कि काल की गति, दिशा और इसके आदि-अंत के बारे में पुरातन काल से ही चिंतन होता आ रहा

है। आज के साहित्यकार, इतिहासकार, पुराविद, विचारक और वैज्ञानिक भी, काल-संबंधी आज के वैज्ञानिक विवेचन को समझने के लिए इससे संबंधित पुरातन मान्यताओं पर भी एक नजर डाल लेना जरूरी है। साथ ही, शुरू में ही हमें यह स्पष्ट समझ लेना चाहिए कि काल के बारे में अलग-अलग मानव-समाजों की अलग-अलग मान्यताएं रहीं हैं।

आज एकदिश काल को स्वीकार किया जा रहा है, परंतु हमेशा ऐसा नहीं रहा है। ज्वार-भाटों, अयनों (दक्षिणायन-उत्तरायण), ऋतुओं और आकाशीय पिंडों की चक्रीय गतियों को देखकर आदिम मानव ने सोचा कि काल-प्रवाह भी अनिवार्यतः चक्रीय या वृत्तीय होना चाहिए। दिन के बाद रात आती है, पूर्णिमा के बाद अमावस्या आती है, ग्रीष्म ऋतु के बाद वर्षा ऋतु आती है। इसलिए सोचा गया कि मानव-इतिहास भी चक्रीय होना चाहिए। चक्रीय काल की धारणा कई प्राचीन मान्यताओं में रूढ़ रही हैं। कालचक्र की धारणा के बारे में कई सारे आख्यान और मिथक गढ़े गए।

अनादि-अनंत कालचक्र की धारणा प्राचीन भारत में भी प्रचलित रही है। इसे एक मिथक से अच्छी तरह समझा जा सकता है। ब्रह्मवैवर्त पुराण का यह मिथक या आख्यान प्राचीन भारतीयों की महाकाल संबंधी सोच पर प्रचुर प्रकाश डालता है।

वृत्रासुर पर विजय प्राप्त करने के बाद इंद्र देवताओं के निवास के लिए एक भव्य प्रासाद के निर्माण की योजना बनाता है। विश्वकर्मा वर्षभर परिश्रम करके एक अनुपम प्रासाद तैयार कर देता है परंतु उससे इंद्र की संतुष्टि नहीं होती। वह चाहता है कि विश्वकर्मा उसे और भी बड़ा और बेहतर प्रासाद बनाकर दे। यह काम करते-करते विश्वकर्मा थक जाता है और अंत में शिकायत करने ब्रह्मा के पास पहुंचता है। ब्रह्मा उसे सहायता का वचन देता है और इंद्र को होश में लाने की जिम्मेदारी विष्णु को सौंपता है।

एक दिन फटे-पुराने वस्त्र पहना हुआ एक बालक इंद्र के सामने उपस्थित होता है। वह बालक वस्तुतः विष्णु था, मगर उसने इंद्र को अपनी पहचान नहीं बताई। उलटे उसने इंद्र को ''मेरे पुत्र'' कहकर संबोधित किया और कहा-

एक इंद्र का जीवन तथा राज्य 71 युगों तक चलता है। जब 28 इंद्रों का जीवनकाल समाप्त होता है, तब ब्रह्मा का एक अहोरात्र होता है। अहोरात्र के इस पैमाने के हिसाब से एक ब्रह्मा का जीवनकाल 108 वर्षों का होता है। मगर यह केवल एक ब्रह्मा का जीवनकाल हुआ। ब्रह्माओं का यह सिलसिला एक के बाद एक चलता रहता है। एक ब्रह्मा का अस्त होता है, तो दूसरे का उदय होता है। ब्रह्माओं का यह क्रम अनंत तक जारी रहता है। ब्रह्माओं का यह सिलसिला भी अंतहीन है, तो फिर इंद्रों की क्या कहें?

"इसी तरह, विश्वों के उदय और अस्त का सिलसिला भी अंतहीन है। एक विश्व में एक समय में केवल एक ही ब्रह्मा और एक ही इंद्र का अस्तित्व होता है। ऐसी स्थिति में क्या तुम अतीत और वर्तमान के सभी देवताओं की संख्या बता सकते हो?"

जब विष्णुरूपी बालक इंद्र को यह सब बता रहा था, तब उसी समय वहां प्रासाद के फर्श पर चींटियों की चार गज चौड़ी एक लंबी कतार प्रकट हुई। बालक ने उस दृश्य को देखा और वह एकाएक हंस पड़ा।

"तुम हंस क्यों रहे हो?" इंद्र ने उससे पूछा।

"हे इंद्र", बालक ने उत्तर दिया, "चींटियों की इस लंबी पलटन को देखकर मुझे हंसी आई है। इनमें से प्रत्येक चींटी अतीत में एक इंद्र थी। तुम्हारी तरह ही प्रत्येक ने पुण्यकार्य करके देवराज का पद प्राप्त किया था परंतु अनेकानेक जन्मों के बाद प्रत्येक इंद्र अब चींटी बन गया है। यह अतीत के इंद्रों की पलटन है...!"

इस रहस्योद्घाटन से इंद्र का घमंड चूर-चूर हो जाता है। वह विश्वकर्मा को बुलाकर पुरस्कृत करता है और प्रासाद को विस्तृत करने की योजना त्याग देता है।

काल के बारे में इस तरह की धारणाएं विष्णु पुराण, भागवत आदि में भी देखने को मिलती हैं। हमें यह भी ध्यान में रखना चाहिए कि ये पुराण गुप्त-काल के उत्तरार्ध और उसके बाद रचे गए हैं। कालचक्र की धारणा महाभारत में भी मौजूद है। महाभारत सीरियल ने इसे प्रचारित करने में जो भूमिका अदा है, उसे हम सभी जानते हैं। महाभारत में कहा गया है–काल सभी भूतों की सृष्टि करता है, काल प्रजाओं का नाश करता है।

पौराणिक कालचक्र के साथ चार युगों–कृत, त्रेता, द्वापर और कलि–की मान्यता भी अभिन्न रूप से जुड़ी हुई है। पुराणों में ही नहीं, महाभारत और मनुस्मृति में भी घटते कालमान वाले इन युगों का उल्लेख है। मनुस्मृति के अनुसार, संध्या व संध्यांश सहित, चार युगों के कालमान इस प्रकार हैं–

कृत	4000	+ (400 × 2)	= 4800
त्रेता	3000	+ (300 × 2)	= 3600
द्वापर	2000	+ (200 × 2)	= 2400
कलि	1000	+ (100 × 2)	= 1200
महायुग	10000	+ 2000	12000

मगर ये 12000 वर्ष देवताओं के वर्ष माने गए। इन्हें मानव-वर्षों में बदलने के लिए 360 से गुणा किया गया। इस तरह, एक महायुग 4320000 मानव-वर्षों के बराबर हो गया फिर कल्पना की गई कि 1000 महायुगों (चतुर्युगों) का या 14 मन्वंतरों का एक कल्प होता है।

आप में से बहुतों को काल संबंधी इन पौराणिक मान्यताओं का पता है, ह्रासोन्मुख चार युगों की धारणा जनमानस में भी प्रचारित कर दी गई है, आज भी की जा रही है, इसलिए यहां मैं इनके विस्तार में नहीं जाऊंगा। मगर यह पता लगाना जरूरी है कि बड़े-बड़े युगों वाली यह काल-गणना भारत में कब और कैसे रूढ़ हुई?

पहली बात तो यही है कि वैदिक साहित्य में महायुग या मन्वंतर या कल्प जैसे काल-विस्तार का कहीं कोई उल्लेख नहीं है। वैदिक साहित्य में युग की अवधि पांच वर्ष मानी गई है। वेदांग-ज्योतिष में युग को स्पष्ट रूप से पंचवर्षात्मक कहा गया है। अतः जाहिर है कि बड़े और ह्रासोन्मुख युगों की धारणाएं भारत में बाद में पनपी हैं।

भारतीय ज्योतिष-ग्रंथों का अध्ययन करने से पता चलता है कि हमारे देश में महायुग या चतुर्युग पद्धति का प्रयोग ईसा की लगभग प्रथम सदी से होने लगा है। पहले इसका प्रयोग गणित-ज्योतिषियों ने किया क्योंकि बड़े-बड़े युगों की उन्हें ही आवश्यकता थी। हमें यह भी मालूम है कि लगभग 300 ई.पू. से लेकर 300 ई.पू. तक की अवधि में भारतीय ज्योतिष में यूनानी-बेबीलोनी मूल की कई ज्योतिषीय मान्यताओं को प्रवेश मिला। उसी का यह परिणाम था कि ईसा की दूसरी-तीसरी सदी से भारत में ज्योतिष-सिद्धांत युग की शुरुआत हुई, ज्योतिष के **आर्यभटीयम्** और **ब्राह्मस्फुट-सिद्धांत** जैसे ग्रंथ लिखे गए।

ईसा की आरंभिक सदियों में हमारे देश में एक और महत्त्वपूर्ण बात हुई : शून्य की धारणा पर आधारित दाशमिक स्थानमान अंक-पद्धति का आविष्कार हुआ। इस नई अंक-पद्धति का उपयोग करके शून्य को जोड़ते जाकर बड़ी-बड़ी संख्याओं का सृजन करने में कोई कठिनाई नहीं थी। बाद में, गुप्तों के अवसान के बाद, पुराणिकों ने भी इसे अपनाया और काल की बड़ी-बड़ी इकाइयों को गढ़ने में इसका उपयोग किया। यह सब गुप्तों के अवसान के बाद हुआ, यह बात मैंने इसलिए कही कि किसी भी गुप्त अभिलेख में शून्य पर आधारित दाशमिक स्थानमान पद्धति वाले संख्याओं का प्रयोग नहीं हुआ है।

मगर बुधगुप्त के समय में हुए गणितज्ञ-ज्योतिष आर्यभट (जन्म : 476 ई.) इस नई अंक-पद्धति से भलीभांति परिचित थे। आर्यभट की काल और युग-पद्धति संबंधी मान्यताएं बहुत महत्त्व की हैं। उनको जानें तो काल व महायुग संबंधी दाशमिक मान्यताओं का काफी खुलासा हो जाता है।

आर्यभट ने अपने आर्यभटीय ग्रंथ की रचना 499 ई. में की। वे बताते हैं-युगों के तीन पाद, यानी कृत, त्रेता और द्वापर, व्यतीत होने पर और वर्तमान युग यानी कलियुग के 3600 वर्ष बीत जाने पर आर्यभट की आयु 23 साल की थी। कलियुग का आरंभ मोटे तौर पर 3101 ई.पू. से माना जाता है। इस तरह आर्यभट का जन्म 476 ई. में हुआ और 499 ई. में वे 23 साल के थे।

आर्यभट ने महायुग के चौथे भाग के लिए 'युगपाद' शब्द का प्रयोग किया है। ज्योतिष में कलियुग के आरंभ से गणना करने वाले वे पहले भारतीय खगोलविद हैं। विश्व की सृष्टि और प्रलय में उनकी आस्था नहीं थी। वे कालचक्र को भी नहीं मानते थे। उनकी मान्यता थी कि काल एक सतत प्रक्रिया है–इसका आदि नहीं, अंत नहीं (कालोऽयमनाद्यन्त:)। उन्होंने यह भी स्पष्ट लिखा है कि युगारंभ या कल्पारंभ का हमारी पार्थिव या लौकिक घटनाओं से कोई सरोकार नहीं है। इनका विशुद्ध संबंध ग्रहों के आकाश-गमन की खगोलीय घटनाओं से है। उन्हीं खगोलीय घटनाओं के आधार पर युग और कल्प के आरंभ का अनुमान लगाया गया है।

अत: स्पष्ट है कि ये कल्पित धारणाएं हैं–इस कल्पना पर आधारित हैं कि युग, वर्ष, मास, दिवस सभी का प्रारंभ एक समय हुआ था–चैत्र शुक्ल प्रतिपदा से।

हमने देखा है कि पौराणिकों ने क्रमश: कम-कम कालावधि के और ह्रासोन्मुख युगों की कल्पना की है, मनुस्मृति ने भी। मगर आर्यभट चारों युगों को जिन्हें 'युगपाद' कहते हैं, समान कालावधि के मानते हैं।

मनुस्मृति और बाद में सूर्य-सिद्धांत के अनुसार :

1 कल्प = 14 मनु या मन्वंतर

1 मनु = 71 युग

1 युग = 4320000 वर्ष मानव

कल्प को 1000 युगों के तुल्य बनाने के लिए युगारंभ के पहले और युगांत के बाद संध्या व संध्यांश जैसी कृत्रिम धारणाओं की व्यवस्था की गई। ईसा की आरंभिक सदियों में यूनानी-खल्दियाई मूल की 12 राशियों को जब भारत में अपनाया गया था, तो एक कृत्रिम व्यवस्था से ही 27 नक्षत्रों की पुरानी पद्धति के साथ उनका मेल बिठाया गया था।

आर्यभट ने काल-विभाजन की कृत्रिम पद्धति को स्वीकार नहीं किया। उन्होंने संध्या व संध्यांश की धारणा को भी स्वीकार नहीं किया। उन्होंने काल-विभाजन की इस वैज्ञानिक पद्धति को अपनाया–

1 कल्प = 14 मनु या 1008 युग

1 मनु = 72 युग

1 युग = 4320000 वर्ष

आर्यभट ने युग (महायुग) को चार समान युगपादों यानी छोटे युगों में विभाजित किया। उनके अनुसार प्रत्येक युगपाद 10,80,000 वर्षों के बराबर था। निश्चय ही यह एक बेहतर काल-विभाजन पद्धति थी, अधिक वैज्ञानिक थी। आर्यभट की इस काल-विभाजन पद्धति को और उनकी काल संबंधी धारणाओं को ध्यान में रखकर

स्मृतियों और पुराणों की काल-विभाजन पद्धति पर विचार करें, तो स्पष्ट पता चल जाता है कि पुराणिकों व पुरोहितों ने क्रमशः कम-कम कालावधि के इन ह्रासोन्मुख युगों का प्रपंच कुछ खास इरादों से रचा है। इस पौराणिक युग पद्धति की न तो कोई पूर्व परंपरा थी, न ही यह सर्वमान्य थी। इस युग पद्धति में प्रतिपादित किया गया है कि मनुष्य क्रमशः नैतिक दृष्टि से पतन की ओर अग्रसर हो रहा है। स्पष्टतः इसके मूल में निराशावादी मनोवृत्ति है, जो प्रगति और वैज्ञानिक अनुसंधान में निश्चय ही बाधक बनती है। गुप्तकाल के बाद पौराणिक मतों का बोलबाला होने पर भारत में मौलिक वैज्ञानिक अनुसंधान का मार्ग अवरुद्ध हो गया, तो इसमें आश्चर्य की कोई बात नहीं है।

इस बात की पुष्टि के लिए भारतीय विज्ञान के इतिहास से कई उदाहरण पेश किए जा सकते हैं। आर्यभट को ही लीजिए। वे अपने समय के भारत के ही नहीं, संसार के एक सर्वश्रेष्ठ गणितज्ञ-ज्योतिषी थे। आर्यभट ने परंपरागत गलत मान्यताओं को स्वीकार नहीं किया। उन्होंने केवल चार तत्त्वों को ही स्वीकार किया-आकाश को तत्त्व नहीं माना। उन्होंने ग्रहणों के सही वैज्ञानिक कारण प्रस्तुत किए, राहु द्वारा सूर्य को ग्रसने की बात स्वीकार नहीं की। श्रुति-स्मृति में पृथ्वी को स्थिर माना गया है, मगर आर्यभट ने प्रतिपादित किया कि पृथ्वी अपनी धुरी पर भ्रमण करती है और तारा-मंडल स्थिर है।

परंतु आर्यभट के इन सही प्रतिपादनों का क्या परिणाम हुआ? पुरोहित-वर्ग के प्रभाव में आकर ब्रह्मगुप्त (628 ई.) ने अपने ब्राह्मस्फुट सिद्धांत में आर्यभट के मतों के खिलाफ एक पूरा अध्याय ही लिख डाला। इतना ही नहीं, आर्यभटीय के सभी टीकाकारों ने लोकभय के कारण, वस्तुतः पुरोहित-वर्ग के भय के कारण, आर्यभट के भू शब्द को भं में बदल दिया, यानी उनके भूभ्रमण को आकाश-भ्रमण कर डाला! आर्यभटीय की हस्तलिपियां उत्तर भारत से लुप्त हो गईं। पिछली सदी के उत्तरार्ध में केरल से आर्यभटीय की तीन मलयालम हस्तलिपियां उपलब्ध हुईं, तभी जाकर हमें आर्यभट के क्रांतिकारी कृतित्व की सही जानकारी मिली।

प्राचीन भारत में इतिहास-ग्रंथ नहीं के बराबर लिखे गए, तो इसका एक स्पष्ट कारण है। जब कालचक्र के मिथक को प्रचारित किया जाएगा, मान लिया जाएगा कि इतिहास की पुनरावृत्ति होती रहती है, तो फिर इतिहास लिखने की क्या जरूरत रह जाती है! पुराणकार निश्चय ही समझते होंगे कि कालचक्र की यह धारणा सही नहीं है क्योंकि प्रायः सभी पुराणों के अंत में राजवंशावलियां दी गई हैं और बताया गया है कि अमुक राजवंश ने इतने सालों तक राज्य किया है। इससे सहज स्पष्ट था कि काल सतत आगे बढ़ता रहता है। मगर इस मान्यता को उन्होंने बड़ी चतुराई से दबाए रखा। राजवंशों का वर्णन उन्होंने भविष्य काल में किया।

मगर यह सोचना गलत होगा प्राचीन भारत में केवल कालचक्र की धारणा का ही वर्चस्व रहा है। वस्तुतः प्राचीन भारत में कालवाद नाम की एक स्वतंत्र विचारधारा ही अस्तित्व में आ गई थी। इसके अनुसार, काल की परम सत्ता है, काल ही विश्व का कर्ता है। पता चलता है कि कई ज्योतिषी इस मत के अनुयायी रहे हैं। सन् 1000 ई. के आसपास हुए गणितज्ञ–ज्योतिषी श्रीपति ने अपने एक श्लोक में काल को सृष्टिकर्ता माना है।

चरक–संहिता के सूत्रस्थान में एक स्थान पर काल के बारे में स्पष्ट रूप से ईश्वरवाद–विरोधी विचार व्यक्त किए गए हैं। आयुर्वेदाचार्यों के एक सम्मेलन में मनुष्य और रोगों की उत्पत्ति के कारणों पर विचार हो रहा था। कांकायन का कहना था–ब्रह्मा का पुत्र प्रजापति ही इस जड़ व चेतन जगत् का स्रष्टा है और सुख–दुख का कारण। तब भिक्षु आत्रेय कहते हैं–'ऐसा नहीं है। प्रजा का हित चाहने वाला प्रजापति दुर्जनों की तरह अपनी संतान को निरंतर दुख से युक्त नहीं रखेगा।' वस्तुतः–

कालजस्त्वेव पुरुषः कालजातस्य चामयाः।
जगत्कालवशं सर्वे कालः सर्वत्र कारणम्॥

अर्थात् पुरुष काल से उत्पन्न होता है और रोग भी काल से उत्पन्न होते हैं। संपूर्ण जगत् काल के वश में है। अतः सर्वत्र काल ही कारण है।

परमाणुवाद का प्रतिपादन करने वाले वैशेषिक दर्शन में विश्व के तत्त्वों को छह (बाद में सात) पदार्थों में विभाजित किया गया है। इन पदार्थों में एक है द्रव्य। द्रव्य नौ माने गए हैं–पृथ्वी, जल, अग्नि, वायु, आकाश, काल, देश, आत्मा और मन। इनमें काल एक सर्वत्रव्यापी तत्त्व है। वैशेषिकों ने यह भी कहा है कि विश्व में जो कुछ अस्तित्व में है उन सबका आधार काल है (सर्वोत्पत्तिनिमितं जगदाधारश्च कालः)।

प्राचीन भारत में कुछ ऐसे भी विचारक हुए हैं जो वर्तमान काल को नहीं मानते थे, केवल भूत और भविष्य को स्वीकार करते थे। सांख्य दर्शन में काल को एक पृथक् तत्त्व या द्रव्य स्वीकार नहीं किया गया है। बौद्ध चिंतन में क्षण अथवा क्षण–परंपरा को ही काल माना गया है। बुद्ध का दर्शन ही क्षणिकवादी है। इसमें कार्य–कारण के नियम को अविच्छिन्न नहीं, विच्छिन्न प्रवाह माना गया है। जैनों ने काल को एकमितियुक्त स्वतंत्र द्रव्य माना है।

यहां मैंने प्राचीन भारत में प्रचलित काल संबंधी चंद धारणाओं का ही संक्षेप में उल्लेख किया है। वस्तुतः काल के बारे में सैकड़ों तरह के मत देखने को मिलते हैं। महत्त्व की बात यह है कि प्राचीन भारत में मानव जीवन की निस्सारता को दर्शाने वाली और नैराश्य को उभारने वाली कालचक्र की पौराणिक धारणा का ही प्रभाव

नहीं है : काल के बारे में वैज्ञानिक और भौतिक दृष्टि से भी काफी विचार हुआ है। हमने देखा है कि खगोलविदों, चिकित्सकों और परमाणुवादियों ने काल के बारे में भौतिकवादी दृष्टि से ही चिंतन किया था।

आइए, यह भी देख लेते हैं कि प्राचीन काल में अन्य देशों के विचारकों ने काल के बारे में क्या-कुछ सोचा था।

प्राचीन यूनानी विचारकों ने भी काल को चक्र या वृत्त के रूप में ही स्वीकार किया था। पायथेगोरवादियों और प्लेटोवादियों की तो यहां तक मान्यता रही है कि प्रत्येक कालचक्र में पहले के कालचक्र की घटनाओं की ही पुनरावृत्ति होती है। नया कुछ भी घटित नहीं होता। ब्रह्मांडीय काल वस्तुतः घटनाओं की पुनरावृत्ति का चक्र है।

काल संबंधी इस यूनानी चिंतन के दो सूक्ष्म निष्कर्ष निकलते हैं। इस कालचक्र में निरपेक्ष अर्थ में किसी भी बिंदु को आरंभ का या मध्य का या अंत का बिंदु नहीं कहा जा सकता। दूसरे शब्दों में, विश्व का आरंभ या अंत जैसी कोई चीज नहीं है।

दूसरा निष्कर्ष यह है कि, हालांकि यह कालचक्र अपने को दोहराता रहता है इसलिए काल में आवर्तन विद्यमान है, मगर इसकी कोई सुनिश्चित दिशा नहीं है। इसमें निरपेक्ष कालक्रम की दृष्टि से कोई भी घटना ''पहले'' या ''बाद में'' नहीं है। जैसा कि अरस्तू ने कहा है, घूमते कालचक्र में हम अपने आज के बिंदु के बारे में यह कहते हैं कि यह ट्रोजन युद्ध के ''बाद'' है, मगर कालचक्र घूमता रहता है और पुनः ट्रोजन युद्ध घटित होगा। तब उस घटना की दृष्टि से हमारा आज का बिंदु पूर्वकाल का द्योतक होगा।

इस प्रकार हम देखते हैं कि भारतीय तथा यूनानी विचारकों ने कालचक्र की धारणा को तो स्वीकार किया था, किंतु दोनों के कालचक्रों में बुनियादी अंतर है।

ईसाई धर्म ने काल के एकदिश गमन की धारणा को यहूदी धर्म से ग्रहण किया था। ईसाई धर्म के अनुसार, काल ईश्वर द्वारा विश्व की सृष्टि और उसकी सतत क्रियाशीलता के साथ जुड़ा हुआ है। ईसाई मान्यता के अनुसार, काल का एक निश्चित बिंदु है, एक निश्चित दिशा है और एक निश्चित लक्ष्य है। अन्य शब्दों में, ईसाई विचारकों के अनुसार काल एक निश्चित दिशा में–भूत से भविष्य की ओर–गमन करता है अर्थात् काल एक ही रैखिक दिशा में आगे बढ़ता है।

इसके विपरीत इस्लाम में काल के सातत्य को स्वीकार नहीं किया गया। इस्लाम के अनुसार, काल क्षणों का समूह है। अन्य शब्दों में, इस्लाम के अनुसार दिक् और काल, दोनों ही बिंदु-बिंदु से निर्मित समुच्चय हैं।

काल के बारे में एक और धारणा प्रचलित रही है। वह यह है कि काल टुकड़ों-टुकड़ों में विभक्त है। पूर्व के देशों के धर्म-संप्रदायों से प्रभावित ईसाई गूढ़ज्ञानवादियों

की काल के बारे में यही मान्यता रही है। तत्काल मुक्ति की उनकी जरूरत काल को खंडित मानकर ही पूरी हो सकती थी। भारतीय साधकों के लिए भी काल का ऐसा विखंडन अपरिहार्य था।

सारांश यह कि प्राचीन जगत् में काल के बारे में प्रमुखत: तीन प्रकार की धारणाएं प्रचलित रहीं हैं :

1. कालचक्र की धारणा,
2. काल की गति सीधी रेखा में एकदिश है–भूत से भविष्य की ओर और
3. काल बिंदु–बिंदु या खंड–खंड में विभक्त है।

काल से संबंधित इन प्रमुख परंपरागत धारणाओं का यहां मैंने संक्षेप में विवेचन इसलिए किया है कि आज आधुनिक विज्ञान में काल संबंधी यही तीन धारणाएं, अपने नए विकसित रूपों में, वैज्ञानिकों के बीच काफी वाद–विवाद का विषय बनी हुई हैं। काल से संबंधित आज के वैज्ञानिक चिंतन को और विवाद को भी, समझने में काल से संबंधित पुराना चिंतन कुछ मदद दे सकता है, इसीलिए मैंने इनकी यहां चर्चा की है।

काल के संबंध में एक और विवाद प्राचीन काल से चला आ रहा है। वह यह कि काल की सत्ता वास्तविक है अथवा यह एक ऐसी अमूर्त धारणा है जिसका अस्तित्व केवल मनुष्य की चेतना में ही है। दिक् के बारे में भी दार्शनिकों में ठीक यही मतभेद रहा है। भौतिकवादी दार्शनिक काल को एक वस्तुनिष्ठ सत्ता मानते हैं और किसी भी कालातीत सत्ता के अस्तित्व को स्वीकार नहीं करते। दूसरी ओर, चैतन्यवादी दार्शनिकों को मान्यता रही है कि काल का कोई वस्तुनिष्ठ अस्तित्व नहीं है, यह एक निरपेक्ष धारणा है और यह व्यक्ति की चेतना पर आश्रित है।

ब्रह्मवादियों ने परम–सत्ता या ब्रह्म को कालातीत माना है। उसी तरह प्लेटो के दर्शन में प्रत्यय (Idea) कालातीत है। कांट के अनुसार दिक् और काल अनुभवपूर्व या प्रागनुभव (A priori) धारणाएं हैं अर्थात् ऐसी धारणाएं हैं जिनकी प्रामाणिकता संवेदन–प्रत्यक्ष से बिलकुल स्वतंत्र हैं।

इसके विपरीत, भौतिकवाद दिक् और काल की वस्तुनिष्ठता को, इनकी वास्तविकता को स्वीकार करता है और ऐसी किसी सत्ता का अस्तित्व स्वीकार नहीं करता जो कालातीत हो यानी जो काल से परे हो या उससे पूर्णतया स्वतंत्र हो। भौतिकवादियों के अनुसार दिक् और काल द्रव्य के साथ अभिन्न रूप से जुड़े हुए हैं। दिक् के तीन आयाम हैं, तो काल का केवल एक आयाम। कोई भी भौतिक क्रिया केवल एक दिशा में विकसित होती है–अतीत से भविष्य की ओर। आधुनिक भौतिकवादियों के अनुसार द्रव्य, गति, काल और दिक् एक–दूसरे के साथ अभिन्न रूप से जुड़े हुए हैं। आधुनिक विज्ञान की भी यही मान्यता है।

मगर बीसवीं सदी के पहले के वैज्ञानिकों की इन धारणाओं के बारे में भिन्न मान्यताएं थीं। न्यूटन की मान्यता थी कि दिक् और काल की अपनी पृथक् सत्ताएं हैं। ये निरपेक्ष सत्ताएं द्रव्य और गति से प्रभावित नहीं होतीं। वस्तुओं की गति का या इनके घटनाक्रम का काल के प्रवाह पर कोई प्रभाव नहीं पड़ता। न्यूटन की मान्यता थी कि काल का प्रवाह, बिना किसी बाह्य प्रभाव के, अनादि भूत से अनंत भविष्य की ओर सतत जारी रहता है।

उन्नीसवीं सदी के अंत तक अधिकांश वैज्ञानिक मानते रहे कि दिक् एक प्रकार का निरपेक्ष आकाश है जो सदैव और सर्वत्र एक-सा है, गतिहीन है। काल के बारे में उनकी मान्यता थी कि इसका प्रवाह सदैव एक-सा बना रहता है।

यहां यह बता देना प्रासंगिक होगा कि जर्मन दार्शनिक-गणितज्ञ लाइबनिट्ज के दिक् और काल संबंधी विचार न्यूटन से भिन्न थे। लाइबनिट्ज ने दिक् और काल को सापेक्ष सत्ताएं माना था।

बीसवीं सदी की भौतिकी ने दिक् और काल संबंधी सभी पुरानी मान्यताओं को अस्वीकार कर दिया और गतिशील द्रव्य के साथ इनका अभिन्न संबंध स्थापित किया। आइंस्टाइन ने अपने आपेक्षिकता के सिद्धांत में इस लक्ष्य को प्रतिपादित किया कि पदार्थ से पृथक् दिक् तथा काल का कोई स्वतंत्र अस्तित्व नहीं है। मिंकोवस्की के गणित के आधार पर आइंस्टाइन ने दिक् और काल की एक संयुक्त चतुर्वैमितिक सततता (four dimentional continuum of space and time) की स्थापना की। आधुनिक भौतिकी ने आइंस्टाइन की इस स्थापना को प्रमाणित कर दिया है कि काल का प्रवाह और वस्तुओं का विस्तार इन वस्तुओं या पिंडों की गतियों पर आश्रित है अर्थात् काल और दिक् भौतिक पिंडों से अपृथक् हैं और इनका सापेक्ष अस्तित्व है। आइंस्टाइन ने स्पष्ट कर दिया है कि भौतिक पिंडों के द्रव्यमानों द्वारा निर्मित गुरुत्वाकर्षण क्षेत्रों के अनुसार दिक् के ज्यामितीय गुणधर्म बदलते रहते हैं। उसी प्रकार, पिंडों की गति के अनुसार, काल की गति में भी रद्दोबदल होता है। सारांश यह कि द्रव्य, दिक्, काल और गति एक-दूसरे से जुड़े हुए हैं। आपेक्षिकता का सिद्धांत दिक्काल के परे किसी भौतिक वस्तु की सत्ता को स्वीकार नहीं करता।

आदिम समाजों ने दिक् और काल से संबंधित अपने विचार मिथकों और आख्यानों के माध्यम से व्यक्त किए थे। दार्शनिकों ने इन धारणाओं से संबंधित अपनी मान्यताएं तत्व-चिंतन की विशिष्ट शब्दावली में प्रस्तुत की थीं। मगर दिक् और काल से संबंधित आधुनिक भौतिकी की स्थापनाओं को गणित के संकेतों और समीकरणों में ही ठीक-ठीक व्यक्त किया जा सकता है। इस तथ्य की ओर मैंने इसलिए भी निर्देश दिया है कि आजकल कुछ लोग आधुनिक भौतिकी की स्थापनाओं से स्थूल निष्कर्ष निकालकर अक्सर यह दावा पेश कर देते हैं कि इस तरह

का चिंतन हमारे पूर्वजों ने भी किया था परंतु वास्तविकता यह है कि द्रव्य, गति, दिक् और काल के संयोजन और अन्योन्याश्रय से संबंधित आज की वैज्ञानिक मान्यताएं पुरानी सभी मान्यताओं से सर्वथा भिन्न हैं। महत्त्व की बात यह है कि इन आधुनिक मान्यताओं की प्रयोगों से पुष्टि हो गई है। वस्तुओं या पिंडों की गतियों के अनुसार काल की गति घटती-बढ़ती रहती है, यह अब एक प्रयोगसिद्ध तथ्य है, भले ही इस वास्तविकता के परिणाम हमें पहेली जैसे प्रतीत होते हों।

मगर इस सारे विवेचन का निष्कर्ष यह नहीं ही है कि आधुनिक भौतिकी या आपेक्षिकता के सिद्धांत ने काल से संबंधित सभी सवालों का समाधान खोज लिया है। बीसवीं सदी में एक ओर एक अतिविशाल विश्व का उद्घाटन हुआ है, तो दूसरी ओर परमाणु के भीतर एक अतिसूक्ष्म जगत् का भी उद्घाटन हुआ है। भौतिक विश्व में कुछ ऐसे घटना-क्रमों का उद्घाटन हुआ है जिन्होंने वैज्ञानिकों को काल के प्रवाह के बारे में, विशेषकर इसकी दिशा के बारे में, फिर से सोचने के लिए विवश किया है।

अब आगे मुझे काल से संबंधित वैज्ञानिकों के इसी नए चिंतन की प्रमुख रूप से चर्चा करनी है। यह नई समस्या काल की दिशा से संबंधित है। चूंकि काल की दिशा के बारे में प्राचीन काल के विचारकों ने भी चिंतन किया था, इसीलिए आरंभ में मैंने काल की दिशा से संबंधित प्राचीन मान्यताओं का संक्षिप्त विवेचन प्रस्तुत किया।

हमने देखा है कि काल की दिशा के बारे में प्रमुखत: तीन तरह की मान्यताएं प्रचलित रही हैं : 1. काल चक्र या वृत्त में घूमता है, 2. काल एक ही दिशा में, भूत से भविष्य की ओर गमन करता है और 3. काल बिंदु-बिंदु में बंटा हुआ है।

हमारे दैनंदिन जीवन की घटनाएं इस तथ्य की गवाही देती हैं कि हम काल को रोक नहीं सकते, इसे पीछे मोड़ नहीं सकते। घटनाक्रमों से जुड़ा हुआ काल अनिवार्यत: भूत से भविष्य की ओर आगे बढ़ता है। घटनाक्रमों और काल के क्षणों के साथ हम एक सुनिश्चित संबंध स्थापित कर सकते हैं। इसलिए भौतिक-विज्ञान में भी काल की एक रैखिक दिशा को, काल के एकदिश तीर को स्वीकार कर लिया गया है। भौतिक विज्ञान ने यह मान लिया है कि काल का विपरीत दिशा में-वर्तमान से भूत की ओर गमन संभव नहीं है।

मगर चिरस्थापित यांत्रिकी और नई क्वांटम यांत्रिकी, दोनों में ही काल के प्रवाह की उलटी दिशा को भी स्वीकार करने में कोई कठिनाई नहीं है। कारण यह है कि चिरस्थापित तथा क्वांटम यांत्रिकियों के गति के समीकरणों में काल के चिह्न को धन से ऋण में बदल दिया जाए, तब भी परिणाम एक-से ही प्राप्त होते हैं। तो क्या इससे यह निष्कर्ष निकाला जा सकता है कि काल का विपरीत दिशा में भी गमन संभव है?

प्रश्न बेतुका नहीं है। इधर के वर्षों में जानकारी मिली है कि विशाल जगत् में काल का तीर भले ही एक ही दिशा में गमन करता हो, मगर अतिसूक्ष्म जगत् में कुछ ऐसी घटनाओं के दर्शन होते हैं जो इस बात का संकेत देती हैं कि काल का तीर विपरीत दिशा में भी गमन करता है। इसमें तार्किक दृष्टि से असंगत कुछ भी नहीं है, क्योंकि चिरस्थापित भौतिकी और क्वांटम यांत्रिकी, दोनों के ही समीकरण काल-सममित (time symmetric) हैं अर्थात् इन समीकरणों के अनुसार क्रियाएं और प्रतिक्रियाएं, 'आगे की ओर' या 'पीछे की ओर', बड़े मजे में घटित हो सकती हैं।

इस समस्या ने वैज्ञानिकों को काल के तीर के बारे में नए सिरे से सोचने के लिए विवश किया है। इस समस्या को समझने के लिए विशाल जगत् और अतिसूक्ष्म जगत् की कुछ घटनाओं पर दृष्टिपात करना जरूरी है।

सबसे पहले जैव जगत् का उदाहरण लीजिए। हम अपना जीवन शैशवावस्था से शुरू करते हैं और बढ़ते-बढ़ते पहले तरुण और फिर बूढ़े हो जाते हैं। अंत मृत्यु में होता है। हम कहीं ऐसा कोई जीव नहीं देखते जो प्रौढ़ावस्था से शैशवावस्था की ओर अग्रसर होता है। अत: जैव जगत् में घटनाक्रम की एक सुनिश्चित दिशा है। यह अनपलट (irreversible) घटना-क्रम काल के जैविक तीर को निर्धारित करता है।

अब मान लीजिए कि आप बर्फ का एक टुकड़ा लेते हैं और गर्म चाय के एक प्याले में डालते हैं। कुछ समय बाद आप देखेंगे कि बर्फ का वह टुकड़ा प्याले में घुल गया है और चाय ठंडी हो गई है। हुआ यह कि समय के साथ ऊष्मा गर्म वस्तु से ठंडी वस्तु की ओर प्रवाहित हुई है। हमेशा यही होता है कि किसी गर्म वस्तु के किसी ठंडी वस्तु के संसर्ग में आने पर ऊष्मा का प्रवाह उच्च तापमान से निम्न तापमान की ओर तब तक जारी रहता है जब तक दोनों में संतुलन स्थापित न हो जाए। ऊष्मा का यह प्रवाह काल की दिशा निर्धारित करता है।

कहा जा सकता है कि ऊष्मा के प्रवाह को ठंडी वस्तु से गर्म वस्तु की ओर प्रवाहित होते हुए भी माना जा सकता है परंतु प्रकृति में ऐसे उलटे घटनाक्रम को कहीं देखा नहीं गया है। इस तथ्य को जिस नियम द्वारा व्यक्त किया जाता है उसे भौतिकी में तापगतिकी के द्वितीय नियम (Second Law of Thermodynamics) का नाम दिया गया है। इस नियम के अनुसार, ऊष्मा सदैव उच्च तापमान वाली वस्तुओं से निम्न तापमान वाली वस्तुओं की ओर प्रवाहित होती है। अत: ताप गतिकी का दूसरा नियम भी काल के तीर को निर्धारित करता है।

इसी प्रकार, विद्युत-गतिकी के क्षेत्र की घटनाएं भी काल के तीर को निर्धारित करती हैं। यदि किसी विद्युत आवेश या चार्ज को त्वरित किया जाए तो देखने में आता है कि उस आवेश से विद्युत-चुंबकीय तरंगों का उत्सर्जन होता है और ये तरंगें उस आवेश से बाहर की ओर प्रसारित होती हैं। विपरीत क्रिया यानी विद्युत-

चुंबकीय तरंगों के आवेश पर केंद्रित होने की क्रिया प्रकृति में कहीं देखने को नहीं मिलती, यद्यपि मैक्सवेल के विद्युत–गतिकी के समीकरण दोनों स्थितियों को स्वीकार करते हैं। अतः विद्युत–गतिकी के क्षेत्र की घटनाएं भी काल के तीर को निर्धारित करती हैं।

विशाल विश्व का अध्ययन भी काल के तीर की ही पुष्टि करता है। हम जानते हैं कि दूर की मंदाकिनियां बड़ी तेजी से हमसे दूर भाग रही हैं। अन्य शब्दों में, समय के साथ दो मंदाकिनियों के बीच की दूरी निरंतर बढ़ती जा रही है। इसीलिए हम कहते हैं कि विश्व का निरंतर विकास हो रहा है। दो मंदाकिनियों के बीच की दूरी घट रही है, ऐसा कहीं देखने को नहीं मिलता। यदि हम कालक्रमानुसार तीन समयों में कुछ मंदाकिनियों के चित्र उतारते हैं और उनमें मंदाकिनियों के बीच की दूरियां मापते हैं, तो देखते हैं कि कालक्रमानुसार उनके बीच की दूरियां बढ़ती गई हैं। अतः विशाल विश्व यानी मंदाकिनियों के स्तर का घटनाक्रम भी काल के तीर को निर्धारित करता है।

इस प्रकार, भौतिक विश्व की अलग–अलग व्यवस्थाओं में काल के तीर के बारे में अनेक उदाहरण खोजे जा सकते हैं। विभिन्न स्रोतों में जन्म लेने वाले काल के इन तीरों को एकसूत्र में बांधने के लिए वैज्ञानिकों ने एंट्रॉपी (entropy) की धारणा का सहारा लिया है। सरल शब्दों में कहें तो भौतिकी की यह धारणा ऊर्जा के परिवर्तन की प्रक्रिया को व्यक्त करती है। निम्न तापमान वाली ऊर्जा की एंट्रॉपी उच्च होती है और उच्च तापमान वाली ऊर्जा की एंट्रॉपी निम्न होती है। हम यह भी कह सकते हैं कि व्यवस्था (order) से अव्यवस्था (disorder) की ओर होने वाले बदलाव का मापन करती है। इस प्रकार, विश्व की प्रत्येक पृथक् प्रणाली में एंट्रॉपी में सदैव वृद्धि होती जाती है। किसी भी पृथक् प्रणाली में एंट्रॉपी के घटते जाने का उदाहरण कहीं देखने को नहीं मिलता। इसलिए बढ़ती एंट्रॉपी से काल की दिशा सुस्पष्ट हो जाती है।

मगर यही बात परमाणु के भीतर के सूक्ष्म जगत् के बारे में यकीन के साथ नहीं कही जा सकती। चिरस्थापित भौतिकी की तरह क्वांटम यांत्रिकी के समीकरण भी काल की दोनों दिशाओं को स्वीकार करते हैं परंतु परमाणु के भीतर के सूक्ष्म जगत् की व्याख्या करने वाली क्वांटम भौतिकी काल के एकदिश तीर को स्वीकार नहीं करती। क्वांटम भौतिकी के इन समीकरणों में एक ही क्षण में हम किसी परमाणु कणिका की, उदाहरण के लिए, एक इलेक्ट्रॉन की, गति और स्थिति एक साथ निर्धारित नहीं कर सकते। परमाणु जगत् की इस अनिर्धार्य व्यवस्था को वेर्नेर हाइजेनबर्ग ने स्पष्ट कर दिया है। परमाणु के सूक्ष्म जगत् में अंतर्भूत यह अनिर्धार्य व्यवस्था काल की दिशा को भी अनिर्धार्य बना देती है।

तात्पर्य यह कि परमाणु के सूक्ष्म जगत् की व्याख्या करने वाले क्वांटम यांत्रिकी के समीकरण तो काल-सममित हैं ही, इस सूक्ष्म जगत् में काल की दिशा भी अनिर्धार्य है।

अब विशाल पैमाने के समूचे ज्ञेय विश्व की व्यवस्था पर विचार कीजिए। आज हम जानते हैं कि विश्व का निरंतर विस्तार हो रहा है। मंदाकिनियों के बीच की दूरियां बढ़ती जा रही हैं। विश्व का तापमान घटता जा रहा है और एंट्रॉपी बढ़ती जा रही है। इस बात के भी सबूत मिल गए हैं कि विश्व का तापमान निरंतर घटते-घटते अब करीब 3 डिग्री केल्विन पर पहुंच गया है।

भविष्य में क्या होगा?

विश्व का भविष्य इसमें विद्यमान द्रव्य की सम्पूर्ण राशि से निर्धारित होगा। वैज्ञानिकों ने आज तक विश्व में जितने द्रव्य की खोज की है वह विश्व के विस्तार को रोक सकने के लिए पर्याप्त नहीं है इसलिए कहा जा सकता है कि विश्व का विस्तार सतत जारी रहेगा। विश्व का तापमान और भी अधिक घटता जाएगा। एंट्रॉपी बढ़ती ही जाएगी अर्थात् काल का तीर आगे ही आगे बढ़ता जाएगा।

मगर सभी वैज्ञानिक ऐसा नहीं सोचते। विश्व में "अदृश्य" द्रव्य की तलाश जारी है। अनेक वैज्ञानिकों का मत है कि विश्व में पर्याप्त द्रव्य विद्यमान है और भविष्य में विश्व का विस्तार होना रुक जाएगा। उसके बाद, गुरुत्वाकर्षण के अंतर्गत, विश्व सिकुड़ने लग जाएगा। मंदाकिनियां एक-दूसरे के नजदीक आती जाएंगी। विश्व का तापमान पुनः बढ़ता जाएगा और एंट्रॉपी घटती जाएगी।

वैसी स्थिति में काल की दिशा क्या होगी?

जाहिर है कि तब काल विपरीत दिशा में गमन करेगा। काल का तीर विपरीत दिशा में अग्रसर होगा।

तात्पर्य यह कि विशाल पैमाने के विश्व पर विचार करें, तो काल की दोनों दिशाएं संभव हैं- एक भूत से भविष्य की ओर और दूसरी भविष्य से भूत की ओर।

आज अधिकांश वैज्ञानिकों की मान्यता है कि अतीत में, करीब 15 अरब साल पहले, विश्व का समस्त द्रव्य और विकिरण अति उच्च तापमान में एक स्थान पर पुंजीभूत था। किसी कारण से उस महापुंज में अस्थिरता पैदा हुई। कहा जा सकता है कि उसमें महाविस्फोट हुआ। विश्व के इस प्रकार के आरंभ को बिग बैंग (Big Bang) का नाम दिया गया है। उसके बाद ही विश्व का विस्तार शुरू हुआ। उसके बाद ही काल का प्रवाह शुरू हुआ। उसके बाद ही दिक् का फैलाव आरंभ हुआ।

महाविस्फोट के समय या उसके पहले द्रव्य या विकिरण और काल तथा दिक् की क्या स्थिति रही है, इसके बारे में आज के वैज्ञानिक सिद्धांतों से हमें कोई स्पष्ट जानकारी नहीं मिलती। वह विलक्षणता (singularity) की स्थिति थी और विलक्षणताओं के बारे में जानने में आज हम असमर्थ हैं। मगर महाविस्फोट के करीब एक दश-सहस्रांश सेकंड के बाद की द्रव्य, विकिरण, दिक् और काल की परिस्थितियों के बारे में आपेक्षिकता के सिद्धांत से स्पष्ट जानकारी मिल जाती है। तब से लेकर आज तक के विश्व के विकास का सिलसिलेवार चित्र प्रस्तुत करना संभव है।

पिछले कुछ वर्षों से ब्लैक होल्स (Black holes) यानी 'कृष्ण विवरों' की काफी चर्चा है। कोई बड़ा तारा अपने ही गुरुत्वाकर्षण के अंतर्गत सिकुड़कर ब्लैक होल बन जा सकता है। तब उस पिंड का गुरुत्वाकर्षण-क्षेत्र इतना अधिक बढ़ जाएगा कि उसमें से प्रकाश-किरणें भी बाहर नहीं आ सकेंगे। बिंग बैंग की तरह वह ब्लैक होल भी एक विलक्षणता की स्थिति होगी। 'ब्लैक होल' में काल की गति इतनी अधिक धीमी हो जाएगी कि उसे हमें स्थिर ही मानना चाहिए।

इस तरह, काल की गति और दिशा के बारे में हमे विभिन्न दशाओं के दर्शन होते हैं। तार्किक सिद्धांतों पर आधारित भौतिकी के नियम या समीकरण काल के अग्र या पश्च प्रवाह में कोई भेद नहीं मानते। विशाल पैमाने के समूचे विश्व की व्यवस्था में भी काल के पश्च-गमन की संभावनाएं विद्यमान हैं। परमाणु के भीतर के सूक्ष्म जगत् में भी काल के दुतर्फा गमन की व्यवस्था अंतर्निहित है। मगर विश्व की एकांकी पृथक् प्रणालियों में, जैसा कि हमने देखा है, काल का प्रवाह सदैव एक ही दिशा की ओर है–भूत से भविष्य की ओर।

विश्व के विभिन्न भागों में या प्रणालियों में काल-प्रवाह की दिशा में यह विभेद क्यों है? वैज्ञानिक इसी समस्या का समाधान खोज रहे हैं। कुछ वैज्ञानिकों का मत है कि समूचे विश्व पर केवल तापगतिकी का दूसरा नियम ही शासन करता है, इसलिए काल का प्रवाह सदैव एकदिश बना रहता है। विश्व की अनपलट प्रक्रियाएं ही वास्तविकता को व्यक्त कर सकती हैं।

जर्मन भौतिकविद् हान्स राइखेनबाख का मत रहा है कि समस्त विश्व के संदर्भ में काल के प्रवाह की चर्चा करना संभव नहीं है। हम केवल विश्व के अलग-अलग भागों के संदर्भ में ही काल के प्रवाह को जान सकते हैं और इन भागों में काल का प्रवाह एकदिश होना जरूरी नहीं है।

प्राचीन काल से अनेक दार्शनिक और वैज्ञानिक कार्य-कारण संबंध को काल की दिशा का एकमात्र आधार मानते आ रहे हैं। मगर गहराई से देखें तो स्पष्ट होता है कि काल की दिशा को भूत से भविष्य की ओर प्रवाहित मानकर ही हम कार्य-

कारण संबंध के आधार पर कालगत घटनाक्रम को निर्धारित करते हैं। अत: काल की दिशा के निर्धारण के लिए, कार्य-कारण संबंध के अलावा अन्य कोई आधार खोजना आवश्यक है।

सारांश यह कि काल की दिशा का सवाल वैज्ञानिकों के लिए आज भी एक पहेली बना हुआ है। आइंस्टाइन के आपेक्षिकता के सिद्धांत के अनुसार, प्रकाश की गति (300000 कि.मी. प्रति सेकंड) ही विश्व की महत्तम गति है। मगर गेराल्ड फाइनबर्ग ने टाख्योन (tachyon) नामक ऐसी कणिकाओं की कल्पना की है जिनकी गति हमेशा प्रकाश के वेग से अधिक रहती है। यदि इस कल्पना को स्वीकार किया जाए तो निष्कर्ष निकलता है कि ये कणिकाएं काल में पश्च-गमन करती रहेंगी परंतु अभी टाख्योनों की प्रयोगों से पुष्टि नहीं हुई है।

विश्वोत्पत्ति के महाविस्फोट के सिद्धांत के अनुसार विश्व की उत्पत्ति के साथ ही काल का भी उद्‌गम हुआ। एक परिकल्पना यह भी है कि विश्वोत्पत्ति के बाद, एक अत्यल्प सेकंडांश तक, काल का प्रवाह आगे और पीछे दोनों तरफ रहा, काल दोलन करता रहा। कुछ वैज्ञानिकों की यह भी मान्यता रही कि जिस प्रकार प्रकाश फोटॉन-कणिकाओं का प्रवाह है, उसी प्रकार काल-प्रवाह के लिए भी सूक्ष्म कणिकाओं या बिंदुओं का अस्तित्व होना चाहिए।

इस प्रकार हम देखते हैं कि काल के प्रवाह के बारे में ये सभी सवाल आज भी अनुत्तरित हैं जिन्हें प्राचीन काल के विचारकों ने उठाया था और जिनके बारे में उन्होंने अपने-अपने तरीके से चिंतन किया था। हां, एक फर्क अवश्य है-आज के वैज्ञानिक भौतिक विश्व के बारे में हासिल की गई व्यापक जानकारी के आधार पर काल के प्रवाह की गुत्थी सुलझाने में जुटे हुए हैं।

काल के स्वरूप के बारे में पुरानी धार्मिक-दार्शनिक मान्यताओं में और नई वैज्ञानिक मान्यताओं में एक और स्पष्ट अंतर है। आधुनिक विज्ञान इस सुस्पष्ट निष्कर्ष पर पहुंचा है कि द्रव्य और गति से पृथक् दिक् और काल का कोई अस्तित्व नहीं है। आधुनिक भौतिक विज्ञान किसी भी कालातीत सत्ता को स्वीकार नहीं करता।

कैलेंडरों की कहानी

काल के प्रवाह को हम देख नहीं सकते, सुन नहीं सकते, मोड़ नहीं सकते। उसका आरंभ और अंत भी हमें मालूम नहीं किंतु नियमित रूप से पुनः-पुनः घटित होने वाली प्राकृतिक घटनाओं के जरिए काल को मापना संभव है। काल के बारे में हम कह सकते हैं कि यह घटनाओं के बीच का अंतराल है। काल-मापन के लिए ऐसी घटनाओं का चयन करना होता है जो नियमित रूप से घटित होती हैं। ऐसी प्रमुख प्राकृतिक घटनाएं तीन हैं–1. रात-दिन का चक्र, 2. चंद्रमा की घटती-बढ़ती कलाओं का चक्र और 3. ऋतुओं का चक्र। ये घटना-चक्र पृथ्वी के समस्त जीव-जगत् को प्रभावित करते हैं। मनुष्य प्रागैतिहासिक काल से ही इन्हें समझने और मापने के प्रयास करता आ रहा है। इन्हीं प्रयासों से कालांतर में विभिन्न प्रकार के पंचांगों अर्थात् कैलेंडरों का विकास हुआ।

काल-गणना सूर्य और चंद्र की गतियों के अवलोकन से आरंभ हुई। आदिम मानव सूर्योदय से सूर्यास्त तक का समय भोजन-सामग्री जुटाने में बिताता था और रात्रि का समय विश्राम करने में। जल्दी ही उसने यह भी जान लिया होगा कि सभी दिन लंबाई में एक समान नहीं होते, न ही सभी रातें। उसने मोटे तौर पर ऋतुओं के चक्र को भी पहचान लिया। कभी ठंड के दिन होते थे, कभी गरमी के, तो कभी वर्षा के। कभी किसी क्षेत्र में शिकार की प्राप्ति बहुतायत से और आसानी से होती थी, तो कभी किसी अन्य क्षेत्र में कंद-मूल फल की। इस तरह अंततः वह यह बताने में सफल हो गया कि किसी के जन्म के बाद अहोरात्र के अथवा वर्षाकाल या शीतकाल के कितने चक्र पूरे हुए हैं।

काल-गणना के लिए चंद्र की घटती-बढ़ती कलाओं के चक्र का उपयोग भी बहुत प्राचीन काल से होता आ रहा है। एक पूर्णिमा से दूसरी पूर्णिमा तक के अथवा एक अमावस्या से दूसरी अमावस्या तक के काल को, जो लगभग 29½ दिनों का होता है, मास कहा गया। 'मास' शब्द का मूल अर्थ ही है चंद्र। मनुष्य जब इन चांद्र मासों का हिसाब रखने लगा, तो उसे पता चला कि 12 चांद्र मासों को जोड़ने पर सभी ऋतुओं का लगभग एक चक्र पूरा होता है। इसके साथ ही आरंभ हुआ कैलेंडर के गणित का विकास।

आज से पांच-छह हजार साल पहले भारत की सिंधु, मिस्त्र की नील, मेसोपोटामिया की दजला-फरात और चीन की ह्वाङ्हो नदियों की घाटियों में कृषि पर आधारित सभ्यताओं का उदय हुआ। कृषिकर्म ऋतुओं पर निर्भर रहता है। कृषिकर्म के साथ ही कई सारे धार्मिक और सामाजिक उत्सवों का प्रचलन हुआ। लोग पहले से जानना चाहते थे कि वर्षा कब आएगी, बीज बोने या फसल काटने का सही समय कौन-सा है, पूर्णिमा या अमावस्या कब होगी, ऐसी घटनाओं की पूर्वसूचना देने के लिए कैलेंडरों का जन्म हुआ। यूनानी के जिस 'कालेंड' शब्द से लैटिन भाषा का 'कैलेंडर' शब्द बना है, उसका अर्थ है-"मैं चिल्लाता हूँ"। प्राचीन रोमवासियों को चंद्र व सूर्य की गतियों से संबंधित घटनाओं की पूर्वसूचना चिल्ला-चिल्लाकर ही दी जाती थी।

प्राचीन काल का सूच्याकार स्तंभ अथवा शंकु जिसकी छाया से दिन का समय, पूर्व-पश्चिम दिशा, विषुवों और अयनांतों का पता लगाया जा सकता था। आदिम समाज के लोग निश्चित ऊंचाई के एक खड़े डंडे का शंकु के रूप में इस्तेमाल करते थे।

कैलेंडर-निर्माण के काम के साथ कई सारी समस्याएं जुड़ी हुई हैं। जैसा कि हमने देखा है, काल की तीन प्रमुख प्राकृतिक कालावधियां हैं–दिन, माह और वर्ष। इनमें दिन सबसे छोटी कालावधि है, इसलिए इसे काल की बुनियादी इकाई मान लिया गया है। महीने और वर्ष की कालावधियां दिन की इकाइयों में ही व्यक्त की जाती हैं इसलिए कैलेंडर के निर्माण में निम्नलिखित तीन भिन्न कालावधियों पर विचार करना पड़ता है :

सौर वर्ष = 365.2422 सौर दिन

चांद्र मास = 29.53059 सौर दिन

सौर वर्ष में चांद्र मास = 12.36827

कैलेंडर की प्रमुख समस्या है, उपर्युक्त तीनों संबंधों में समन्वय स्थापित करना। इसके लिए एक व्यावहारिक कैलेंडर के निर्माण में निम्नलिखित बातों का ध्यान रखना जरूरी है–

1. वर्ष और महीने में दिनों की संख्या पूर्णांकों में होनी चाहिए,
2. वर्षारंभ और मासारंभ के दिन सुनिश्चित होने चाहिए,
3. एक सुनिर्धारित संवत् होना चाहिए, और
4. चांद्र मासों को रखना हो, तो सौर वर्ष के साथ उनका संबंध बिठाना चाहिए।

प्राचीन काल से अब तक विभिन्न देशों में सैकड़ों कैलेंडर प्रयुक्त हुए हैं, मगर उपर्युक्त सभी बातों का सही और संतोषजनक समाधान अभी तक प्राप्त नहीं हुआ है। कैलेंडर-निर्माण की यह भी एक बड़ी समस्या है कि दिनमान, मासमान और वर्षमान, तीनों ही एक से अधिक प्रकार के हैं। यह भी स्मरण रखना जरूरी है कि प्राचीन काल में दिन, मास और वर्ष की अवधियों की अधूरी जानकारी होने के कारण कैलेंडरों का वास्तविक घटनाओं से मेल नहीं बैठता था। इसलिए समय-समय पर उनमें खगोलविदों या शासकों या धर्माचार्यों द्वारा सुधार किए जाते रहे हैं।

प्राचीन काल में प्राय: पुरोहित ही ज्योतिषी होते थे और मंदिर वेधशालाएं। कैलेंडर या कालनिर्धारण को बेहतर बनाने के प्रयोजन से प्राचीन काल के पुरोहित ज्योतिषी आकाशीय पिंडों के अध्ययन में प्रवृत्त हुए। इससे एक ओर समाज में पुरोहित वर्ग का दबदबा बढ़ा, दूसरी ओर ज्योतिष शास्त्र की उन्नति हुई।

प्राचीन मिस्र का सौर कैलेंडर

प्राचीन मिस्र का कैलेंडर भी पुरोहितों के ही जिम्मे था। सभी प्राचीन सभ्यताओं की तरह आरंभ में मिस्र में भी वर्ष 360 दिनों का था और उसे तीस-तीस दिनों के 12

महीनों में विभाजित किया गया था। मगर कई साल तक अनुभव करते रहने के बाद मिस्रवासियों को पता चल गया था कि हर साल नील नदी में लगभग 365 दिनों बाद बाढ़ आती है। चूंकि नील नदी में नियमित रूप से आने वाली बाढ़ का मिस्र के किसानों के लिए विशेष महत्त्व था, इसलिए ऋतुचक्र पर आधारित 365 दिनों के 'नील वर्ष' को अपनाया गया। उन्होंने यह भी जान लिया था कि चांद्र मास लगभग 29½ दिनों (वस्तुत: 29.531 दिनों) का होता है।

ब्रिटेन के सैलिसबरी मैदान में स्थित स्टोनहेंज स्मारक (लगभग 2000 ई.पू.)। विद्वानों का मत है कि विशाल प्रस्तर-खंडों से निर्मित प्राचीन सूर्य-पूजकों का यह स्मारक एक प्रकार की वेधशाला है। इन पत्थरों की सीध से वसंत-संपात का दिन पता चलता था और ग्रहणों के दिनों की गणनाएं की जाती थीं।

मगर मिस्र में 30 दिनों के माह और 360 दिनों के वर्ष वाला कैलेंडर रूढ़ हो गया था, धार्मिक मान्यता प्राप्त कर चुका था। इसलिए व्यवस्था की गई कि 360 दिनों के वर्ष में पांच प्रमुख मिस्री देवताओं के नाम पर 5 अतिरिक्त 'पर्व दिन' हर साल जोड़ दिए जाएंगे। इस तरह मिस्री वर्ष 365 दिनों का हो गया। प्रत्येक माह 30 दिनों का ही बना रहा। वर्ष को चार-चार महीनों की तीन ऋतुओं में बांटा गया-बाढ़-ऋतु, बीज-ऋतु और फसल ऋतु। उनके महीने में दस-दस दिनों के तीन सप्ताह होते थे। साथ ही, प्रत्येक दिन को दस घंटों में विभाजित किया गया था। स्पष्ट है कि यह काल-विभाजन की दाशमिक व्यवस्था थी। विशेष बात यह है कि इस मिस्री कैलेंडर का किसी आकाशीय घटना से कोई सरोकार नहीं रह गया था।

मिस्रवासियों को यह समझने में भी ज्यादा समय नहीं लगा कि वर्ष 365 दिनों का नहीं, बल्कि करीब 365¼ दिनों (वस्तुत: 365.2224 दिनों) का होता है। मिस्र के पुरोहित आकाश के सबसे चमकीले व्याध (लुब्धक) तारे का बहुत

प्राचीन मिस्र में व्याध (सोथिस्) तारे की पूजा। हर 365¼ दिनों बाद जब पूर्व क्षितिज पर व्याध का सूर्य-सहोदय होता था, तब नील नदी में बाढ़ आती थी। इस घटना के आधार पर वहां 365¼ दिनों का सौर वर्ष निश्चित किया गया था।

प्राचीन काल से अवलोकन करते आ रहे थे। वे उसकी अर्चना करते थे क्योंकि उसे मिस्र की प्रमुख देवी 'आइसिस' का तारा माना जाता था। अनेक वर्षों तक अवलोकन करते रहने के बाद मिस्री पुरोहितों ने पहचान लिया था कि वर्ष के एक निश्चित दिन पूर्वी क्षितिज पर, सूर्योदय के ठीक पहले, व्याध तारा (जिसे वे 'सोथिस्' कहते थे) दिखाई देता है, यानी व्याध का सूर्य-सहोदय होता है। यह घटना नील नदी में आने वाली बाढ़ के कुछ ही समय पूर्व घटित होती थी। इसलिए उन्होंने 'नील वर्ष' के साथ व्याध के सूर्य-सहोदय का संबंध स्थापित कर दिया।

कई सालों तक अवलोकन करते रहने के बाद मिस्रवासियों को यह भी पता चला कि पूर्वी क्षितिज पर व्याध का सूर्य-सहोदय 365 दिनों के बाद नहीं, बल्कि

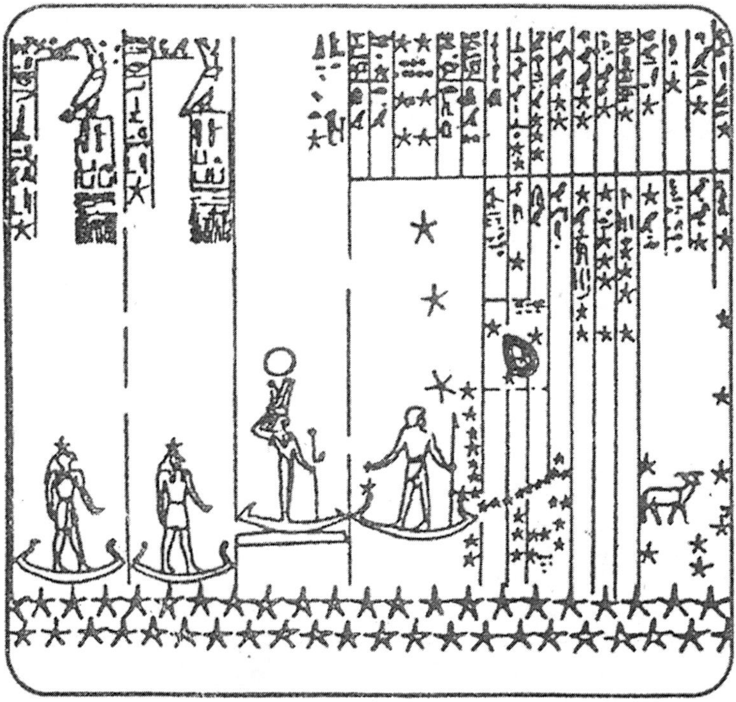

प्राचीन मिस्र में व्याध तारे के सूर्य-सहोदय के साथ नील नदी में बाढ़ आती थी। वह दिन फसल की दृष्टि से बड़े महत्त्व का होता था, इसलिए 'नववर्ष दिवस' के रूप में मनाया जाता था। यह दृश्य एक मिस्री कब्र की छत पर अंकित है। इसमें व्याध (जिसे देवता माना जाता था) तारे की विभिन्न स्थितियों को दिखाया गया है और वर्ष 2035 ई.पू. के अवलोकनों पर आधारित उसकी कक्षा को दर्ज किया गया है।

365¼ दिनों के बाद होता है फिर उन्होंने यह भी जान लिया कि व्याध के सूर्य-सहोदय का पूर्ण आकाशीय वृत्त 365 × 4 = 1460 वर्षों का होता है। इसे उन्होंने 'सोथिस् वृत्त' का नाम दिया। पता चलता है कि 4241 ई.पू. 2781 ई.पू. और 1321 ई.पू. क्रमशः इस सोथिस् वृत्त के प्रथम वर्ष थे। लंबे समय तक के अवलोकनों से उन्हें यह भी मालूम हो गया था कि नील नदी में बाढ़ भी औसतन 365¼ दिनों के बाद ही आती है।

इस तरह, मिस्रवासियों ने काफी पहले, संभवतः 2781 ई.पू. में ही जान लिया था कि सायन सौर वर्ष 365 दिनों का होता है। अगर वे हर चौथे वर्ष 5 की बजाय 6 अतिरिक्त दिन (पर्व दिन) जोड़कर उसे 366 दिनों का वर्ष (लीप-वर्ष) घोषित कर देते, तो उनका कैलेंडर लगभग परिपूर्ण बन जाता।

मिस्र के आरंभिक फैरोआ शासकों ने और बाद में यूनानी मिस्री शासक तालेमी एवरगेतेस (238 ई.पू.) ने प्रयास भी किए परंतु पुरोहितों के विरोध के कारण उस समय मिस्री कैलेंडर में यह संशोधन संभव नहीं हो सका। करीब दो सौ साल बाद, 46 ई.पू. में, यह संशोधन मिस्री खगोलविद् सोसिजेनेस और रोमन सम्राट ज्यूलियस सीजर के संयुक्त प्रयासों से संभव हुआ।

मिस्री कैलेंडर में चंद्र पर आधारित काल-गणना को पूर्ण रूप से त्याग दिया गया था, इसलिए वह काफी सरल और सुविधाजनक बन गया था। यही वजह थी कि बाद में उसे थोड़े-बहुत परिवर्तनों के साथ कई देशों में अपनाया गया। ज्यूलियस सीजर ने अपने साम्राज्य में जो नया कैलेंडर लागू किया था वह मिस्री कैलेंडर पर ही आधारित था। आज दुनिया भर में प्रचलित ग्रेगोरी कैलेंडर के स्रोत भी मिस्री कैलेंडर के ही हैं।

ज्यूलियन कैलेंडर

आज जिसे हम 'ग्रेगोरी कैलेंडर' या 'ईसाई कैलेंडर' कहते हैं उसका शुरू में ईसाइयत से कोई सरोकार नहीं था। इसका मूल रोमन कैलेंडर में है। ज्यूलियस सीजर ने 48 ई.पू. में मिस्र पर विजय प्राप्त की और उसके बाद कुछ समय तक वह वहीं टिका रहा। खगोलशास्त्र में उसकी दिलचस्पी थी। रोम में कोई व्यवस्थित कैलेंडर नहीं था। अब ज्यूलियस सीजर अपने विस्तृत साम्राज्य में एक बेहतर कैलेंडर लागू करना चाहता था। इसके लिए उसने सिकंदरिया के मिस्री खगोलविद सोसिजेनेस का सहयोग प्राप्त किया।

सोसिजेनेस ने सुझाया कि वर्ष का माध्य मान 365.25 दिन होना चाहिए। इसलिए 365 दिनों का सामान्य वर्ष मानकर और हर चौथे वर्ष एक अतिरिक्त दिन

**नए कैलेंडरों पर विचार करते हुए मिस्त्री खगोलविद सोसिजेनेस (बाएं)
और ज्यूलियस सीजर (दाएं)**

जोड़कर 366 दिनों का अधिवर्ष (लीप-वर्ष) बनाने की व्यवस्था स्वीकार की गई। इस नए कैलेंडर में पुराने रोमन महीनों को कायम रखा गया।

सीजर चाहता था कि नया वर्ष 25 दिसंबर यानी दक्षिण अयनांत (मकर संक्रांति) से शुरू हो, मगर 1 जनवरी 45 ई.पू. को अमावस (नए चांद) का दिन था, जिसे शुभ समझा जाता था। इसलिए अधिकतर लोगों का मत रहा कि उसी दिन से नववर्ष शुरू होना चाहिए। सीजर को प्रजा की बात माननी पड़ी।

यह 'ज्यूलियन कैलेंडर' सारे रोमन साम्राज्य में फैल गया और ईसाई धर्म अस्तित्व में आने के बाद भी प्रचलित रहा। सन् 325 ई. में आयोजित ईसाइयों की 'नाइसिन कौंसिल' द्वारा स्वीकृत किए जाने के बाद यही ज्यूलियन कैलेंडर ईसाई देशों का अधिकृत कैलेंडर बन गया। ईसाइयों ने बेबीलोनी-यहूदी मूल के सात दिनों के सप्ताह को भी अपना लिया।

ग्रेगोरी कैलेंडर

ईसा की चौथी सदी में 'ज्यूलियन कैलेंडर' ईसाई जगत् में प्रचलित हो गया था। मगर अभी उस पर 'ईसाई संवत्' की छाप नहीं लगी थी। ईसा मसीह के 'जन्म' पर आधारित 'ईसाई कैलेंडर' का निर्माण बिशप डायोनिसस एक्सिगस ने 525 ई. में किया। उन्होंने बाइबिल की विभिन्न अनुश्रुतियों का सहारा लेकर और कई तरह से

आगे-पीछे गणनाएं करके अंत में निश्चित किया कि ईसा का जन्म 25 दिसंबर, 1 ई. को हुआ था। उन्होंने यह भी निश्चित किया कि ईसा जब 30 वर्ष के थे तो रविवार, 25 मार्च, 31 ई. को, पूर्णिमा के दिन, उनका पुनरुत्थान हुआ था। वह ईसाइयों का पहला ईस्टर दिन था लेकिन आज हम जानते हैं कि डायोनिसस द्वारा निर्धारित तथ्यों में कई खामियां थीं।

जो भी हो, डायोनिसस द्वारा निर्धारित ईसा के जन्मदिन (25 दिसंबर, 1 ई.) और प्रथम ईस्टर दिन (25 मार्च, 31 ई.पू.) को ईसाई गिरजे ने स्वीकार कर लिया और फिर धीरे-धीरे ईसाई देशें में काल-गणना के इस नए आधार को मान्यता मिल गई। ईसाई संवत् के इस आधार को रोम में 532 ई. में अपनाया गया। फ्रांस में आठवीं सदी में और रूस में 1699 ई. में अपनाया गया। इस तरह, ईसाई संवत् का आधार पाकर ज्यूलियन कैलेंडर एक तरह से 'ईसाई कैलेंडर' बन गया। लेकिन बुनियादी तौर पर अभी यह ज्यूलियन कैलेंडर ही था।

यहां एक बात को स्पष्ट कर देना जरूरी है। तिथिक्रम को स्पष्ट करने के लिए ही ऊपर ईसवी (A.D.) और ईसा पूर्व (B.C.) शब्दों का प्रयोग किया गया है। वर्ना, ईसाई धर्म के प्रारंभ के पहले ईसा पूर्व (Before Christ) के प्रचलन का प्रश्न ही नहीं उठता। ईसवी (A.D. < Anno Domini) के प्रयोग का सुझाव पहली बार डायोनिसस एक्सिगस ने ही दिया था प3रंतु इसका कुछ अधिक प्रचलन दसवीं सदी के बाद ही हुआ। ईसा पूर्व (B.C.) का प्रयोग तो उसके भी काफी बाद की बात है।

ज्यूलियन कैलेंडर का वर्ष 365.25 दिनों का था। यह वर्तमान सायन (tropical) वर्षमान (365.2422 दिन) से 0.0078 दिन (11 मिनट और 13.9 सेकंड) अधिक था। इसलिए 128 वर्षों में यह कैलेंडर एक दिन आगे बढ़ जाता था। इससे क्रिसमस और ईस्टर के त्योहारों के समय में 1582 ई. तक 10 दिनों का अंतर आ गया था। इसलिए उस साल पोप ग्रेगोरी तेरहवें के आदेश से ज्यूलियन कैलेंडर में सुधार किया गया। सुधरे कैलेंडर में वर्ष को 365.2425 दिनों का माना गया। ज्यूलियन कैलेंडर में लीप-वर्ष वह था जिसे चार से पूरा भाग दिया जा सकता था। नए कैलेंडर में वह नियम कायम रखा गया परंतु अपवाद जोड़ दिया गया कि वही शताब्दी वर्ष (1800, 1900, 2000 इत्यादि) लीप-वर्ष होंगे जिन्हें 400 से पूरा भाग दिया जा सकता है। इस तरह, 1900 ई. लीप-वर्ष नहीं था, परंतु 2000 ई. (बीसवीं सदी का अंतिम वर्ष) लीप-वर्ष था।

जैसा कि पहले बताया गया है, ज्यूलियन कैलेंडर को ईसाई देशों में 325 ई. में अपनाया गया था। तब से 1582 ई. तक इस कैलेंडर में 10 अतिरिक्त दिन जमा हो गए थे। इसलिए पोप ग्रेगोरी की ओर से धर्मादेश जारी कर दिया गया

ड्यूक डे बेरी के 'द बुक ऑफ अवर्स' (15वीं सदी) के यूरोप के एक शानदार कैलेंडर का एक पन्ना। इसमें सामान्य कैलेंडर के अलावा चंद्र की कलाएं और अन्य खगोलीय सूचनाएं भी दी गई हैं। विशेष बात यह है कि इसमें 1 से 30 तक के भारतीय मूल के अंक-संकेतों का उपयोग हुआ है।

कि 4 अक्तूबर (1582) के बाद 5 अक्तूबर का दिन नहीं बल्कि सीधे 15 अक्तूबर का दिन आएगा। इतिहास और लौकिक जीवन से 10 दिन गायब कर दिए गए।

इस तरह, उपर्युक्त नई व्यवस्थाओं के साथ जो कैलेंडर प्रचलित हुआ वह 'ग्रेगोरी कैलेंडर' कहलाया। सबसे पहले कैथोलिक देशों ने इस कैलेंडर को अपनाया। सन् 1700 ई. के बाद इसे प्रोटेस्टैंट देशों में अपनाया गया। इसे जापान ने 1873 ई. में और चीन ने 1911 ई. में अपनाया। हमारे देश में इसका प्रचार-प्रसार 1757 ई. से अंग्रेजी शासन के साथ शुरू हुआ। ग्रेगोरी कैलेंडर के वर्ष और सायन वर्ष में इतना कम अंतर है कि 3280 वर्षों में केवल एक ही दिन का फर्क पड़ेगा!

मगर इस ग्रेगोरी कैलेंडर में काल-गणना की दृष्टि से कई दोष हैं फिर भी आज सारी दुनिया में इसका खूब इस्तेमाल होता है। फ्रांस ने राज्यक्रांति के समय पुराने दाशमिक व्यवस्था वाले मिस्री कैलेंडर को अपनाया था, मगर वहां वह 12 वर्ष तक ही चल पाया।

चांद्र-सौर सामंजस्य

अधिकांश प्राचीन सभ्यताओं की काल-गणना में चंद्र की भूमिका सर्वाधिक महत्त्वपूर्ण रही है। भारतीय ज्योतिषियों ने चंद्र को 'मासकृत' यानी 'महीनों का निर्माता' कहा है। मगर कृषिकर्म से संबंधित सभी क्रियाकलाप ऋतुचक्र यानी सौर वर्ष पर आधारित होते हैं। इसलिए 29.5 दिनों के चांद्र मासों का करीब 365 दिनों के सौर वर्ष के साथ सामंजस्य स्थापित करके चांद्र-सौर कैलेंडर तैयार करना आवश्यक हो जाता है। प्राचीन भारत और सुमेर-बेबीलोन-अक्कद में चांद्र-सौर काल-गणना का ही प्रचलन रहा है। दूसरे शब्दों में, काल-गणना में चंद्र और सूर्य दोनों का उपयोग होता था-वर्ष की गणना के लिए सूर्य का और मास की गणना के लिए चंद्र का। चांद्र मास और सावन सौर वर्ष की कालावधियों को ठीक-ठीक जानने के लिए प्राचीन काल में जो वेधकार्य हुआ उससे ज्योतिषशास्त्र की काफी तेजी से उन्नति हुई।

बारह चांद्र मासों का वर्ष 354 दिनों का होता है। यह सौर वर्ष से 11 दिन छोटा होता है। तीन साल में यह अंतर 33 दिन हो जाता है। अतः ऋतु-विशेष में ठीक वही महीने आते रहे, इसके लिए यह आवश्यक हो जाता है कि हर दूसरे या तीसरे वर्ष 13वें अधिमास की व्यवस्था की जाए। मगर यह एक कामचलाऊ व्यवस्था ही थी। बेबीलोन के पुरोहित-ज्योतिषी चांद्र-सौर कैलेंडर की व्यवस्था

को बेहतर बनाने के लिए नक्षत्र-मंडलों की पृष्ठभूमि में चंद्र और सूर्य की गतियों का गहन अवलोकन करते रहे और इस तरह चांद्र मास और सौर वर्ष का अधिकाधिक शुद्ध मान प्राप्त करते गए। लगभग 600 ई.पू. से बेबीलोनियों के उत्तराधिकारी खाल्दी ज्योतिषियों ने इस दिशा में विशेष प्रयत्न किए और वे इन दो कालावधियों में निम्न स्वरूप का गणितीय संबंध खोजने में जुट गए–

य चांद्र मास = र सौर वर्ष

जहां य और र, दोनों ही पूर्णांक हैं।

अंत में, पांचवीं सदी ई.पू. में खाल्दी ज्योतिषियों ने निम्नलिखित संबंध के आधार पर 19 वर्ष के एक कालचक्र की खोज की :

19 सौर वर्ष = 6939.60 दिन

235 चांद्र मास = 6939.69 दिन

अर्थात्, 19 सौर वर्ष = 235 चांद्र मास = 6939 दिन लगभग। अतः 19 चांद्र वर्षों (228 चांद्र मासों) में 7 अधिमास जोड़े जाएं, तो वह पूरी कालावधि 19 सौर वर्षों के बराबर होती है।

इस कालचक्र के अनुसार 19 वर्षों में 0.09 दिन का या 210 वर्षों में 1 दिन का ही अंतर पड़ता है। यूनानी खगोलविद् मेतोन (लगभग 430 ई.पू.) ने 19 साल के इस कालचक्र को एथेंस में चलाने का प्रयास किया था, इसलिए आज इसे 'मेतोनिक कालचक्र' के नाम से जाना जाता है। उन्नीस वर्षों में 7 अधिमासों की व्यवस्था वाले इस कालचक्र का उपयोग समूचे सेल्यूकी काल (313 ई.पू. 75 ई.पू.) में होता रहा। यूनानी ज्योतिष के आधार पर भारत में रचित प्राचीन रोमक-सिद्धांत में भी 19 साल के कालचक्र को अपनाया गया है।

खाल्दियों की तरह प्राचीन भारतीयों, यूनानियों, रोमनों तथा यहूदियों ने भी अपने-अपने चांद्र-सौर कैलेंडर तैयार किए थे पर इस्लामी कैलेंडर पूर्णतः चांद्र मासों पर आधारित है और सौर वर्ष से उसका कोई संबंध नहीं है।

यहूदी कैलेंडर

आरंभ में यहूदियों में भी 354 दिनों के वर्ष वाले कैलेंडर का ही प्रचलन था। दिन सूर्यास्त से शुरू होता था। वर्ष में 12 चांद्र मास होते थे, जिनमें सम संख्या वाले महीने 29 दिनों के होते थे और विषम संख्या वाले महीने 30 दिनों के। मगर ईसा पूर्व चौथी सदी में इस चांद्र कैलेंडर के स्थान पर चांद्र-सौर कैलेंडर को स्वीकार कर लिया। इसकी एक वजह थी। बाइबिल की एक अनुश्रुति के अनुसार, मूसा का आदेश था कि मिस्र से यहूदियों के निष्क्रमण का दिन (पासोवर) ग्रीष्म ऋतु में पर्व के रूप

में मनाया जाए। यह दिन हर साल ग्रीष्म में ही आए, इसलिए चांद्र कैलेंडर को सौर कैलेंडर के साथ जोड़ना पड़ा। चूंकि चांद्र वर्ष से सौर वर्ष 11 दिन बड़ा था, इसलिए 19 वर्षों में 30 दिनों वाले 7 अधिमास जोड़ने की व्यवस्था की गई।

राशिचक्र के लिए यूनानी मूल के ये नाम और चित्र आज भी प्रचलित हैं। भीतरी वृत्त के राशिचिह्न, जिनका आज भी व्यवहार होता है, यूनानी मूल के ही हैं।

यहूदी कैलेंडर की गणना 'सृष्टि रचना' से आरंभ होती है। आमतौर पर इसे 'ऐडम संवत्' कहा जाता है और इसकी शुरुआत 7 अक्तूबर 3761 ई.पू. से मानी जाती है। यहूदी कैलेंडर के समर्थकों की मान्यता है कि ऐडम्स के जन्म और ईसा के जन्म के बीच 3760 वर्षों का अंतर रहा है। उनका यह भी विश्वास है कि ऐडम से लेकर सेल्यूकी संवत् के आरंभ (1 अक्तूबर, 312 ई.पू.) के बीच 3448 वर्ष गुजरे हैं। सेल्यूकी संवत् का फिलीस्तीन और आसपास के देशों में प्रचलन रहा है।

इस्लामी चांद्र कैलेंडर

इस्लाम के उदय के पहले अरबिया में चंद्र की दृश्य कलाओं से ही काल-गणना होती थी। वर्ष 12 चांद्र मासों का होता था और दो अमावसों के बीच की कालावधि

को माह माना जाता था। इस तरह अरबों का चांद्र वर्ष 354 दिनों का होता था। मगर यह सौर वर्ष से 11 दिन छोटा पड़ता था, इसलिए हर दो या तीन साल बाद एक अधिमास जोड़ दिया जाता था। इस तरह, 25 वर्षों के कालचक्र में 9 ऐसे वर्ष होते थे जिनमें महीने 12 की बजाय 13 होते थे। स्पष्ट है कि यह वस्तुतः चांद्र–सौर कैलेंडर था, यानी इसमें वर्ष की गणना सूर्य के अनुसार होती थी और महीनों की गणना चंद्र के अनुसार। चूंकि इस कैलेंडर में महीने काफी हद तक ऋतुओं के अनुसार चलते थे, इसलिए रबी–उल्–अव्वल और रबी–उल्–आखिर जैसे कुछ महीनों के नाम मौसम पर आधारित थे।

सन् 622 ई. में हजरत मुहम्मद ने मक्का से मदीना तक दो सप्ताह की यात्रा की। यह पलायन, जिसे 'हिजरा' कहते हैं, अरबों के लिए एक अत्यंत महत्त्वपूर्ण घटना थी। इस घटना से लेकर मुहम्मद साहब की मृत्यु (632 ई.) तक के प्रत्येक वर्ष को एक विशिष्ट नाम दिया गया था।

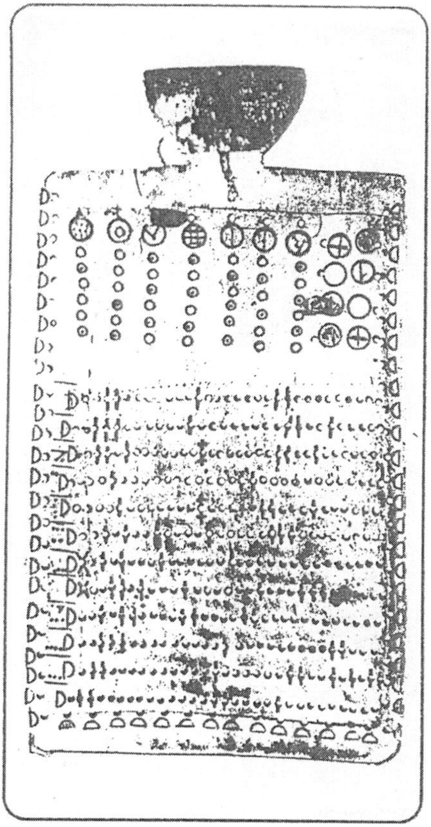

लकड़ी की तख्ती (41 × 28) पर अंकित एक पुराना इस्लामी कैलेंडर। ऊपरी भाग के वृत्त सप्ताह के दिन और दिन के महत्त्वपूर्ण समयों के द्योतक हैं। निचले भाग के वृत्त चांद्र वर्ष के दिनों के द्योतक हैं।

सन् 631 ई. में हजरत मुहम्मद ने तेरहवें अधिमास को त्याग देने का आदेश दिया। अरबों को पुनः अपने विशुद्ध चांद्र कैलेंडर को अपनाना पड़ा। खलीफा उमर ने 638 ई. में चांद्र हिजरी को राज्य का कैलेंडर घोषित कर दिया। इसकी शुरुआत 622 ई. से यानी हजरत मुहम्मद के मक्का से मदीना पलायन करने के वर्ष से मानी गई। उस वर्ष 16 जुलाई (शुक्रवार) को प्रथम माह मुहर्रम का प्रथम दिन था, इसलिए उसे ही नए हिजरी वर्ष का प्रथम दिन माना गया। इस तरह इस्लामी कैलेंडर में चांद्र वर्ष पुनः 354 दिनों (29½ दिनों के 12

महीने) का हो गया। आधे दिन की झंझट से बचने के लिए मान लिया गया कि वर्ष के विषम संख्या वाले छह महीने 30 दिनों के होंगे और सम संख्या वाले शेष छह महीने 29 दिनों के।

फारस के महान गणितज्ञ-ज्योतिषी उमर खय्याम (जन्म लगभग 1038 ई.) ने पुराने मिस्री कैलेंडर के आधार पर एक नया सौर कैलेंडर तैयार किया था। वह इतना शुद्ध था कि 5000 वर्षों में एक ही दिन का अंतर पड़ता था (ग्रेगोरी कैलेंडर में 3280 वर्षों में एक दिन का अंतर पड़ता है)। खय्याम का संशोधित कैलेंडर 1079 ई. में शुरू किया गया, मगर कुछ समय बाद उसकी जगह इस्लामी चांद्र कैलेंडर पुनः लागू हो गया।

चीनी कैंलेडर

चीन में प्राचीन काल से ही चांद्र-सौर कैलेंडर का प्रचलन रहा है। विशेष बात यह है कि प्राचीन चीन के कैलेंडर वर्षों, महीनों और दिनों के बीच समन्वय स्थापित करने तक ही सीमित नहीं रहे। उनमें सूर्य, चंद्र और पांच ग्रहों की दृश्य गतियों के निर्धारण और ग्रहणों की भविष्यवाणियों का भी समावेश रहा है। इसलिए प्राचीन

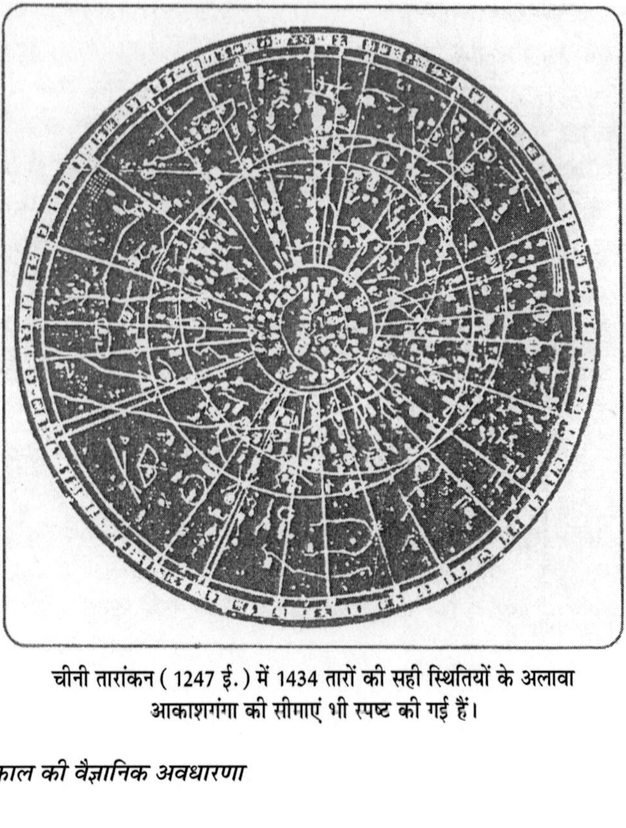

चीनी तारांकन (1247 ई.) में 1434 तारों की सही स्थितियों के अलावा आकाशगंगा की सीमाएं भी स्पष्ट की गई हैं।

चीन में काफी वेधकार्य हुआ, नए-नए सिद्धांत स्थापित हुए और तदनुसार कैलेंडरों में लगातार सुधार होते गए।

पता चलता है कि ईसा पूर्व चौदहवीं सदी में चीन में एक मिला-जुला चांद्र-सौर कैलेंडर अस्तित्व में आ गया था। दिन का आरंभ सूर्योदय से होता था। महीने चांद्र थे, मगर उनकी शुरुआत नए चंद्र के प्रथम दर्शन से नहीं, बल्कि उसके पहले की रात्रि से मानी जाती थी। महीना 29 या 30 दिनों का होता था। मगर उन्होंने गणनाएं करके जान लिया था कि चांद्र मास 29.5305105 दिनों का होता है (आधुनिक मान 29.530585 दिन है)। उनका वर्ष 365 दिनों का था लेकिन गणनाएं करके उन्होंने जान लिया था कि वास्तविक वर्ष 365.25 दिनों का होता है। वर्ष में 12 महीने होते थे और अधिमास जोड़कर सौर वर्ष पूरा कर लिया जाता था। वर्ष का आरंभ ग्रीष्म में होता था।

ईसा पूर्व तीसरी सदी से लेकर ईसा की सत्रहवीं सदी तक के लगभग दो हजार वर्षों में चीनी कैलेंडरों में 100 से भी अधिक सुधार हुए। ये सुधार सौर वर्ष और चांद्र मास के अधिकाधिक शुद्ध मानों पर आधारित थे। ईसा पूर्व तीसरी सदी के कैलेंडर में सौर वर्ष 365.25 दिनों का और चांद्र मास 29.53085 दिनों का माना गया था। सत्रहवीं सदी में प्रचलित कैलेंडर में सौर वर्ष 365.2422 दिनों का और चांद्र मास 29.53059 दिनों का स्वीकार किया गया था। अंतिम मान वास्तविक मान के लगभग बराबर है।

मय कैलेंडर

कोलंबस ने अमेरिकी महाखंड की 'खोज' की तो वहां के मध्य क्षेत्र (मुख्यत: ग्वाटेमाला और उत्तरी मेक्सिको) में उन्नत सभ्यता वाले लोगों का निवास था-पश्चिम में आज्टेक साम्राज्य और पूर्व में मय सभ्यता। आज्टेक और मय संस्कृतियों में कई बातें समान थीं, जिनमें एक थी-जटिल काल-गणना पर आधारित एक काफी उन्नत कैलेंडर।

इन मध्य अमेरिकी सभ्यताओं के पुरोहितों ने कर्मकांडी और दैवी कैलेंडरों के मेल-जोल से एक काफी शुद्ध कैलेंडर प्रणाली को जन्म दिया था। कर्मकांडी वर्ष (सौर कैलेंडर) 365 दिनों का था और उसे बीस-बीस दिनों के 18 महीनों में विभक्त किया गया था, शेष पांच दिनों को 'अशुभ-काल' माना जाता था। दैवी वर्ष (पवित्र कैलेंडर) 260 दिनों का था, जिन्हें तेरह-तेरह दिनों के 20 सप्ताहों में विभाजित किया गया था और प्रत्येक दिन का अपना एक विशेष रंग और चिह्न था। हर 52 साल बाद सौर कैलेंडर और दैवी कैलेंडर के वर्ष के प्रथम दिन एक साथ पड़ते थे। आज्टेक लोग इस 52 वर्षीय चक्र को 'वर्षों की गठरी' कहते थे और ऐसे दो कालचक्रों को 'एक युग'। मय कैलेंडर की गणना एक निश्चित समय, 12 अगस्त, 3113 ई.पू. से की जाती थी।

मध्य अमेरिका के इन पुरोहित–ज्योतिषियों का प्रयास होता था–सायन सौर वर्ष, संयुति चांद्र मास और शुक्र के वृत्त की कालावधियों का ठीक–ठीक पता लगाना। भारतीयों के महायुग (43,20,000 वर्ष) और कल्प (4,32,00,00,000 वर्ष) की तरह मय लोग भी काल की बड़ी इकाइयों का उपयोग करते थे। उनके एक शिला–फलक पर 30,00,00,000 वर्ष से भी अधिक की संख्या उत्कीर्ण है। उनकी गणना का आधार 20 था और वे एक प्रकार के 'शून्य' को जन्म दे चुके थे।

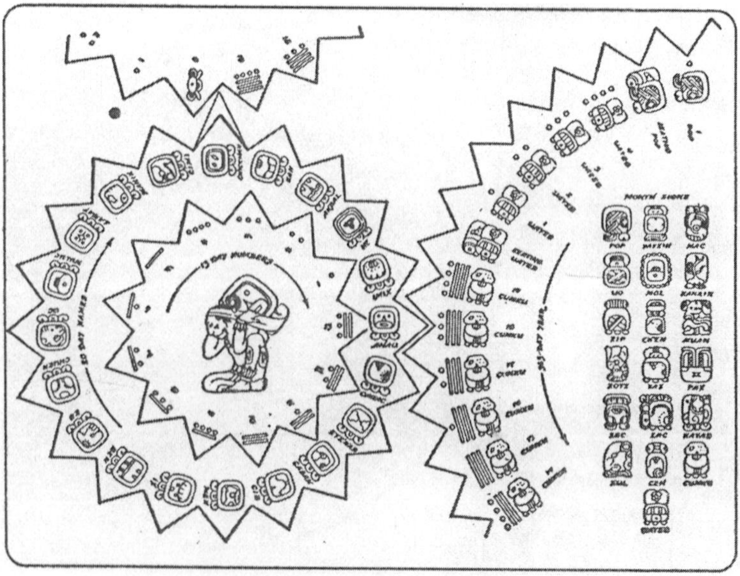

मध्य अमेरिका के मय लोगों के 365 दिनों का सौर कैलेंडर (दाईं ओर)
और 260 दिनों का दैवी कैलेंडर (बाईं ओर)

मय लोगों के दिनांक चंद्र की 'आयु' से संबंधित थे, यानी दिनों की गिनती एक अमावस से दूसरी अमावस तक की जाती थी। इस तरह का अवलोकन करते हुए पालेंक्यू (एक प्रमुख शहर) के पुरोहितों ने ईसा की सातवीं सदी में पता लगाया था कि 81 चांद्र मास 2392 दिनों के बराबर होते हैं अर्थात् एक चांद्र मास = 29.53086 दिन (आधुनिक मान 29.53059 दिन) है।

सायन सौर वर्ष करीब 365¼ दिनों का है, मगर मय–कर्मकांडी वर्ष 365 दिनों का था, इसलिए धीरे–धीरे ऋतुएं आगे बढ़ती गईं। कृषिकर्म और धर्मकर्म से संबंधित घटनाओं का कैलेंडर से नाता टूटने लगा। परंतु कोपान (अन्य महत्त्वपूर्ण नगर) से प्राप्त कई अभिलेखों से स्पष्ट पता चलता है कि इन दो प्रकार के वर्षों (सायन और कर्मकांडी) के कारण जो अंतर पैदा हो गया था उसे मय कैलेंडर के आरंभ–काल

(3113 ई.पू.) से गणनाएं करके मिटा दिया गया था। अत: ईसा की सातवीं सदी में कोपान के पुरोहित-ज्योतिषियों ने सायन वर्ष का जो मान खोजा था वह ग्रेगोरी कैलेंडर के 1582 ई. के मान से भी बेहतर रहा होगा।

मय अभिलेखों में अक्सर 19 सायन वर्षों के एक चक्र का उल्लेख मिलता है। अत: उन्हें 19 वर्ष = 235 चांद्र मास के 'मेतोनिक वृत्त' की भी जानकारी रही होगी। उन्होंने यह भी खोज की थी कि सौर वर्ष में 365.2420 दिन होते हैं। उनका यह वर्षमान ग्रेगोरी वर्षमान (365.2425 दिन) से बेहतर था (वास्तविक सौर वर्ष 365.2422 दिनों का होता है)।

भारतीय कैलेंडर

सिंधु लिपि अभी तक पढ़ी नहीं गई है, इसलिए सिंधु सभ्यता (2600-1800 ई.पू.) के कैलेंडर के बारे में यकीन के साथ कुछ नहीं कहा जा सकता। सिंधु सभ्यता मुख्यतया कृषिकर्म पर आधारित रही है, इसलिए बहुत संभव है कि वहां एक मिला-जुला सौर-चांद्र कैलेंडर प्रचलित रहा हो।

आज्टेक लोगों की विशाल कैलेंडर प्रस्तर-शिला। इसके भीतरी वलय में आज्टेक माह के 20 दिन दर्शाए गए हैं

ऋग्वेद के कतिपय उल्लेखों से जानकारी मिलती है कि उस समय (लगभग 1500 ई.पू.) सौर–चांद्र कैलेंडर का प्रचलन था और अधिमास जोड़ने की व्यवस्था थी परंतु 12 मासों का ऋग्वेद में उल्लेख नहीं है, न ही यह पता चलता है कि अधिमास को किस तरह जोड़ा जाता था। दिनों को नक्षत्रों से व्यक्त किया जाता था, यानी रात्रि को चंद्र जिस नक्षत्र में दिखाई देता था उसी के नाम से वह दिन जाना जाता था। बाद में तिथियां भारतीय पंचांग की मूलाधार बन गईं किंतु ऋग्वेद में 'तिथि' का कहीं कोई जिक्र नहीं है। ऋग्वैदिक काल में वर्ष संभवत: 366 दिनों का माना गया था। चांद्र वर्ष (354 दिन) में 12 दिन जोड़कर 366 दिनों का सौर वर्ष बनाया गया होगा। ऋग्वेद में 'वर्ष' शब्द नहीं है, मगर वर्ष के अर्थ में शरद, हेमंत आदि शब्दों का काफी प्रयोग हुआ है।

यजुर्वेद में 12 महीनों के और 27 नक्षत्रों तथा उनके देवताओं के नाम दिए गए हैं। साथ ही, सूर्य के उत्तरायण तथा दक्षिणायन गमन के भी उल्लेख हैं। यजुर्वेद में बारह महीनों के नाम मधु, माधव, शुक्र, नभ, तपस् आदि हैं, जो सायन वर्ष के मास जान पड़ते हैं। हमारे देश में चैत्र, वैशाख आदि चांद्र मास बाद में अस्तित्व में आए। यजुर्वेद में ही पहली बार 'तिथि' शब्द देखने को मिलता है परंतु वहां इसका अर्थ आज से भिन्न रहा है। बाद के ज्योतिष–सिद्धांत ग्रंथों में 'तिथि' की परिभाषा है : जब चंद्र और सूर्य के बीच 12^0 का अंतर बढ़ जाता है, तो एक तिथि पूर्ण होती है।

हमारे देश में ज्योतिष का जो सबसे प्राचीन स्वतंत्र ग्रंथ उपलब्ध हुआ है वह है महात्मा लगध का वेदांग–ज्योतिष (लगभग 800 ई.पू.)। इस ग्रंथ में 5 वर्ष का युग चुना गया है और बताया गया है।

(1) एक युग में 1830 सावन दिन और 1860 तिथियां होती हैं (एक सूर्योदय के दूसरे सूर्योदय तक के काल को सावन दिन कहते हैं),

(2) युग में 62 चांद्र मास और 60 सौर मास होते हैं,

(3) युग में 30 तिथियों का क्षय होता है,

(4) युग में 67 नाक्षत्र मास होते हैं, यानी एक युग में चंद्रमा $67 \times 27 = 1809$ नक्षत्रों का चक्कर लगाता है और

(5) जब चंद्र और सूर्य एक साथ धनिष्ठा नक्षत्र में रहते हैं, तब दक्षिण अयनांत (मकर संक्रांति) से वर्ष की शुरुआत होती है।

पंचवर्षीय युग के 1830 सावन दिनों को 62 चांद्र मासों से भाग देने पर पता चलता है कि **वेदांग–ज्योतिष** के अनुसार एक चांद्र मास में 29.516 दिन होते हैं (वास्तविक संख्या 29.531 दिन है)। वर्ष 366 दिनों का माना गया था। **वेदांग–ज्योतिष** में बताया गया है कि किन तिथियों का क्षय होता है। भारतीय पद्धति में तिथियां क्रमानुसार नहीं आतीं, अक्सर एक तिथि छूट जाती है। छूटी हुई तिथि को

ही क्षय तिथि कहते हैं। जैसे, तृतीया के बाद अगली तिथि चतुर्थी न होकर पंचमी हो सकती है। तब कहा जाएगा कि चतुर्थी का क्षय हो गया। तिथियों के क्षय होने का कारण यह है कि एक चांद्र मास में लगभग 29½ दिन होते हैं और तिथियां 30 होती हैं।

ईसा पूर्व चौथी सदी से बेबीलोन (खल्दिया) और यूनानियों के साथ भारत के संबंध तेजी से बढ़ते गए। तब से लेकर लगभग 400 ई. तक भारत में बेबीलोनी और यूनानी ज्योतिष की कई बातों को अपनाया गया। फलतः भारत में 'सिद्धांत ज्योतिष' के एक नए युग का आरंभ हुआ। यह युग लगभग 1200 ई. तक चला। सिद्धांत युग का प्रथम महत्त्वपूर्ण ग्रंथ आर्यभट-प्रथम का **आर्यभटीय** (499 ई.) है। उससे पहले रचे गए पांच सिद्धांतों की रूपरेखा वराहमिहिर (ईसा की छठी सदी) ने अपने **पंचसिद्धांतिका** ग्रंथ में प्रस्तुत की है।

वेदांग-ज्योतिष के बाद सिद्धांत युग के आरंभ तक भारतीय कैलेंडर की व्यवस्था कैसी रही, इसके बारे में ठोस जानकारी नहीं मिलती। **वेदांग-ज्योतिष** में 12 राशियों और सात वारों का उल्लेख नहीं है, **महाभारत** और **रामायण** में भी नहीं है। दरअसल, **रामायण**, **महाभारत** और जैनों के सूर्य-प्रज्ञप्ति जैसे ग्रंथों का कैलेंडर वेदांग-ज्योतिष के कैलेंडर से मिलता-जुलता रहा है। इन सबमें युग 5 वर्षों का और वर्ष 366 दिनों का ही माना गया है। पता चलता है कि सम्राट अशोक के समय (लगभग 250 ई.पू.) में भी वेदांग-ज्योतिष का कैलेंडर ही प्रचलित था। अशोक के अभिलेखों में उसके शासन-वर्षों का उल्लेख है, न कि किसी संवत् का। शुंगों और सातवाहनों ने भी किसी संवत् का इस्तेमाल नहीं किया। मगर पश्चिमी एशिया में सेल्यूकी संवत् (आरंभ 312 ई.पू. से) का प्रचलन था।

वेदांग-ज्योतिष का कैलेंडर सिद्धांत-ग्रंथों के कैलेंडर में किस तरह विकसित होता गया, इसकी कुछ जानकारी वराहमिहिर द्वारा वर्णित पांच सिद्धांतों (सूर्य-सिद्धांत, पितामह-सिद्धांत, रोमक-सिद्धांत, पुलिश-सिद्धांत और वसिष्ठ-सिद्धांत) में मिल जाती है। इनमें से कुछ में युग पांच वर्षों का ही माना गया है। मगर सिद्धांत-ग्रंथों में युग अब लंबे होते गए। कल्पित कलियुग के आरंभ (3102 ई.पू.) से गणनाएं करने की परिपाटी चली। कलियुग के आरंभ से गणनाएं की जाती हैं, तो तब से आज तक के दिनों की संख्या, जिसे ज्योतिष में 'अहर्गण' कहते हैं, बहुत बड़ी हो जाती है। महायुग 43,20,000 वर्षों का और कल्प (ब्रह्मा का एक दिन) हमारे 15,77,91,78,28,000 दिनों के बराबर माना गया। गणना की कठिनाइयां स्पष्ट हैं। इसलिए उपाय खोजा गया-इष्ट समय के काफी नजदीक के समय का चुनाव करके तभी से गणनाएं की जाएं। इस काम के लिए हमारे देश में बहुत सारे 'करण' ग्रंथ लिखे गए, जिनका पंचांग बनाने के लिए उपयोग होता रहा है।

भारतीय राशिचक्र–इसमें बाहरी घेरे में आदिराशि मेष है और अंतिम राशि मीन। बीच के घेरे में राहु-केतु सहित 9 ग्रह हैं। केंद्र में चारों दिशाओं के साथ सुमेरु पर्वत को दिखाया गया है।

वराहमिहिर ने जिस सूर्य-सिद्धांत की जानकारी दी है वह आज उपलब्ध नहीं है, मगर उसका कालांतर का संशोधित संस्करण उपलब्ध है। वस्तुतः पिछले करीब एक हजार वर्षों में वही संशोधित सूर्य-सिद्धांत हमारे देश में सबसे अधिक मान्य रहा है और देश के अधिकांश पंचांग इसी के अनुसार बनते रहे हैं।

चूंकि चांद्र-सौर कैलेंडर में सौर वर्ष के मान का विशेष महत्त्व है, इसलिए जानना उपयोगी होगा कि सिद्धांत काल में वर्तमान क्या रहे हैं–

आर्यभट का आर्यभटीय = 365.25868 दिन
वराहमिहिर का सूर्य-सिद्धांत = 365.25875 दिन

ब्रह्मगुप्त का खंड-खाद्यक = 365.25875 दिन
संशोधित सूर्य-सिद्धांत = 365.258756 दिन
वास्तविक सायन वर्ष = 365.242196 दिन

सूर्य-सिद्धांत का वर्षमान वास्तविक सायन वर्षमान 0.016560 दिन अधिक है। चूंकि सूर्य-सिद्धांत के इस वर्षमान का परंपरागत पंचांग बनाने में आज भी उपयोग होता है, इसलिए हर साल वर्ष का आरंभ 0.01656 आगे बढ़ जाता है। इस तरह, पिछले 1400 वर्षों में वर्ष का आरंभ 23.2 दिन आगे बढ़ गया है। भारतीय पंचांग में संशोधन करना परमावश्यक हो गया था।

भारतीय कैलेंडर को 'पंचांग' इसलिए कहा जाता है क्योंकि इसमें मुख्यतया पांच बातों की जानकारी रहती है :

(1) तिथि, जो दिनांक यानी तारीख का काम करती है,

(2) वार : सोमवार, मंगलवार आदि सात वार,

(3) नक्षत्र, जो बताता है कि चंद्रमा तारों के किस समूह में है,

(4) योग, जो बताता है कि सूर्य और चंद्रमा के भोगांशों का अंतर क्या है, और

(5) करण, जो तिथि का आधा होता है।

पंचांग की यह पद्धति सिद्धांत युग में काफी बाद में अस्तित्व में आई। यह इसी से स्पष्ट है कि सात वार भारतीय मूल के नहीं हैं। जिस भारतीय अभिलेख में पहली बार एक 'वार' का उल्लेख हुआ है वह बुधगुप्त के समय का एरण (मध्य प्रदेश) से प्राप्त 484 ई. का है। वहां तिथि (आषाढ़ शुक्ल द्वादशी) और वार (सुरगुरु दिवस, यानी बृहस्पतिवार), दोनों का उल्लेख है। राशियों की तरह वार भी बेबीलोनी मूल के हैं।

ऐतिहासिक घटनाओं के तिथि-निर्धारण के लिए कैलेंडर में किसी एक संवत् का आरंभ-बिंदु निश्चित करना होता है। अतीत और वर्तमान के सभी कैलेंडरों की शुरुआत किसी न किसी घटना–काल्पनिक या वास्तविक–से ही मानी गई है। ऐसी अधिकांश घटनाएं मिथक, इतिहास अथवा धर्मकथा से संबंधित होती हैं। हमारे देश में मौर्य और सातवाहन काल में शासन-वर्षों का ही इस्तेमाल होता था। तिथि-निर्धारण के लिए संवत् का प्रयोग कुषाण और शक शासकों के समय से होने लगा है। शक, मालव, गुप्त, हर्ष आदि कई संवत् का संबंध मूलत: ऐतिहासिक घटनाओं से रहा है। कलियुग संवत्, जिसका आरंभ 3102 ई.पू. से माना जाता है, हमारे ज्योतिषियों ने आंतर-गणनाएं करके ईसा की आरंभिक सदियों में बनाया है (देखिए प्रमुख संवतों की सारणी)।

सारणी-1

प्रमुख संवत्

क्र.	संवत् और वर्ष	प्रारंभ	कैलेंडर	वर्ष का आरंभ	प्रयोग
		ईसा पूर्व			
1.	ज्यूलियन संवत् वर्तमान, सायन	−4713 जनवरी	सौर	1 जनवरी	खगोलविद्
2.	कलियुग गत, नक्षत्र	−3102 फरवरी	सौ.चां	चैत्र शुक्ल	–
3.	बुद्ध निर्वाण वर्तमान	−544		वैशाख शुक्ल	श्रीलंका स्याम
4.	विक्रम (1) गत, नक्षत्र	−58 नवंबर	सौ.चां.	कार्तिक शुक्ल	गुजरात
5.	विक्रम (2) गत, नक्षत्र	−58 अप्रैल	सौ.चां.	चैत्र शुक्ल	उ. भारत
		ईसवी सन्			
6.	ईसाई संवत् वर्तमान, सायन	+1 जनवरी	सौर	1 जनवरी	संसार भर
7.	शक संवत् गत, नक्षत्र	+78 अप्रैल	सौ.चां.	चैत्र शुक्ल	भारत
8.	गुप्त संवत् वर्तमान, नक्षत्र	+319 अप्रैल	सौ.चां.	चैत्र कृष्ण	400 – 700 ई.
9.	बंगाली सन् वर्तमान, नक्षत्र	+593 अप्रैल	सौर	वैशाख 1	बंगाल
10.	हिजरी सन् वर्तमान, चांद्र	+622 जुलाई	चांद्र	मुहर्रम 1	इस्लाम
11.	कोल्लम (1) वर्तमान, नक्षत्र	+825 सितंबर	सौर	कन्यादि	उ. मलाबार
	कोल्लम (2)			सिंहादि	द.मलाबार
12.	राज शक वर्तमान, नक्षत्र	+1673 जून	सौ.चां	ज्येष्ठ शुक्ल 13	शिवाजी का राज्याभिषेक

आविष्कार–जनवरी, 2001

राष्ट्रीय पंचांग

भारत के अलग–अलग भागों में अलग–अलग सिद्धांतों के अनुसाार बहुत से पंचांग बनते रहे हैं, आज भी बनते हैं। इन पंचांगों में कई तरह की त्रुटियां रही हैं। इसलिए

1952 में डॉ. मेघनाद साहा (1893–1956) की अध्यक्षता में गठित विद्वानों की एक समिति ने एक संशोधित राष्ट्रीय पंचांग तैयार कर दिया, जो 22 मार्च, 1957 (1 चैत्र 1879 शक) से लागू हो गया। इस संशोधित राष्ट्रीय पंचांग के अनुसार–

(1) सायन सौर वर्ष 365.2422 दिनों का होगा। इसलिए महीने ऋतुओं के अनुसार स्थिर रहेंगे।

(2) भारतीय वर्ष का आरंभ वसंत-विषुव, यानी 22 मार्च (लीप यानी लोंद वर्ष में 21 मार्च) से होगा।

(3) चैत्र, वैशाख आदि महीनों का और शक संवत् का प्रयोग होगा।

(4) वर्ष के दूसरे से लेकर छठे महीनों में 31 दिन रहेंगे, शेष में 30 दिन। लीप-वर्षों में प्रथम चैत्र माह में 31 दिन रहेंगे। भारतीय पंचांग में लीप-वर्ष उसी वर्ष होगा जब ग्रेगोरी कैलेंडर में लीप-वर्ष होगा।

(5) राष्ट्रीय पंचांग उज्जैन के अक्षांश ($23^0$11') और ग्रिनविच के 5 घंटा 30 मिनट पूर्वी देशांतर ($82^0$30') के लिए बना करेगा।

(6) दिन का आरंभ अर्धरात्रि से माना जाएगा।

इस राष्ट्रीय पंचांग का कुछ ही सरकारी क्षेत्रों में उपयोग हो रहा है–रस्मी तौर पर। अब लौकिक जीवन में अधिकतर ग्रेगोरी कैलेंडर का ही प्रयोग होता है।

प्रस्तावित विश्व कैलेंडर

ईसाई अथवा ग्रेगोरी कैलेंडर भले ही लगभग सार्वभौमिक बन गया हो, मगर व्यावहारिक तौर पर इसमें अनेक खामियां हैं। महीने के दिन 28 से 31 तक बदलते हैं। चौथाई वर्ष में 90 से 92 दिन होते हैं। वर्ष के दो हिस्सों में 181 व 184 दिन होते हैं। महीनों में सप्ताह के दिन भी स्थिर नहीं रहते। महीने और वर्ष का आरंभ सप्ताह के किसी भी दिन हो सकता है। इससे नागरिक और आर्थिक जीवन में बड़ी कठिनाइयां पैदा होती हैं। महीने में काम करने के दिनों की संख्या भी 24 से 27 तक बदलती रहती है। इससे सांख्यिकीय विश्लेषण और वित्तीय जमा-खर्च तैयार करने में बड़ी दिक्कतें होती हैं। मौजूदा ग्रेगोरी कैलेंडर में सुधार परमावश्यक है।

पिछले करीब डेढ़ सौ वर्षों में एक सर्वमान्य 'विश्व कैलेंडर' की स्थापना के प्रयास किए जा रहे हैं। संसार के अनेक नेताओं और वैज्ञानिकों ने, जिनमें डॉ. मेघनाद साहा भी एक थे, एक विश्व कैलेंडर की आवश्यकता का समर्थन किया है। 'विश्व कैलेंडर परिषद' ने ऐसा एक कैलेंडर सन् 1956 में संयुक्त राष्ट्र संघ के विचारार्थ पेश किया था परंतु कुछ प्रभावशाली देशों के विरोध के कारण उसे स्वीकृति नहीं मिल पाई। आशा रखनी चाहिए कि भविष्य में सारी दुनिया में एक 'विश्व कैलेंडर' लागू हो जाएगा।

सारणी-2

	जनवरी							फरवरी							मार्च							
	र	सो	मं	बु	गु	शु	श	र	सो	मं	बु	गु	शु	श	र	सो	मं	बु	गु	शु	श	
	1	2	3	4	5	6	7				1	2	3	4						1	2	
प्रथम	8	9	10	11	12	13	14	5	6	7	8	9	10	11	3	4	5	6	7	8	9	
तिमाही	15	16	17	18	19	20	21	12	13	14	15	16	17	18	10	11	12	13	14	15	16	
	22	23	24	25	26	27	28	19	20	21	22	23	24	25	17	18	19	20	21	22	23	
	29	30	31					26	27	28	29	30			24	25	26	27	28	29	30	L

	अप्रैल							मई							जून						
	र	सो	मं	बु	गु	शु	श	र	सो	मं	बु	गु	शु	श	र	सो	मं	बु	गु	शु	श
	1	2	3	4	5	6	7				1	2	3	4						1	2
दूसरी	8	9	10	11	12	13	14	5	6	7	8	9	10	11	3	4	5	6	7	8	9
तिमाही	15	16	17	18	19	20	21	12	13	14	15	16	17	18	10	11	12	13	14	15	16
	22	23	24	25	26	27	28	19	20	21	22	23	24	25	17	18	19	20	21	22	23
	29	30	31					26	27	28	29	30			24	25	26	27	28	29	30

	जुलाई							अगस्त							सितंबर						
	र	सो	मं	बु	गु	शु	श	र	सो	मं	बु	गु	शु	श	र	सो	मं	बु	गु	शु	श
	1	2	3	4	5	6	7				1	2	3	4						1	2
तीसरी	8	9	10	11	12	13	14	5	6	7	8	9	10	11	3	4	5	6	7	8	9
तिमाही	15	16	17	18	19	20	21	12	13	14	15	16	17	18	10	11	12	13	14	15	16
	22	23	24	25	26	27	28	19	20	21	22	23	24	25	17	18	19	20	21	22	23
	29	30	31					26	27	28	29	30			24	25	26	27	28	29	30

	अक्टूबर							नवंबर							दिसंबर							
	र	सो	मं	बु	गु	शु	श	र	सो	मं	बु	गु	शु	श	र	सो	मं	बु	गु	शु	श	
	1	2	3	4	5	6	7				1	2	3	4						1	2	
चौथी	8	9	10	11	12	13	14	5	6	7	8	9	10	11	3	4	5	6	7	8	9	
तिमाही	15	16	17	18	19	20	21	12	13	14	15	16	17	18	10	11	12	13	14	15	16	
	22	23	24	25	26	27	28	19	20	21	22	23	24	25	17	18	19	20	21	22	23	
	29	30	31					26	27	28	29	30			24	25	26	27	28	29	30	W

प्रस्तावित विश्व कैलेंडर की विशेषताएं

* इस कैलेंडर में हर वर्ष एक-सा रहेगा। * प्रत्येक तिमाही समान है–प्रत्येक तिमाही में ठीक 91 दिन, 1 3 सप्ताह अथवा 3 माह हैं। चारों तिमाहियां अपने स्वरूप में एक-सी हैं। * प्रत्येक महीने में रविवारों के अलावा 26 दिन हैं। * प्रत्येक वर्ष रविवार, 1 जनवरी को शुरू होता है, हर वर्ष का कार्यदिन सोमवार, 2 जनवरी को शुरू होता है। * प्रत्येक तिमाही रविवार से शुरू होती है और शनिवार को समाप्त होती है। * यह कैलेंडर स्थिर और चिरस्थाई है। इस कैंलेंडर में वर्ष का अंतिम 365वां दिन हर साल 30 दिसंबर के बाद आता है और उसे (31 दिसंबर को) **W** यानी 'विश्व अवकाश दिन' माना गया है। उसी तरह, लीप-वर्ष के दिन को दूसरी तिमाही के अंत में जोड़ा गया है और उसे (31 जून को) **L** से व्यक्त किया गया है।

प्राचीन काल के कैलेंडर

काल के प्रवाह को हम देख नहीं सकते, सुन नहीं सकते, मोड़ नहीं सकते। इसका आरंभ और अंत भी हमें मालूम नहीं। मगर नियमित रूप से पुनः-पुनः घटित होने वाली प्राकृतिक घटनाओं के जरिए काल को मापना संभव है। ऐसी तीन प्रमुख प्राकृतिक घटनाएं हैं : 1. रात-दिन का चक्र, 2. चंद्रमा की घटती-बढ़ती कलाओं का चक्र और 3. ऋतुओं का चक्र। ये घटना-चक्र पृथ्वी के समस्त जीव-जगत् को प्रभावित करते हैं। मनुष्य प्रागैतिहासिक काल से ही इन घटना-चक्रों को समझने और मापने के प्रयास करता आ रहा है। इन्हीं प्रयासों से कालांतर में विभिन्न प्रकार के पंचांगों अथवा कैलेंडरों का विकास हुआ।

काल-गणना सूर्य और चंद्र की गतियों के अवलोकन से आरंभ हुई। आदिम मानव सूर्योदय से सूर्यास्त तक का काल भोजन-सामग्री प्राप्त करने में बिताता था और रात्रि का समय विश्राम करने में। जल्दी ही उसने यह भी जान लिया होगा कि सभी दिन समान कालावधि के नहीं होते, न ही सभी रातें। उसने मोटे तौर पर ऋतुओं के चक्र को भी पहचान लिया। कभी ठंडी के दिन होते थे, कभी गरमी के, तो कभी वर्षा के। कभी किसी क्षेत्र में शिकार की प्राप्ति अधिक होती थी, तो कभी किसी अन्य क्षेत्र में फल व कंद-मूल की। इस तरह अंततः वह बताने में समर्थ हुआ कि किसी के जन्म के बाद अहोरात्र के अथवा वर्षाकाल या शीत काल के कितने चक्र पूरे हुए हैं।

काल-गणना के लिए चंद्र की घटती-बढ़ती कलाओं के चक्र का उपयोग भी बहुत प्राचीन काल से होता आ रहा है। एक पूर्णिमा से दूसरी पूर्णिमा तक के अथवा एक अमावस्या से दूसरी अमावस्या तक के काल को, जो लगभग 29½ दिनों का है, मास कहा गया। 'मास' शब्द का मूल अर्थ ही है चंद्र। मनुष्य जब इन चांद्रमासों का हिसाब रखने लगा, तो उसे पता चला कि 12 चांद्रमासों को जोड़ने पर सभी ऋतुओं का लगभग एक चक्र पूर्ण होता है। उसके साथ ही कैलेंडर के गणित का विकास शुरू हुआ।

आज से करीब पांच-छह हजार साल पहले सिंधु (भारत), नील (मिस्र), दजला-फरात (मेसोपोटामिया) और ह्वांग-हो (चीन) नदियों की घाटियों में कृषि

पर आधारित सभ्यताओं का उदय हुआ। कृषिकर्म ऋतुओं पर निर्भर रहता है। कृषिकर्म के साथ ही कई सारे धार्मिक व सामाजिक उत्सवों का प्रचलन हुआ। लोग पहले से जानना चाहते थे कि वर्षा कब आएगी, बीज बोने या फसल काटने का सही समय कौन-सा है, पूर्णिमा या अमावस्या कब होगी? ऐसी घटनाओं की पूर्व-सूचना देने के लिए कैलेंडरों का जन्म हुआ। यूनानी के जिस 'कालेंड' शब्द से रोमन भाषा का 'कैलेंडर' शब्द बना है उसका अर्थ है-"मैं चिल्लाता हूं"। प्राचीन रोमवासियों को चंद्र व सूर्य की गतियों से संबंधित घटनाओं की पूर्व-सूचना चिल्ला-चिल्लाकर ही दी जाती थी!

कैलेंडर-निर्माण के साथ कई सारी समस्याएं हैं। मुख्य समस्या यह है कि वर्ष और महीने में निहित दिनों की संख्याओं को पूर्णांकों में व्यक्त नहीं किया जा सकता। दूसरी प्रमुख समस्या यह है कि दिनमान, मासमान और वर्षमान, तीनों ही एक से अधिक प्रकार के हैं। इसलिए इन तीनों कालावधियों में एक उपयुक्त संबंध-सूत्र स्थापित करना सहज संभव नहीं है। इस दिशा में प्राचीन काल से होते जा रहे प्रयासों के कारण ही विभिन्न प्रकार के कैलेंडर या पंचांग अस्तित्व में आए हैं। प्राचीन काल में प्रायः पुरोहित ही ज्योतिषी होते थे और मंदिर वेधशालाएं। कैलेंडर या काल-निर्धारण को बेहतर बनाने के प्रयोजन से प्राचीन काल के पुरोहित-ज्योतिषी वेधकार्य यानी आकाशीय पिंडों के अध्ययन की ओर प्रवृत्त हुए। इससे एक और समाज में पुरोहित वर्ग का दबदबा बढ़ा, तो दूसरी और ज्योतिषशास्त्र की भी उन्नति हुई।

प्राचीन मिस्र का कैलेंडर भी पुरोहितों के ही जिम्मे था। सभी प्राचीन सभ्यताओं की तरह आरंभ में मिस्र में भी 360 दिनों के वर्ष को 12 महीनों में और प्रत्येक महीने को 30 दिनों में विभाजित किया गया था। मगर नील नदी में प्रतिवर्ष आने वाली बाढ़ से उन्होंने काफी पहले ही यह जान लिया था कि ऋतु-चक्र पर आधारित वर्ष करीब 365 दिनों का होता है और चांद्रमास करीब 29½ दिनों (वस्तुतः 29.531 दिनों) का। इस नई जानकारी के आधार पर प्राचीन मिस्र में जो कैलेंडर सुधार हुआ उसमें 30 दिनों वाले 12 महीनों की पुरानी व्यवस्था को कायम रखा गया और 5 अतिरिक्त दिन वर्ष के अंत में जोड़ दिए गए। ये 5 दिन पर्व के रूप में मनाए जाते थे।

प्राचीन मिस्र में वर्ष को चार-चार महीनों की तीन ऋतुओं में बाँटा गया था-बाढ़-मौसम, बीज-मौसम और फसल-मौसम। उनके महीने में दस-दस दिनों के तीन सप्ताह होते थे। साथ ही, प्रत्येक दिन को दस घंटों में विभाजित किया गया था। स्पष्ट है कि यह काल-विभाजन की दाशमिक व्यवस्था थी।

मिस्रवासियों को यह खोज करने में भी ज्यादा समय नहीं लगा कि वर्ष 365 दिनों का नहीं बल्कि करीब 365¼ दिनों का (वस्तुतः 365.2422 दिनों का) होता है। मिस्र के पुरोहितों ने आकाश के सबसे चमकीले तारे व्याध (लुब्धक) के सूर्य

के साथ होने वाले उदय (सूर्य-सहोदय) का अनेक सालों तक अवलोकन करते यह खोज की थी। नील नदी में प्रतिवर्ष आने वाली नियमित बाढ़ से भी इस खोज की पुष्टि होती थी। मगर करीब 365¼ दिनों के वर्ष (सायन वर्ष) की इस महत्त्वपूर्ण खोज के बाद भी मिस्र के पुरोहित-ज्योतिषियों ने अपने परंपरागत कैलेंडर में आवश्यक सुधार नहीं किया। वे बड़े मजे में हर चौथे वर्ष को 366 दिनों का लीप-वर्ष घोषित कर सकते थे। इस दिशा में मिस्र के आरंभिक फरोहा शासकों ने और बाद में तालेमी शासकों ने प्रयास भी किए किंतु इसमें उन्हें सफलता नहीं मिली।

मिस्री कैलेंडर में चंद्र पर आधारित काल-गणना को पूर्ण रूप से त्याग दिया गया था, इसलिए यह काफी सरल तथा सुविधाजनक बन गया था। यही वजह है कि बाद में इसे थोड़े-बहुत परिवर्तनों के साथ कई अन्य देशों में अपनाया गया। जूलियस सीजर ने 44 ई.पू. में मिस्र पर विजय प्राप्त की और मिस्री ज्योतिषी सोसिजेनेस के सुझाव पर 365¼ दिनों के वर्षमान को स्वीकार करके रोमन साम्राज्य में प्रति चार वर्ष बाद आने वाले 366 दिनों के लीप वर्ष वाले तथा पुराने रोमन महीनों पर आधारित नए कैलेंडर (जूलियन कैलेंडर) को लागू किया। इस कैलेंडर में चांद्र-गणना पर आधारित अपने पर्वों को और सात दिनों के सप्ताह को स्थापित करके ईसाई धर्म ने भी इसे अपना लिया।

जूलियन वर्ष (365-25 दिन) वास्तविक वर्ष (365.2422) दिन से 0.0078 दिन बड़ा होता है। इससे क्रिसमस और ईस्टर के त्योहारों के समय में 1582 ई. तक 10 दिनों का अंतर आ गया था। इसलिए उस साल पोप ग्रगोरी (13वें) के आदेश से जूलियन कैलेंडर में सुधार किया गया। इस सुधरे कैलेंडर में वर्ष को 365.2425 दिनों का माना गया और स्वीकार किया गया कि संख्या 400 द्वारा विभाजित होने वाले वर्ष को लीप वर्ष नहीं माना जाएगा। इस ग्रेगोरी कैलेंडर में काल-गणना की दृष्टि से कई दोष हैं, फिर भी आज सारी दुनिया में इसका व्यापक उपयोग होता है। फ्रांसीसी क्रांति के समय पुराने मिस्री कैलेंडर को अपनाया गया था, मगर वह 12 वर्ष तक ही चल पाया। एक सर्वमान्य विश्व कैलेंडर के निर्माण की दिशा में किए गए प्रयासों को भी सफलता नहीं मिली है।

प्राचीन काल की अधिकांश सभ्यताओं की काल-गणना में चंद्र की भूमिका सबसे महत्त्वपूर्ण रही है। भारतीय ज्योतिषियों ने चंद्र को 'मासकृत' यानी 'महीनों का निर्माता' कहा है। मगर कृषिकर्म से संबंधित सभी क्रियाकलाप ऋतु-चक्र यानी सौर वर्ष पर आधारित होते हैं। इसलिए 29.5 दिनों के मासों का करीब 365 दिनों के सौर वर्ष के साथ सामंजस्य स्थापित करके एक चांद्र-सौर कैलेंडर तैयार करना जरूरी हो जाता है। प्राचीन भारत और सुमेर-बेबीलोन-अक्काद में चांद्र-सौर काल-गणना का ही प्रचलन रहा है। अन्य शब्दों में, काल-गणना में चंद्र और सूर्य, दोनों का उपयोग

होता था–वर्ष की गणना के लिए सूर्य का और मास की गणना के लिए चंद्र का। चांद्रमास और सायन-सौरवर्ष की कालावधियों को ठीक-ठीक जानने के लिए प्राचीनकाल में जो वेधकार्य हुआ उससे ज्योतिषशास्त्र की काफी तेजी से उन्नति हुई।

बारह चांद्रमासों का वर्ष 354 दिनों का होता है। यह सौर वर्ष से 11 दिन छोटा होता है। तीन सालों में यह अंतर 33 दिनों का हो जाता है। अतः ऋतु-विशेष में वही-वही महीने आते रहे, इसके लिए आवश्यक हो जाता है कि हर दूसरे या तीसरे वर्ष 13वें अधिमास की व्यवस्था की जाए। मगर यह एक कामचलाऊ व्यवस्था ही थी। बेबीलोन के पुरोहित-ज्योतिषी चांद्र-सौर कैलेंडर की व्यवस्था को अधिक बेहतर बनाने के लिए नक्षत्र-मंडलों की पृष्ठभूमि में चंद्र व सूर्य की गतियों का गहन अवलोकन करते रहे और इस तरह चांद्रमास व सौरवर्ष के अधिकाधिक बेहतर मान प्राप्त करते गए। लगभग 600 ई.पू. से खल्दियाई (बेबीलोनियों के उत्तराधिकारी) ज्योतिषियों ने इस दिशा में विशेष प्रयत्न किए और वे इन दो कालावधियों में निम्न स्वरूप का गणितीय संबंध खोजने में जुटे रहे–

य चांद्रमास = र सौरवर्ष

जहाँ य और र, दोनों ही पूर्णांक हैं।

अंत में, 383 ई. पू. में खल्दियाई ज्योतिषियों ने निम्नलिखित संबंध के आधार पर 19 वर्ष के एक कालचक्र की खोज की–

19 सौर वर्ष = 6939.60 दिन

235 चांद्रमास = 6939.69 दिन

इस कालचक्र के अनुसार 19 वर्षों में 0.09 दिन का या 210 वर्षों में 1 दिन का ही अंतर पड़ता है। यूनानी खगोलविद् मेतोन ने 19 साल के इस कालचक्र को एथेंस में प्रचलित करने का प्रयास किया था, इसलिए आज इसे 'मेतोनिक कालचक्र' के नाम से जाना जाता है। उन्नीस वर्षों में 7 अधिमासों की व्यवस्था वाले इस कालचक्र का समूचे सेल्यूकी काल (313 ई.पू.–75 ई.पू.) में उपयोग होता रहा।

खल्दियाइयों की तरह प्राचीन काल में भारतीयों, यूनानियों, रोमनों तथा यहूदियों ने भी अपने-अपने चांद्र-सौर कैलेंडर तैयार किए थे। इस्लामी कैलेंडर पूर्णतः चांद्रमासों पर आधारित है और सौर वर्ष से इसका कोई संबंध नहीं है।

सिंधु लिपि आज भी अज्ञात है, इसलिए हड़प्पा संस्कृति के कैलेंडर के बारे में कोई ठोस जानकारी उपलब्ध नहीं है। मगर सिंधु मुहरों पर उत्कीर्ण संकेतों के अध्ययन से पता चलता है कि उन्हें नक्षत्र-मंडलों का अच्छा ज्ञान रहा है। बाद के ऋग्वैदिक आर्य भी दिनों का निर्धारण चांद्र-नक्षत्रों से ही करते थे। ऋग्वेद में तिथि का कहीं कोई उल्लेख नहीं है। ऋग्वैदिक आर्यों के चांद्र-सौर कैलेंडर में अधिमासों

की व्यवस्था थी। उनका सौर वर्ष संभवत: 366 दिनों का था। ऋग्वेद में कुछ नक्षत्रों का उल्लेख है, मगर यजुर्वेद में पूरे 27 नक्षत्रों की सूची दी गई है। चंद्रमा तारों के सापेक्ष एक चक्कर $27^1/_3$ दिन में लगाता है और पूर्ण संख्या 27 है, इसीलिए प्राचीन भारत में 27 (कभी-कभी 28 भी) चांद्र-नक्षत्रों की व्यवस्था अस्तित्व में आई थी। बता दिया जाता था कि आज चंद्रमा अमुक नक्षत्र के पास है।

काल-गणना के बारे में प्राचीन भारत की जो सबसे पुरानी स्वतंत्र पुस्तक आज उपलब्ध है उसका नाम है–वेदांग-ज्योतिष (लगभग 800 ई.पू.)। इसमें 366 सावन दिनों का एक वर्ष और ऐसे 5 वर्षों का युग माना गया है। बताया गया है कि एक युग में 1830 दिन और 62 चांद्र मास होते हैं। इस तरह, वेदांग-ज्योतिष के अनुसार एक चांद्र मास 1830 / 62 = 29.516 दिनों का होता है, जबकि वास्तविक मान है 29.531 दिन। वेदांग-ज्योतिष में 27 नक्षत्रों और उनके देवताओं के नाम गिनाए गए हैं। महीने चंद्रमा के अनुसार चलते थे, मगर एक मास को 30 भागों (तिथियों) में बांटा गया था, इसलिए क्षय तिथि की भी व्यवस्था की गई थी। वस्तुत: वेदांग-ज्योतिष की काल-गणना पद्धति काफी स्थूल थी। इसकी सबसे बड़ी त्रुटि यह थी कि इसमें युग बहुत छोटा चुना गया था। बाद के ज्योतिष-ग्रंथों में युग को बहुत लंबा रखा गया। उदाहरणार्थ, आर्यभट (499 ई.) ने 4,32,0000 वर्षों वर्षों का युग माना था।

यहां भारतीय ज्योतिष से संबंधित एक बात को स्पष्ट कर देना उपयोगी होगा। वेदों में, वेदांग-ज्योतिष में और महाभारत में भी राशियों का कहीं कोई उल्लेख नहीं है।

वेदांग-ज्योतिष के काल के बाद भारत में बाहर की कई जातियों का आगमन हुआ। भारतीयों को खल्दियाई, यूनानी व रोमन ज्योतिष की जानकारी मिली। परिणामत: ईसा की लगभग प्रथम सदी से भारत में ज्योतिष के अधिक विकसित ज्ञान पर आधारित नई पद्धति के ग्रंथों की रचना होने लगी। इन्हें सिद्धांत ग्रंथ कहते हैं। ईसा की आरंभिक सदियों में रचे गए कई सिद्धांत-ग्रंथ लुप्त हो गए हैं। इनमें से पांच सिद्धांतों की संक्षिप्त जानकारी वराहमिहिर (ईसा की छठी सदी) ने अपने पंचसिद्धांतिका ग्रंथ में दी है। इन पांच सिद्धांतों में एक था–प्राचीन सूर्य-सिद्धांत। बाद में एक नए संशोधित सूर्य-सिद्धांत की रचना हुई। आज उपलब्ध सबसे पुराना सिद्धांत-ग्रंथ आर्यभटीय (499 ई.) है। कालांतर में कई सिद्धांत-ग्रंथों की रचना हुई, मगर परंपरागत पंचांगों की काल-गणना में प्रमुखत: नए सूर्य-सिद्धांत को ही महत्त्व दिया जाता रहा।

यहां हम सिद्धांत ज्योतिष के विवेचन में नहीं उतरेंगे, मगर अंत में एक और प्राचीन सभ्यता के कैलेंडर की थोड़ी चर्चा करना जरूरी लगता है। यह है मध्य

अमरीका की मय सभ्यता का कैलेंडर। मय पुरोहित-ज्योतिषी कुशल वेधकर्ता थे। पत्थर पर उत्कीर्ण उनके एक मत के अनुसार 4 फरवरी, 452 ई. को शुक्र ग्रह की एक अन्य ग्रह के साथ युति हुई थी। मय कैलेंडर में महीना 20 दिनों का था। ऐसे 18 महीनों से 360 दिनों का वर्ष होता था। इसमें 5 दिनों का एक लघु महीना जोड़ने पर 365 दिनों वाला वर्ष बनता था जिसे वे कातुन कहते थे। उनका सप्ताह 13 दिनों का था। मय काल-गणना का आरंभिक वर्ष 3300 ई.पू. है, जबकि भारतीय ज्योतिषियों ने कलियुग का आरंभ 3302 ई.पू. से माना। आज विश्वासपूर्वक यह बताना संभव नहीं कि काल-गणना के इन दोनों आरंभिक वर्षों का चुनाव किस आधार पर किया गया था।

कैलेंडरों में विभाजित काल

काल इस भौतिक जगत् की एक विलक्षण विशेषता है। हम सभी काल का अनुभव करते हैं। हमारे व्याकरण में भूत, वर्तमान और भविष्य काल हैं। हम बीते कल और आने वाले कल की चर्चा करते हैं, कल्पों, युगों, वर्षों, महीनों, दिनों, घंटों, मिनटों और सेकंडों की बात करते हैं परंतु यदि पूछ लिया जाए कि "काल क्या है?" तो बहुतों से कोई जवाब देते नहीं बनेगा। सेंट ऑगस्टिन (354-430 ई.) ने ठीक ही कहा था : "काल क्या है?" यदि यह मुझसे कोई पूछे, तब तो मैं जानता हूं कि वह क्या है लेकिन मुझे यदि पूछने वाले को यह समझाना पड़े,तो फिर मैं इसे नहीं जानता!"

प्राचीन जगत् में काल के बारे में मुख्यतया तीन प्रकार की धारणाएं प्रचलित रहीं 1. काल चक्रीय है, 2. काल की गति सीधी रेखा में एकदिक् है और 3. काल बिंदु-बिंदु या खंड-खंड में विभक्त है।

काल का एकदिक् गमन अथवा "काल का तीर" आज स्वीकार किया जाता है। मगर हमेशा ऐसा नहीं रहा है। ज्वार-भाटों, अयनों (दक्षिणायन-उत्तरायन), ऋतुओं और आकाशीय पिंडों की चक्रीय गतियों को देखकर आदिम मानव ने सोचा कि काल-प्रवाह को भी चक्रीय या वृत्तीय ही होना चाहिए। दिन के बाद रात आती है, पूनम के बाद अमावस, ग्रीष्म ऋतु के बाद वर्षा ऋतु। इसी आधार पर यह सोचा गया कि मानव-इतिहास भी चक्रीय ही होगा। इस तरह चक्रीय काल की धारणा कई प्राचीन सभ्यताओं में रूढ़ हुई और उसके बारे में अनगिनत आख्यान और मिथक गढ़े गए।

कालचक्र की धारणा महाभारत, मनुस्मृति और प्रायः सभी वैष्णव पुराणों में देखने को मिलती है। कालचक्र के साथ चतुर्युग-कृत, त्रेता, द्वापर और कलि-की कल्पना अभिन्न रूप से जुड़ी हुई है। ह्रासोन्मुख चतुर्युग की यह धारणा जनसाधारण में काफी रूढ़ हो गई है और आम सोच यह है कि भारत में यह मान्यता सर्वदा सर्वमान्य रही है।

परंतु वास्तविकता कुछ और ही है। वैदिक साहित्य में ह्रासोन्मुख युग, महायुग, मन्वंतर या कल्प जैसी लंबी कालावधियों का कहीं कोई उल्लेख नहीं है। आप यह पढ़कर चकित होंगे कि वैदिक साहित्य में युग की अवधि केवल पांच वर्ष बताई गई है। वेदांग-ज्योतिष में युग पांच वर्षों का है। बड़ी कालावधियों के महायुग

(43,20,000 मानव-वर्ष) का अथवा चतुर्युग पद्धति का प्रयोग, भारत में लगभग ईसा की प्रथम सदी से आरंभ हुआ परंतु ज्योतिषियों की चतुर्युग संबंधी मान्यता पौराणिकों की चतुर्युग संबंधी मान्यता से काफी भिन्न रही है।

गणितज्ञ-ज्योतिषी आर्यभट (499 ई.) का उदाहरण लीजिए। उन्होंने महायुग के चौथे भाग के लिए 'युगपाद' शब्द का प्रयोग किया है, ब्रह्मांड की सृष्टि और प्रलय में उनकी आस्था नहीं थी। वे कालचक्र को भी नहीं मानते थे। उनका मत था कि काल एक सतत प्रक्रिया है, काल का न तो आरंभ है और न अंत (कालोऽयमनाद्यत:)। उन्होंने यह भी स्पष्ट शब्दों में लिखा है कि युगारंभ या कल्पारंभ का हमारी पार्थिव या लौकिक घटनाओं से कोई लेना-देना नहीं है। इनका संबंध विशुद्ध रूप से ग्रहों के आकाश-गमन की खगोलीय घटनाओं से है। उन्हीं खगोलीय घटनाओं के आधार पर युग और कल्प के आरंभ का अनुमान लगाया गया है। पुराणों ने, मनुस्मृति ने भी, घटती कालावधि वाले और ह्रासोन्मुख युगों की कल्पना की। मगर आर्यभट के अनुसार चारों युग समान कालावधि (10,80,000) के होते हैं।

प्राचीन भारत में, अन्य सभ्यताओं में भी, काल के बारे में और भी कई तरह की मान्यताएं प्रचलित रही हैं। हम काल का प्रवाह सदैव एक ही दिशा की ओर देखते हैं भूत से भविष्य की ओर परंतु विश्व की अतिविशाल और अतिसूक्ष्म व्यवस्थाओं में काल के दुतरफा गमन की संभावनाएं मौजूद हैं। वास्तव में काल की दिशा का सवाल वैज्ञानिकों के लिए आज भी एक पहेली बना हुआ है। विश्वास के साथ केवल इतना ही कहा जा सकता है कि द्रव्य और गति से पृथक् दिक् और काल का कोई अस्तित्व नहीं है।

दिक् और काल एक-दूसरे से जुड़े हुए हैं, मगर उनमें एक सुस्पष्ट अंतर है। हम दिक् के तीन आयामों में से किसी में भी मजे में विचरण (गमन) कर सकते हैं- दाएं-बाएं, ऊपर-नीचे, किधर भी किंतु काल के बारे में ऐसी बात नहीं है। उसके कुछ घटक भूत में रहते हैं, तो कुछ भविष्य में होते हैं। इसलिए काल के अनिवार्यत: तीन भाग होते हैं-भूत, वर्तमान और भविष्य। हमें लगता है कि काल भविष्य की ओर से बहता हुआ आता है, वर्तमान में क्षण भर अपने करतब दिखाता है और फिर भूत की ओर आगे बढ़ जाता है। काल हमें प्रवाहरूप प्रतीत होता है।

काल को हम देख नहीं सकते, स्पर्श नहीं कर सकते, सुन नहीं सकते। मगर काल का मापन हम कर सकते हैं। काल के बारे में हम कह सकते हैं कि यह घटनाओं के बीच का अंतराल है। काल-मापन के लिए ऐसी घटनाओं का चयन करना होता है जो नियमित रूप से घटित होती हैं फिर उनके बीच के अंतरालों को मापने के तरीके खोजने होते हैं। इन्हीं प्रयासों से कैलेंडरों अथवा पंचांगों का जन्म हुआ।

जिन तीन नियतकालिक अथवा आवर्ती प्राकृतिक घटनाओं से मनुष्य का आरंभ से ही गहरा सरोकार रहा है वे हैं-1. रात-दिन का चक्र, 2. चंद्र की घटती-बढ़ती कलाओं

का चक्र, 3. ऋतुओं का चक्र। इन तीन आवर्ती घटनाओं से काल की तीन प्राकृतिक कालावधियां क्रमशः दिन, माह और वर्ष–सुनिश्चित होती हैं। इनमें दिन सबसे छोटी कालावधि है, इसलिए इसे काल की बुनियादी इकाई मान लिया गया है। महीने तथा वर्ष की कालावधियां दिन की इकाई में ही व्यक्त की जाती हैं इसलिए कैलेंडर के निर्माण में निम्नलिखित तीन भिन्न कालावधियों पर विचार करना पड़ता है–

सौर वर्ष = 365.2422 सौर दिन

चांद्र मास = 29.53059 सौर दिन

सौर वर्ष में चांद्र मास = 12.36827

कैलेंडर की प्रमुख समस्या है, उपर्युक्त तीनों संबंधों के बीच समन्वय स्थापित करना। इसलिए एक व्यावहारिक कैलेंडर के निर्माण में निम्नलिखित बातों का ध्यान रखना जरूरी है–

1. वर्ष और महीने में दिनों की संख्या पूर्णांकों में होनी चाहिए,
2. वर्षारंभ और मासारंभ के दिन सुनिश्चित होने चाहिए,
3. एक सुनिर्धारित संवत् होना चाहिए और
4. चांद्र मासों को रखना हो, तो सौर वर्ष के साथ उनका संबंध बिठाना चाहिए।

प्राचीन काल से अब तक विभिन्न देशों में सैकड़ों कैलेंडर प्रयुक्त हुए हैं, मगर उपर्युक्त सभी बातों का सही और संतोषजनक समाधान अभी तक प्राप्त नहीं हुआ है। यह भी स्मरण रखना जरूरी है कि प्राचीन काल में दिन, माह और वर्ष की अवधियों की अधूरी जानकारी होने के कारण, कैलेंडरों का वास्तविक घटनाओं से मेल नहीं बैठता था। इसलिए समय-समय पर उनमें ज्योतिषियों या शासकों या धर्माचार्यों द्वारा सुधार किए जाते रहे हैं।

पाश्चात्य परंपरा का 'काल पुरुष' अथवा 'क्रोनोस', जिसे 31 दिसंबर (वर्षांत) के आसपास स्मरण किया जाता था।

कृषिकर्म के लिए ऋतुओं की जानकारी अत्यावश्यक है। किसानों को वर्ष भर में होने वाले ऋतु-परिवर्तनों की जानकारी देने के लिए कैलेंडर की जरूरत पड़ती है। निश्चित तिथियों पर धार्मिक पर्व व उत्सव मनाने पड़ते हैं, ये प्राय: कृषिकर्म से ही जुड़े होते हैं परंतु इनके लिए और भी अधिक शुद्ध कैलेंडर (पंचांग) की आवश्यकता होती है। मगर एक व्यावहारिक कैलेंडर तैयार करना किसान के बस की बात नहीं है क्योंकि इसके लिए लंबी अवधि तक लेखा-जोखा रखना आवश्यक होता है। यह काम कृषिकर्म से मुक्त पुरोहित-ज्योतिषी ही कर सकते थे।

मिस्री सौर कैलेंडर

सभी प्राचीन सभ्यताओं की तरह आरंभ में मिस्रवासियों का वर्ष भी 360 दिनों का था, जिसे उन्होंने तीस-तीस दिनों के 12 महीनों में बांटा था परंतु कई सालों तक अनुभव करते रहने के बाद उन्हें यह भी पता चल गया था कि हर साल, नील नदी में लगभग 365 दिनों बाद बाढ़ आती है। चूंकि नील में नियमित रूप से आने वाली बाढ़ का मिस्र के किसानों के लिए विशेष महत्त्व था, इसलिए 365 दिनों के 'नील वर्ष' को अपनाया गया। उन्होंने यह भी जान लिया था कि चांद्र मास लगभग 29½ दिनों का (वास्तव में 29.531 दिनों का) होता है।

मगर मिस्र में 30 दिनों के माह और 360 दिनों के वर्ष का कैलेंडर रूढ़ हो गया था धार्मिक मान्यता प्राप्त कर चुका था। इसलिए व्यवस्था की गई कि 360 दिनों के वर्ष में पांच प्रमुख देवताओं के नाम पर 5 अतिरिक्त 'पर्व दिन' हर साल जोड़ दिए जाएंगे। इस तरह, मिस्री वर्ष 365 दिनों का हो गया। प्रत्येक माह 30 दिनों का ही बना रहा। वर्ष को चार-चार महीनों की तीन ऋतुओं में और प्रत्येक महीने को दस-दस दिनों के तीन 'डेकाड़ों' में विभाजित किया गया था। स्पष्ट है कि इस मिस्री कैलेंडर का किसी आकाशीय घटना से कोई संबंध नहीं था।

मगर मिस्री पुरोहित आकाश के सबसे चमकीले व्याध (लुब्धक) तारे का बहुत प्राचीन काल से अवलोकन करते आ रहे थे, वे उसकी अर्चना करते थे क्योंकि उसे मिस्र की प्रमुख देवी आइसिस का तारा माना जाता था। अनेक वर्षों तक अवलोकन करते रहने के बाद मिस्री पुरोहितों ने पहचान लिया था कि वर्ष के एक निश्चित दिन पूर्वी क्षितिज पर सूर्योदय के ठीक पहले व्याध तारा (जिसे वे 'सोथिस्' कहते थे) दिखाई देता है, यानी व्याध का सूर्य-सहोदय होता है। यह घटना नील नदी में आने वाली बाढ़ के कुछ ही समय पूर्व घटित होती थी। इसलिए उन्होंने 'नील वर्ष' के साथ व्याध के सूर्य-सहोदय का संबंध स्थापित किया।

कई सालों तक अवलोकन करते रहने के बाद मिस्रवासियों को यह भी पता चला कि पूर्वी क्षितिज पर व्याध का सूर्य-सहोदय 365 दिनों के बाद नहीं बल्कि

365¼ दिनों बाद होता है फिर उन्होंने यह भी जान लिया कि व्याध के सूर्य-सहोदय का पूर्ण आकाशीय वृत्त 365 × 4 = 1460 वर्षों का होता है। इसे उन्होंने 'सोथिस् वृत्त' का नाम दिया। पता चलता है कि 4241 ई.पू. और 1321 ई.पू. क्रमशः इस सोथिस् वृत्त के प्रथम वर्ष थे। लंबी कालावधि के अवलोकनों से उन्हें यह भी मालूम हो गया था कि नील नदी में बाढ़ भी औसतन 365¼ दिनों बाद ही आती है।

इस तरह, मिस्रवासियों ने काफी पहले, संभवतः 2781 ई.पू. में, ही जान लिया था कि सायन सौर वर्ष 365¼ दिनों का होता है। अगर वे हर चौथे वर्ष 5 की बजाय 6 अतिरिक्त दिन (पर्व दिन) जोड़ने की व्यवस्था स्थापित कर देते, तो उनका कैलेंडर लगभग परिपूर्ण बन जाता। आरंभ में फैरोआ ने और बाद में यूनानी-मिस्री शासक तालेमी एवरगेतेस (238 ई.पू.) ने इस दिशा में प्रयास भी किए परंतु पुरोहितों के विरोध के कारण उस समय मिस्री कैलेंडर में यह संशोधन संभव नहीं हो सका। करीब दो सौ साल बाद, 46 ई.पू. में, यह संशोधन मिस्री खगोलविद् सोसिजेनेस और रोमन सम्राट ज्यूलियस सीजर के संयुक्त प्रयास से संभव हो सका।

मिस्री कैलेंडर सरल था, सुविधाजनक था, इसलिए प्राचीन काल में इसे कई देशों में अपनाया गया था। आज दुनिया भर में प्रचलित ग्रेगोरी कैलेंडर भी मूलतः मिस्री कैलेंडर पर ही आधारित है। मिस्री कैलेंडर की सबसे बड़ी विशेषता यह थी कि उसमें चंद्र पर आधारित काल-गणना के लिए कोई स्थान नहीं था, वह एक विशुद्ध सौर कैलेंडर था। मगर दूसरी कई सभ्यताओं में, जैसे बेबीलोन, यूनान, भारत और चीन में चांद्र गणना को स्वीकार किया गया। इसलिए इन देशों में अधिक जटिल चांद्र-सौर कैलेंडर अस्तित्व में आए।

चांद्र-सौर कैलेंडर

प्राचीन काल में सौर कैलेंडर के साथ-साथ चांद्र कैलेंडर भी कई देशों में अस्तित्व में आ गए थे। आरंभिक असीरियावासी जानते थे कि एक पूर्णिमा से दूसरी पूर्णिमा के बीच लगभग 29½ दिनों की अवधि होती है। अमावस के बाद चंद्र के प्रथम दर्शन से उनका महीना आरंभ होता था। इसीलिए मेसोपोटामिया और उसके आसपास के प्रदेशों में दिन का आरंभ सूर्योदय की बजाय, सूर्यास्त से माना जाता था। असीरिया का वर्ष 12 महीनों का होता था और प्रत्येक महीना 29½ दिनों का माना जाता था। इस तरह, उनका वर्ष 354 दिनों का होता था। मगर यह चांद्र वर्ष, सौर वर्ष से पूरे 11 दिन कम रह जाता था। तीन वर्षों में इन दोनों वर्षों में 33 दिन का अंतर पड़ता था। अतः महीनों और ऋतुओं का संबंध बनाए रखने के लिए हर दो या तीन वर्ष बाद 13वां अधिमास जोड़ दिया जाता था। असीरी राजा आशुरबनिपाल (668-626 ई.पू.) के समय के एक कीलाक्षर लेख से स्पष्ट पता चलता है कि समय-समय पर ऐसे अधिमास जोड़ने की व्यवस्था वहां अस्तित्व में आ गई थी।

प्राचीन काल के कैलेंडरों की प्रमुख समस्या रही है, 29½ दिनों के चांद्र मास का 365 दिनों के सौर वर्ष के साथ मेल बिठाना। इस दिशा में बेबीलोन-असीरिया-खल्दिया के पुरोहित-ज्योतिषियों ने खूब प्रयास किए। कई सदियों तक आकाश का अवलोकन करते रहने के बाद अंत में, ईसा पूर्व छठी सदी में, उन्होंने निम्नलिखित संबंध खोज निकाला :

19 सौर वर्ष = 235 चांद्र मास = 6939 दिन (लगभग)

अर्थात्, 19 चांद्र वर्षों (228 चांद्र मासों) में 7 अधिमास जोड़े जाएं, तो वह पूरी कालावधि 19 सौर वर्षों के बराबर होती है। बाद में यूनानी खगोलविद् मेतोन के नाम पर इस '19 वर्षीय वृत्त' को 'मेतोन वृत्त' का नाम दिया गया।

इस्लामी चांद्र कैलेंडर

चंद्र की कलाओं से काल-गणना करने की प्रथा सौर गणना से अधिक प्राचीन है। इस्लाम के उदय के पहले अरबिया में चंद्र की दृश्य कलाओं से ही काल-गणना होती थी। वर्ष 12 चांद्र महीनों का होता था और दो अमावसों के बीच की कालावधि को माह माना जाता था। इस तरह, अरबों का चांद्र वर्ष 354 दिनों का होता था। मगर यह सौर वर्ष से 11 दिन छोटा होता था, इसलिए हर दो या तीन साल बाद एक अधिमास जोड़ दिया जाता था। इस तरह, 24 वर्षों के वृत्त में 9 ऐसे वर्ष होते थे जिनमें महीने 12 की बजाय 13 होते थे। स्पष्ट है कि यह वस्तुतः चांद्र-सौर कैलेंडर था, यानी इसमें वर्ष की गणना सूर्य के अनुसार होती थी और महीनों की गणना चंद्र के अनुसार। चूंकि इस कैलेंडर में महीने काफी हद तक ऋतुओं के अनुसार चलते थे, इसलिए रबी-उल्-अव्वल और रबी-उल्-आखिर जैसे कुछ महीनों के नाम मौसम पर आधारित थे।

सन् 622 ई. में हजरत मुहम्मद ने मक्का से मदीना तक दो सप्ताह की यात्रा की। यह पलायन, जिसे 'हिजरा' कहते हैं, अरबों के लिए एक अत्यंत महत्त्वपूर्ण घटना थी। इस घटना से लेकर मुहम्मद साहब की मृत्यु (632 ई.) तक के प्रत्येक वर्ष को एक विशिष्ट नाम दिया गया था।

सन् 631 ई. में हजरत मुहम्मद ने तेरहवें अधिमास को त्याग देने का आदेश जारी किया। अरबों को पुनः अपने विशुद्ध चांद्र कैलेंडर को अपनाना पड़ा। सन् 638 में खलीफा उमर ने चांद्र हिजरी को राज्य का कैलेंडर घोषित कर दिया। इसकी शुरुआत 622 ई. से यानी हजरत मुहम्मद के मक्का से मदीना पलायन करने के वर्ष से मानी गई। उस वर्ष 16 जुलाई (शुक्रवार) को प्रथम माह मुहर्रम का प्रथम दिन था, इसलिए उसे ही नए हिजरी वर्ष का प्रथम दिन माना गया। इस तरह, इस्लामी कैलेंडर में चांद्र वर्ष पुनः 354 दिनों (29½ दिनों के 12 महीने) का हो गया। आधे दिन की झंझट से बचने के लिए मान लिया गया कि वर्ष के विषम संख्या वाले छह महीने 30 दिनों के होंगे और सम संख्या वाले शेष छह महीने 29 दिनों के होंगे।

यहूदी कैलेंडर

आरंभ में यहूदियों में भी 354 दिनों के वर्ष वाले विशुद्ध चांद्र कैलेंडर का ही प्रचलन था। दिन सूर्यास्त से शुरू होता था। वर्ष में 12 चांद्र मास होते थे, जिनमें सम महीने 29 दिनों के होते थे और विषम महीने 30 दिनों के। मगर ईसा पूर्व चौथी सदी में यहूदियों ने इस चांद्र कैलेंडर के स्थान पर चांद्र-सौर कैलेंडर को स्वीकार कर लिया। इसकी एक वजह थी। बाइबिल की एक अनुश्रुति के अनुसार, मूसा का आदेश था कि मिस्र से यहूदियों के निष्क्रमण का दिन (पासोवर) ग्रीष्म ऋतु में पर्व के रूप में मनाया जाए। यह दिन हर साल ग्रीष्म में ही आए, इसलिए चांद्र कैलेंडर के साथ जोड़ना पड़ा। चूंकि चांद्र वर्ष से सौर वर्ष 11 दिन बड़ा था, इसलिए 19 वर्षों में 30 दिनों वाले 7 अधिमास जोड़ने की व्यवस्था की गई।

यहूदी कैलेंडर की गणना 'सृष्टि निर्माण' से आरंभ होती है। आमतौर पर इसे 'ऐडम संवत्' कहा जाता है और इसकी शुरुआत 7 अक्टूबर, 3761 ई.पू. से मानी जाती है। यहूदी कैलेंडर के समर्थकों की मान्यता है कि ऐडम के जन्म और ईसा के जन्म के बीच 3760 वर्षों का अंतर रहा है। उनका यह भी विश्वास है कि ऐडम से लेकर सेल्यूकी संवत् के आरंभ (1 अक्टूबर, 312 ई.पू.) के बीच 3448 वर्ष गुजरे हैं। सेल्यूकी संवत् का फिलीस्तीन और आसपास के देशों में प्रचलन रहा है।

चीनी कैलेंडर

चीनी कैलेंडर का इतिहास काफी पुराना है। आनयाङ् से प्राप्त 'भविष्यवाणी हड्डियों' पर अंकित लेखों में सबसे प्राचीन चीनी कैलेंडर के बारे में जानकारी मिलती है। चीन में शुरू से ही चांद्र-सौर कैलेंडर का प्रचलन रहा है। विशेष बात यह है कि प्राचीन चीन के कैलेंडर वर्षों, महीनों और दिनों के बीच समन्वय स्थापित करने तक ही सीमित नहीं रहे। उनमें सूर्य, चंद्र और पांच ग्रहों की दृश्य गतियों के निर्धारण और सूर्य व चंद्र के ग्रहणों की भविष्यवाणियों का भी समावेश रहा है। इसलिए प्राचीन चीन में काफी वेधकार्य हुआ, नए-नए सिद्धांत स्थापित हुए और तदनुसार कैलेंडरों में लगातार सुधार होते गए।

पता चलता है कि ईसा पूर्व 14वीं सदी में चीन में एक मिला-जुला चांद्र-सौर कैलेंडर अस्तित्व में आ गया था। दिन का आरंभ सूर्योदय से होता था। महीने चांद्र थे, मगर उनकी शुरुआत नए चंद्र के प्रथम दर्शन से नहीं अपितु उसके पहले की रात्रि से मानी जाती थी। महीना 29 या 30 दिनों का होता था। मगर उन्होंने गणनाएं करके जान लिया था कि चांद्र महीना 29.5305106 दिनों का होता है (आधुनिक मान 29.530585 दिन है)। उनका वर्ष 365 दिनों का था लेकिन उन्होंने गणना करके जान लिया था कि वास्तविक वर्ष 365.25 दिनों का होता है। वर्ष में 12 महीने होते थे और अधिमास जोड़कर सौर वर्ष पूरा कर लिया जाता था। वर्षारंभ ग्रीष्म में होता था।

ईसा पूर्व तीसरी सदी से लेकर ईसा की सत्रहवीं सदी तक के लगभग दो हजार वर्षों में चीनी कैलेंडरों में 100 से भी अधिक सुधार हुए हैं। ये सुधार सौर वर्ष और चांद्र मास के अधिकाधिक शुद्ध मानों पर आधारित थे। ईसा पूर्व तीसरी सदी के कैलेंडर में सौर वर्ष 365.25 दिनों का और चांद्र मास 29.53085 दिनों का माना गया था। सत्रहवीं सदी में प्रचलित कैलेंडर में सौर वर्ष 365.2422 दिनों का और चांद्र मास 29.53059 दिनों का स्वीकार किया गया था। अंतिम मान वास्तविक मान के लगभग बराबर है।

भारतीय कैलेंडर

सिंधु लिपि अभी तक पढ़ी नहीं गई है इसलिए सिंधु सभ्यता (2500–1800 ई.पू.) के कैलेंडर के बारे में यकीन के साथ कुछ नहीं कहा जा सकता। सिंधु सभ्यता मुख्यतया कृषिकर्म पर आधारित रही है इसलिए बहुत संभव है कि यहां एक मिला-जुला सौर-चांद्र कैलेंडर प्रचलित रहा हो।

ऋग्वेद के कतिपय उल्लेखों की जानकारी मिलती है कि उस समय (लगभग 1500 ई.पू.) सौर-चांद्र कैलेंडर का प्रचलन था और अधिमास जोड़ने की व्यवस्था थी परंतु 12 मासों के नामों का ऋग्वेद में उल्लेख नहीं है, न ही यह पता चलता है कि अधिमास को किस तरह जोड़ा जाता था। दिनों को नक्षत्रों के व्यक्त किया जाता था, यानी रात्रि को चंद्र जिस नक्षत्र में दिखाई देता था उसी के नाम से वह दिन जाना जाता था। बाद में तिथियां भारतीय पंचांग की मूलाधार बन गईं किंतु ऋग्वेद में 'तिथि' का कहीं कोई जिक्र नहीं है। ऋग्वेदिक् काल में वर्ष संभवतः 366 दिनों का माना गया था। चांद्र वर्ष (354 दिन) में 12 दिन जोड़कर 366 दिनों का सौर वर्ष बनाया गया होगा। ऋग्वेद में 'वर्ष' शब्द नहीं है, मगर शरद, हेमंत आदि शब्दों का काफी प्रयोग हुआ है।

यजुर्वेद में 12 महीनों के और 27 नक्षत्रों तथा उनके देवताओं के नाम दिए गए हैं। साथ ही, सूर्य के उत्तरायण तथा दक्षिणायन गमन के भी उल्लेख हैं। यजुर्वेद में बारह महीनों के नाम मधु, माधव, शुक्र, नभ, तपस् आदि हैं, जो सायन वर्ष के मास जान पड़ते हैं। हमारे देश में चैत्र, वैशाख आदि चांद्र मास बाद में अस्तित्व में आए। यजुर्वेद में ही पहली बार 'तिथि' शब्द देखने को मिलता है परंतु वहां इसका अर्थ आज से भिन्न रहा है। बाद के सिद्धांत ग्रंथों में तिथि की परिभाषा है जब चंद्र और सूर्य के बीच 12 का अंतर बढ़ जाता है, तो एक तिथि पूर्ण होती है।

हमारे देश में ज्योतिष का जो सबसे प्राचीन स्वतंत्र ग्रंथ उपलब्ध हुआ है वह है, महात्मा लगध का वेदांग-ज्योतिष (लगभग 800 ई.पू.)। इस ग्रंथ में 5 वर्ष का युग चुना गया है और बताया गया है एक युग में 1830 सावन दिन और 1860 तिथियां होती हैं, 2 युग में 62 चांद्र मास और 60 सौर मास होते हैं, 3 युग में 30 तिथियों का

क्षय होता है, 4 युग में 67 नाक्षत्र मास होते हैं, यानी एक युग में चंद्रमा 67 × 27 = 1809 नक्षत्रों के चक्कर लगाता है और 5 वर्ष का युग जब चंद्र व सूर्य एक साथ धनिष्ठा नक्षत्र में रहते हैं, तब दक्षिण अयनांत (मकर संक्रांति) से वर्ष की शुरुआत होती है।

1830 सावन दिनों को 62 चांद्र मासों से भाग देने पर पता चलता है कि वेदांग-ज्योतिष के अनुसार एक चांद्र मास में 29.516 दिन होते हैं (वास्तविक संख्या 29.531 दिन है)। वर्ष 366 सावन दिनों का माना गया था। वेदांग-ज्योतिष में बताया गया है कि किन तिथियों का क्षय होता है। भारतीय पद्धति में तिथियां क्रमानुसार नहीं आती, अक्सर एक तिथि छूट जाती है। छूटी हुई तिथि को ही क्षय तिथि कहते हैं। जैसे, तृतीया के बाद अगली तिथि चतुर्थी न होकर पंचमी हो सकती है। तब कहा जाएगा कि चतुर्थी का क्षय हो गया। तिथियों के क्षय होने का कारण यह है कि एक चांद्र मास में लगभग 29½ दिन होते हैं और तिथियां 30 होती हैं। इसलिए लगभग दो महीनों में औसतन एक तिथि का क्षय होता है।

ईसा पूर्व चौथी सदी से बेबीलोन (खल्दिया) और यूनानियों के साथ भारत के संबंध बढ़ते गए। तब से लेकर लगभग 400 ई. तक भारत में बेबीलोनी और यूनानी ज्योतिष की कई बातों को अपनाया गया। फलतः भारत में ज्योतिष के एक नए युग का आरंभ हुआ, जिसे 'सिद्धांत युग' कहा जाता है। यह युग लगभग 1200 ई. तक चला। सिद्धांत युग का प्रथम महत्त्वपूर्ण ग्रंथ आर्यभट (प्रथम) द्वारा रचित आर्यभटीय (499 ई.) है। उसके पहले रचे गए पांच सिद्धांतों की रूपरेखा वराहमिहिर (ईसा की छठी सदी) ने अपने पंचसिद्धांतिका (505 ई.) ग्रंथ में प्रस्तुत की है।

वेदांग-ज्योतिष के बाद सिद्धांत युग के आरंभ तक भारतीय कैलेंडर की कैसी व्यवस्था रही है, इसके बारे में ठोस जानकारी नहीं मिलती। वेदांग-ज्योतिष में 12 राशियों और सात वारों का उल्लेख नहीं है, महाभारत और रामायण में भी नहीं है। दरअसल, महाभारत, रामायण और जैनों के सूर्य-प्रज्ञप्ति जैसे ग्रंथों का कैलेंडर काफी हद तक वेदांग-ज्योतिष के कैलेंडर से मिलता-जुलता रहा है। इन सबमें युग 5 वर्षों का और वर्ष 366 दिनों का ही माना गया है। पता चलता है कि सम्राट अशोक के समय (लगभग 259 ई.पू.) में अभी वेदांग-ज्योतिष का ही कैलेंडर प्रचलित था। अशोक के अभिलेखों में उसके शासन-वर्षों का उल्लेख है, न कि किसी संवत् का। शुंगों और सातवाहनों ने भी किसी संवत् का इस्तेमाल नहीं किया। मगर पश्चिमी एशिया में सेल्यूकी संवत् (आरंभ 312 ई.पू. से) का प्रचलन था।

वेदांग-ज्योतिष का कैलेंडर सिद्धांत-ग्रंथों के कैलेंडर में किस तरह विकसित होता गया, इसकी कुछ जानकारी वराहमिहिर द्वारा वर्णित पांच सिद्धांतों (सूर्य-सिद्धांत, पितामह-सिद्धांत, रोमक-सिद्धांत, पुलिश-सिद्धांत और वसिष्ठ-सिद्धांत) में मिल जाती है। इनमें से कुछ में युग पांच वर्षों का ही माना गया। मगर सिद्धांत

ग्रंथों में युग अब लंबे होते गए। कलियुग के आरंभ (3102 ई.पू.) से गणनाएं करने की परिपाटी चली। कलियुग के आरंभ से गणना की जाती है, तो तब से आज तक के दिनों की संख्या, जिसे ज्योतिष में 'अहर्गण' कहते हैं, बहुत ही बड़ी हो जाती है। महायुग 432000 वर्षों का और कल्प (ब्रह्मा का एक दिन) हमारे 15,77,91,78,28,000 दिनों के बराबर माना गया। गणना की कठिनाइयां स्पष्ट हैं। इसलिए मार्ग खोजा गया : इष्ट समय के काफी नजदीक के समय का चुनाव करके तभी से गणना की जाए। इस काम के लिए हमारे देश में बहुत सारे करण-ग्रंथ लिखे गए, जिनका पंचांग बनाने के लिए उपयोग होता रहा है।

वराहमिहिर ने जिस सूर्य-सिद्धांत की जानकारी दी है वह आज उपलब्ध नहीं है, मगर उसका संशोधित संस्करण उपलब्ध है। वस्तुत: पिछले करीब एक हजार वर्षों में यही संशोधित सूर्य-सिद्धांत हमारे देश में सबसे अधिक मान्य रहा है और देश के अधिकांश पंचांग इसी के अनुसार बनते रहे हैं।

चूंकि चांद्र-सौर कैलेंडर में सौर वर्ष के मान का विशेष महत्त्व है, इसलिए जानना उपयोगी होगा कि सिद्धांत काल में वर्षमान क्या रहे हैं :

वराहमिहिर का सूर्य-सिद्धांत = **365.25875 दिन**
वर्तमान संशोधित सूर्य-सिद्धांत = **365.258756 दिन**
वास्तविक सायन वर्ष = **365.242196 दिन**

सूर्य-सिद्धांत का वर्षमान से 0.016560 दिन अधिक है। चूंकि सूर्य-सिद्धांत के इस वर्षमान का परंपरागत पंचांग बनाने में आज भी इस्तेमाल होता है, इसलिए हर साल वर्ष का आरंभ 0.01656 दिन आगे बढ़ जाता है। इस तरह, पिछले 1400 वर्षों में वर्ष का आरंभ 23.2 दिन आगे बढ़ गया है। भारतीय पंचांग में संशोधन करना परमावश्यक हो गया था।

भारतीय कैलेंडर को 'पंचांग' इसलिए कहा जाता है क्योंकि इसमें मुख्यतया पांच बातों की जानकारी रहती है-1. तिथि, जो दिनांक यानी तारीख का काम करती है, 2. वार : सोमवार, मंगलवार आदि सात वार, 3. नक्षत्र, जो बताता है कि चंद्रमा के भोगांशों का योग क्या है और 5. करण, जो तिथि का आधा होता है।

पंचांग की यह प्रणाली-सिद्धांत युग में काफी बाद में अस्तित्व में आई है। यह इसी से स्पष्ट है कि सात वार भारतीय मूल के नहीं हैं। वैदिक साहित्य, वेदांग-ज्योतिष, रामायण और महाभारत में सात वारों का उल्लेख नहीं है। जिस भारतीय अभिलेख में पहली बार एक 'वार' का उल्लेख हुआ है वह बुधगुप्त के समय का एरण (मध्य प्रदेश) से प्राप्त 484 ई. का है। वहां तिथि (आषाढ़ शुक्ल द्वादशी) और वार (सुरगुरु , दिवस, यानी बृहस्पतिवार), दोनों का उल्लेख है। राशियों की तरह वार भी बेबीलोनी मूल के हैं।

ऐतिहासिक घटनाओं के तिथि-निर्धारण के लिए कैलेंडर में किसी एक संवत् का आरंभ-बिंदु निश्चित करना होता है। अतीत या वर्तमान के सभी कैलेंडरों की शुरुआत किसी-न-किसी घटना-वास्तविक या काल्पनिक-से ही मानी गई है। ऐसी अधिकांश घटनाएं मिथक, इतिहास अथवा धर्मकथा से संबंधित होती हैं। हमारे देश में मौर्य और सातवाहन काल में शासन-वर्षों का ही इस्तेमाल होता था। तिथि-निर्धारण के लिए संवतों का प्रयोग कुषाण और शक शासकों के समय से होने लगा है। शक, मालव, गुप्त, हर्ष आदि कई संवतों का संबंध मूलतः ऐतिहासिक घटनाओं से रहा है। कलियुग संवत्, जिसका आरंभ 3102 ई.पू. से माना जाता है, हमारे ज्योतिषियों ने आंतर-गणनाएं करके ईसा की आरंभिक सदियों में बनाया है (देखिए प्रमुख संवतों की सारणी)।

राष्ट्रीय पंचांग

भारत के अलग-अलग भागों में अलग-अलग सिद्धातों के अनुसार बहुत से पंचांग बनते रहे हैं, आज भी बनते हैं। इन पंचांगों में कई तरह की त्रुटियां रही हैं। इसलिए डॉ. मेघनाद साहा (1893-1956) की अध्यक्षता में गठित विद्वानों की एक समिति ने एक संशोधित राष्ट्रीय पंचांग तैयार कर दिया, जो 22 मार्च, 1957 (1 चैत्र 1879 शक) से लागू हो गया। इस संशोधित राष्ट्रीय पंचांग के अनुसार-

1. वर्ष 365.2422 दिनों का होगा। इसलिए महीने ऋतुओं के अनुसार स्थिर रहेंगे।
2. भारतीय वर्ष का आरंभ वसंत-विषुव, यानी 22 मार्च (लीप-वर्ष में 21 मार्च) से होगा।
3. वर्ष के दूसरे से लेकर छठे सौर महीनों में 31 दिन रहेंगे, शेष में 30 दिन। लीप-वर्षों में प्रथम चैत्र माह में 31 दिन रहेंगे। भारतीय प्रथा में लीप-वर्ष उसी वर्ष होगा जब ग्रेगोरी कैलेंडर में लीप-वर्ष होगा।
4. दिन का आरंभ अर्धरात्रि से माना जाएगा।
5. राष्ट्रीय पंचांग उज्जैन के अक्षांश (23^0 11^0) और ग्रिनविच के 5 घंटा 30 मिनट पूर्वी देशांतर (82^0 30^0) के लिए बना करेगा।
6. चैत्र, वैशाख आदि महीनों का और शंक संवत् का प्रयोग होगा।

इस राष्ट्रीय पंचांग का कुछ ही सरकारी क्षेत्रों में उपयोग होता है, रस्मी तौर पर। अब लौकिक जीवन में अधिकतर ग्रेगोरी कैलेंडर का ही इस्तेमाल होता है।

ग्रेगोरी कैलेंडर

दरअसल, आज जिसे हम 'ग्रेगोरी कैलेंडर' या 'ईसाई कैलेंडर' कहते हैं, उसका शुरू में ईसाइयत से कोई संबंध नहीं था। इसका मूल रोमन कैलेंडर में है। आरंभ में रोम में

दस महीनों वाला (304 दिनों का) कैलेंडर प्रचलित था। वर्ष ग्रीष्मारंभ से दक्षिण अयनांत (मकर संक्रांति) तक चलता था। बाकी के 61 दिन, जाड़े में कोई काम न होने के कारण, छोड़ दिए जाते थे। आरंभ में रोम के नगर-राज्य में यही कैलेंडर प्रचलित था। ईसा पूर्व 673 में इसमें दो महीने जोड़कर 12 चांद्र महीनों (355 दिनों) का वर्ष पूरा कर दिया गया। इसमें हर दो साल बाद 22 या 23 दिनों का एक अधिमास जोड़कर 366 दिनों का वर्ष पूरा कर लिया जाता था। आगे जाकर रोमन शासन ने इस कैलेंडर में और भी कई सुधार किए। अंतिम सुधार 46 ई.पू. ज्यूलियस सीजर ने किया।

ज्यूलियस सीजर ने 48 ई.पू. में मिस्र पर विजय प्राप्त की और उसके बाद कुछ समय तक वहीं टिका रहा। खगोलशास्त्र में उसकी दिलचस्पी थी। अब अपने विस्तृत साम्राज्य में वह एक बेहतर कैलेंडर लागू करना चाहता था। इसके लिए उसने सिकंदरिया के मिस्री खगोलविद सोसिजेनेस का सहयोग प्राप्त किया।

सोसिजेनेस ने सुझाया कि वर्ष का माध्य मान 365.25 दिन होना चाहिए। इसलिए 365 दिनों का सामान्य वर्ष मानकर और हर चौथे वर्ष एक अतिरिक्त दिन जोड़कर 366 दिनों का अधिवर्ष (लीप-वर्ष) बनाने की व्यवस्था स्वीकार की गई। साथ ही, महीनों की मौजूदा व्यवस्था भी कायम हो गई। सीजर चाहता था कि नया वर्ष 25 दिसंबर यानी दक्षिण अयनांत (मकर संक्रांति) से शुरू हो, मगर 1 जनवरी 45 ई.पू. को अमावस (नए चांद) का दिन था, जिसे शुभ समझा जाता था। इसलिए अधिकतर लोगों का मत रहा कि उसी दिन से नववर्ष शुरू होना चाहिए। सीजर को प्रजा की बात माननी पड़ी।

यह 'ज्यूलियन कैलेंडर' सारे रोमन साम्राज्य में फैल गया और ईसाई धर्म अस्तित्व में आने के बाद भी प्रचलित रहा। सन् 325 ई. में आयोजित ईसाइयों की 'नाइसिन कौंसिल' द्वारा स्वीकृत किए जाने के बाद यही ज्यूलियन कैलेंडर ईसाई देशों का अधिकृत कैलेंडर बना। ईसाइयों ने बेबीलोनी-यहूदी मूल के सात दिनों के सप्ताह को भी अपना लिया।

ईसा की चौथी सदी में 'ज्यूलियन कैलेंडर' ईसाई जगत् में प्रचलित हो गया था। मगर अभी इस पर 'ईसाई संवत्' का आरोपण नहीं हुआ था। ईसा मसीह के जन्म पर आधारित 'ईसाई कैलेंडर' का निर्माण बिशप डायोनिसस एक्सिगस ने 525 ई. में किया। उन्होंने बाइबिल की विभिन्न अनुश्रुतियों का सहारा लेकर और कई तरह से आगे-पीछे गणनाएं करके अंत में निश्चित किया कि ईसा का जन्म 25 दिसंबर, 1 ई. को ज्यूडिया के राजा हेरोड के शासनकाल में हुआ था और उसी साल रोमन साम्राज्य में जनगणना हुई थी। उन्होंने यह भी निश्चित किया कि ईसा जब 30 साल के थे, तो रविवार, 25 मार्च, 31 ई. को, पौर्णिमा के दिन, उनका पुनरुत्थान हुआ था। वह ईसाइयों का पहला ईस्टर दिन था।

प्रमुख संवत्

क्र.	संवत् और वर्ष	प्रारंभ	कैलेंडर	वर्ष का आरंभ	प्रयोग
		ईसा पूर्व			
1.	ज्यूलियन संवत् वर्तमान, सायन	−4713 जनवरी	सौर	1 जनवरी	खगोलविद्
2.	कलियुग गत, नाक्षत्र	−3102 फरवरी	सौ.चां	चैत्र शुक्ल	–
3.	बुद्ध निर्वाण वर्तमान	−544		वैशाख शुक्ल	श्रीलंका स्याम
4.	विक्रम (1) गत, नाक्षत्र	−58 नवंबर	सौ.चां.	कार्तिक शुक्ल	गुजरात
	विक्रम (2) गत, नाक्षत्र	−58 अप्रैल	सौ.चां.	चैत्र कृष्ण	उ. भारत
		ईसवी सन्			
5.	ईसाई संवत् वर्तमान, सायन	+1 जनवरी	सौर	1 जनवरी	संसार भर
6.	शक संवत् गत, नाक्षत्र	+78 अप्रैल	सौ.चां.	चैत्र शुक्ल	भारत
7.	गुप्त संवत् वर्तमान, नाक्षत्र	+319 अप्रैल	सौ.चां.	चैत्र कृष्ण	400 – 700 ई.
8.	बंगाली सन् वर्तमान, नाक्षत्र	+593 अप्रैल	सौर	वैशाख 1	बंगाल
9.	हिजरी सन् वर्तमान, चांद्र	+622 जुलाई	चांद्र	मुहर्रम 1	इस्लाम
10.	कोल्लम (1) वर्तमान, नाक्षत्र	+825 सितंबर	सौर	कन्यादि	उ. मलाबार
	कोल्लम (2)	”	”	सिंहादि	द.मलाबार
11.	राज शक वर्तमान, नाक्षत्र	+1673 जून	सौ.चां	ज्येष्ठ शुक्ल 13	शिवाजी का राज्याभिषेक

लेकिन आज हम जानते हैं कि डायोनिसस द्वारा निर्धारित 'तथ्यों' में ऐतिहासिक दृष्टि से कई खामियां थीं। अंकारा से प्राप्त एक रोमन अभिलेख से पता चलता है कि राजा हेरोड की मृत्यु ईसा के जन्म के चार साल पहले ही हो गई थी। इसका अर्थ यह हुआ कि ईसा का जन्म 4 ई.पू. में हुआ था। इसी तरह, रोमन साम्राज्य में जनगणना ईसा के जन्मवर्ष में नहीं, बल्कि उसके छह साल बाद हुई थी।

डायोनिसस द्वारा निर्धारित ईसा के जन्मदिन (25 दिसंबर, 1 ई.) और प्रथम ईस्टर दिन (25 मार्च, 31 ई.) को ईसाई चर्च ने स्वीकार कर लिया और फिर धीरे-धीरे ईसाई देशों में काल-गणना के इस नए आधार को मान्यता मिल गई। ईसाई संवत् के इस आधार को रोम में 532 ई. में अपनाया गया, फ्रांस में 8वीं सदी में और रूस में 1699 ई. में अपनाया गया। इस तरह, ईसाई संवत् का आधार पाकर ज्यूलियन कैलेंडर एक तरह से 'ईसाई कैलेंडर' बन गया लेकिन बुनियादी तौर पर अभी यह ज्यूलियन कैलेंडर ही था।

यहां एक बात को स्पष्ट कर देना जरूरी है। तिथियों को स्पष्ट करने के लिए ही ऊपर मैंने ईसवी (A.D.) और ईसा पूर्व (B.C.) शब्दों का प्रयोग किया है। वर्ना, ईसाई धर्म के प्रारंभ के पहले ई.पू. (Before Christ) के प्रचलन का प्रश्न ही नहीं उठता। ई. (A.D.<Anno Domini) के प्रयोग का सुझाव पहली बार डायोनिसस एक्सिगस ने ही दिया था परंतु इसका कुछ अधिक प्रचलन दसवीं सदी के बाद ही हुआ। ई.पू. (B.C.) का प्रयाग तो उसके भी काफी बाद की बात है।

ज्यूलियन कैलेंडर का वर्ष 365.25 दिनों का था। यह वर्ष सायन वर्ष (365.2422 दिन) से 0.0078 दिन (11 मिनट 13.9 सेकंड) बड़ा था। इसलिए 128 वर्षों में यह कैलेंडर एक दिन आगे बढ़ जाता था। एक हजार वर्षों में यह करीब 8 दिन आगे गया था। ज्यूलियन कैलेंडर में सुधार करना आवश्यक हो गया था। अंततः यह संभव हुआ 4 अक्टूबर, 1582 ई. को पोप ग्रेगोरी तेरहवें के प्रयास से। सुधार के लिए दो काम किए गए। ज्यूलियन कैलेंडर में लीप-वर्ष वह था जिसे चार से भाग दिया जा सकता था। नए कैलेंडर में यह नियम कायम रखा गया परंतु अपवाद जोड़ दिया गया कि वही शताब्दी वर्ष (1600, 1700,...2000) लीप-वर्ष होंगे जिन्हें 400 से पूरा भाग दिया जा सकता है। इस तरह, वर्ष 2000 लीप-वर्ष होगा।

जैसा कि पहले बताया गया है, ज्यूलियन कैलेंडर को ईसाई देशों में 325 ई. में अपनाया गया था। तब से 1582 ई. तक इस कैलेंडर में 10 अतिरिक्त दिन जमा हो गए थे। इसलिए पोप की ओर से 'धर्मादेश' जारी कर दिया गया कि 4 अक्टूबर (1582) के बाद 5 अक्टूबर का दिन नहीं, बल्कि सीधे 15 अक्टूबर का दिन आएगा। इतिहास और लौकिक जीवन से 11 दिन गायब कर दिए गए।

इस तरह, उपर्युक्त दो व्यवस्थाओं के साथ जो कैलेंडर प्रचलित हुआ वह 'ग्रेगोरी कैलेंडर' कहलाया। सबसे पहले इस कैलेंडर को कैथोलिक देशों ने अपनाया। सन् 1700 ई. के बाद इसे प्रोटेस्टेंट देशों में अपनाया गया। इसे जापान ने 1873 ई. में और चीन ने 1911 ई. में अपनाया। हमारे देश में इसका प्रचार-प्रसार 1757 ई. से अंग्रेजी शासन के साथ हुआ। ग्रेगोरी वर्ष और सायन वर्ष में इतना कम अंतर है कि 3280 दिनों में केवल एक ही दिन का फर्क पड़ेगा।

संक्षेप में, यही है आज सारी दुनिया में प्रचलित ईसाई या ग्रेगोरी कैलेंडर का इतिहास। इसमें 'शून्य (0) वर्ष' नहीं है। यह कैलेंडर 'वर्ष 1' से शुरू होता है। बच्चे का प्रथम वर्ष उसके जन्मकाल (शून्यकाल) से शुरू होता है। ग्रेगोरी कैलेंडर में ऐसी व्यवस्था नहीं है। क्रिकेट के शतक की तरह, इस कैलेंडर के अनुसार पहली शताब्दी 1 जनवरी 1 ई. 31 दिसंबर 100 ई. तक रही और दूसरी शताब्दी 1 जनवरी 101 ई. से शुरू हुई। उसी प्रकार, बीसवीं शताब्दी की कालावधि होगी 1 जनवरी 1901 से 31 दिसंबर 2000 ई. तक। इक्कीसवीं सदी और तीसरी सहस्राब्दी की शुरुआत 2001 से ही मानी जानी चाहिए।

ईसाई अथवा ग्रेगोरी कैलेंडर भले ही लगभग सार्वभौमिक बन गया हो, मगर व्यावहारिक तौर पर इसमें अनेक त्रुटियां हैं। महीने के दिन 28 से 31 तक बदलते हैं, चौथाई वर्ष में 90 से 92 दिन होते हैं और वर्ष के दो हिस्सों में 181 व 184 दिन होते हैं। महीनों में सप्ताह के दिन भी स्थिर नहीं रहते, महीने और वर्ष का आरंभ सप्ताह के किसी भी दिन से हो सकता है। इससे नागरिक और आर्थिक जीवन में बड़ी कठिनाइयां पैदा होती हैं। महीने में काम करने के दिनों की संख्या भी 24 से 27 तक बदलती रहती है। इससे सांख्यिकीय विश्लेषण और वित्तीय जमा-खर्च तैयार करने में बड़ी दिक्कतें होती हैं। मौजूदा ग्रेगोरी कैलेंडर में सुधार अत्यावश्यक है।

पिछले करीब डेढ़ सौ वर्षों से एक सर्वमान्य 'विश्व कैलेंडर' की स्थापना के प्रयास किए जा रहे हैं। 'विश्व कैलेंडर परिषद्' ने ऐसा एक कैलेंडर सन् 1956 में संयुक्त राष्ट्र संघ के विचारार्थ पेश किया था परंतु कुछ देशों के विरोध के कारण उसे स्वीकृति नहीं मिल पाई। आशा रखनी चाहिए कि भविष्य में सारी दुनिया में एक 'विश्व कैलेंडर' लागू हो जाएगा।

विश्व कैलेंडर

- इस कैलेंडर में हर वर्ष एक-सा रहेगा।
- प्रत्येक तिमाही समान है – प्रत्येक तिमाही में ठीक 91 दिन और 13 सप्ताह हैं, चारों तिमाहियां एक-सी हैं।
- प्रत्येक महीने में रविवारों के अलावा 26 दिन हैं।
- प्रत्येक वर्ष रविवार, 1 जनवरी को शुरू होता है, हर वर्ष का कार्यदिन सोमवार, 2 जनवरी को शुरू होता है।
- प्रत्येक तिमाही रविवार से शुरू होती है और शनिवार को समाप्त होती है।
- यह कैलेंडर स्थिर और चिरस्थाई है। इस कैलेंडर में वर्ष का अंतिम 365वां दिन हर साल 30 दिसंबर के बाद आता है और उसे (31 दिसंबर को) "W" यानी 'विश्व अवकाश दिन' माना गया है। इसी तरह, लीप-वर्ष के दिन को दूसरी तिमाही के अंत में जोड़ा गया है और उसे (31 जून को) "L" से व्यक्त किया गया है।

जनवरी						
र	सो	मं	बु	गु	शु	श
1	2	3	4	5	6	7
8	9	10	11	12	13	14
15	16	17	18	19	20	21
22	23	24	25	26	27	28
29	30	31				

फरवरी						
र	सो	मं	बु	गु	शु	श
			1	2	3	4
5	6	7	8	9	10	11
12	13	14	15	16	17	18
19	20	21	22	23	24	25
26	27	28	29	30		

मार्च						
र	सो	मं	बु	गु	शु	श
					1	2
3	4	5	6	7	8	9
10	11	12	13	14	15	16
17	18	19	20	21	22	23
24	25	26	27	28	29	30

L

अप्रैल						
र	सो	मं	बु	गु	शु	श
1	2	3	4	5	6	7
8	9	10	11	12	13	14
15	16	17	18	19	20	21
22	23	24	25	26	27	28
29	30	31				

मई						
र	सो	मं	बु	गु	शु	श
			1	2	3	4
5	6	7	8	9	10	11
12	13	14	15	16	17	18
19	20	21	22	23	24	25
26	27	28	29	30		

जून						
र	सो	मं	बु	गु	शु	श
					1	2
3	4	5	6	7	8	9
10	11	12	13	14	15	16
17	18	19	20	21	22	23
24	25	26	27	28	29	30

जुलाई						
र	सो	मं	बु	गु	शु	श
1	2	3	4	5	6	7
8	9	10	11	12	13	14
15	16	17	18	19	20	21
22	23	24	25	26	27	28
29	30	31				

अगस्त						
र	सो	मं	बु	गु	शु	श
			1	2	3	4
5	6	7	8	9	10	11
12	13	14	15	16	17	18
19	20	21	22	23	24	25
26	27	28	29	30		

सितंबर						
र	सो	मं	बु	गु	शु	श
					1	2
3	4	5	6	7	8	9
10	11	12	13	14	15	16
17	18	19	20	21	22	23
24	25	26	27	28	29	30

अक्टूबर						
र	सो	मं	बु	गु	शु	श
1	2	3	4	5	6	7
8	9	10	11	12	13	14
15	16	17	18	19	20	21
22	23	24	25	26	27	28
29	30	31				

नवंबर						
र	सो	मं	बु	गु	शु	श
			1	2	3	4
5	6	7	8	9	10	11
12	13	14	15	16	17	18
19	20	21	22	23	24	25
26	27	28	29	30		

दिसंबर						
र	सो	मं	बु	गु	शु	श
					1	2
3	4	5	6	7	8	9
10	11	12	13	14	15	16
17	18	19	20	21	22	23
24	25	26	27	28	29	30

W

नए नानकशाही कैलेंडर के निमित्त

बहुत सालों बाद, कहिए कि कई सदियों बाद, भारत में एक नए कैलेंडर (पंचांग) की स्थापना हुई है। इसे सिख धर्म के प्रवर्तक गुरु नानक के नाम पर 'नानकशाही कैलेंडर' का नाम दिया गया है। मगर यह महज दीवार पर टांगने के लिए छापे जाने वाले आजकल के कैलेंडरों-जैसा नहीं है। नानकशाही कैलेंडर के साथ बाकायदा एक नया संवत् अस्तित्व में आया है 'सिख संवत्' शक, विक्रम, हिजरी या ईसाई संवत् की तरह का एक स्वतंत्र संवत्।

शिरोमणि गुरुद्वारा प्रबंधक कमेटी (एसजीपीसी) ने सिख संवत् वाले इस नए नानकशाही कैलेंडर को गुरु नानक के जन्म-दिवस (वैशाखी पर्व) के अवसर पर 14 अप्रैल, 2003 को उनके जन्मस्थान तलवंडी (ननकाना साहेब) में जारी किया। गुरु नानक का जन्म सन् 1469 ई. में हुआ था। नानकशाही कैलेंडर में इसे ही सिख संवत् का प्रथम वर्ष माना गया है अर्थात् नानकशाही कैलेंडर के अनुसार सन् 2003 ई. में सिख संवत् का 534वां वर्ष चल रहा है। जब देश में शक, विक्रम, ईसाई आदि संवतों वाले कई कैलेंडर चल रहे हैं, शक संवत् पर आधारित संशोधित राष्ट्रीय पंचांग भी मौजूद है, तब एक नए संवत् को जन्म देकर एक नए पंचांग के निर्माण की क्या आवश्यकता थी? इस कैलेंडर के पक्षधर कुछ इस तरह का उत्तर देते हैं–'सभी धर्मों के अपने-अपने कैलेंडर हैं, मगर हमारा कोई कैलेंडर नहीं है। सिखों की परंपरा, वेशभूषा और मर्यादाएं सब अलग हैं। सिख धर्म के गुरुपर्वों की तिथियां निर्धारित करने के लिए हमें एक पृथक् पंचांग (कैलेंडर) की आवश्यकता थी।'

सचमुच, कोई धर्म या संप्रदाय अपने अनुयायियों के लिए नए कैलेंडर को चलाता है, तो इसमें किसी को आपत्ति नहीं होनी चाहिए। पुराने जमाने में सभी देशों में ऐसा हुआ है, प्राय: सभी धर्मों ने अपने-अपने संवत्-कैलेंडर चलाए हैं। आधुनिक काल में भी एक नए धर्म-संप्रदाय ने नए संवत् वाला अपना एक नया सौर कैलेंडर जारी किया है। यह है, बाबी या बहाई कैलेंडर, जिसे इस मुसलिम संप्रदाय के प्रवर्तक सैयद अली मुहम्मद शिराजी (1819-50 ई.) के नाम पर जारी किया गया है। बहाई

संवत् का प्रथम वर्ष सन् 1844 है, इसी वर्ष सैयद अली मुहम्मद को इस नए संप्रदाय का इलहाम हुआ था।

सिख संवत् के पहले भारत में जिस नए संवत् की स्थापना हुई थी वह था राजशक, जिसे छत्रपति शिवाजी के राज्याभिषेक (जून 1674) के अवसर पर शुरू किया गया था। सन् 1818 में पेशवाशाही का पतन होने तक मराठा शासन के कागज-पत्रों में शक और विक्रम संवतों के साथ-साथ राजशक का उसी तरह इस्तेमाल होता रहा, जिस तरह आजकल सरकारी सूचनाओं और दस्तावेजों में ईसाई कैलेंडर की तिथियों के साथ-साथ, रस्मी तौर पर, राष्ट्रीय कैलेंडर की तिथियों का भी उल्लेख रहता है।

नए नानकशाही कैलेंडर को लेकर बखेड़ा खड़ा हुआ है इसमें 6 जून (सन् 1984 के 'ऑपरेशन ब्लू स्टार' के दिन) को 'शहीदी दिवस' मानकर जरनैल सिंह भिंडरांवाले को 'सिख इतिहास का शहीद' घोषित कर देने से। इस घोषणा का विरोध होना स्वाभाविक था-देश के अनेक राजनीतिक दलों द्वारा ही नहीं, समझदार सिखों द्वारा भी। नानकशाही कैलेंडर में 6 जून को 'शहीदी दिवस' घोषित करने वाले सिखों के दल के साथ आजकल भाजपा की राजनीतिक सांठ-गांठ है। परंतु राष्ट्रीय स्वयंसेवक संघ की बात अलग है। संघ बुनियादी तौर पर इस नए कैलेंडर की स्थापना का ही विरोधी है। जब यह नानकशाही कैलेंडर तैयार हो रहा था, तभी सरसंघचालक कुप्प सी. सुदर्शन ने इसका जबरदस्त विरोध किया था। क्यों? क्योंकि सुदर्शन की, वस्तुतः समूचे संघ-परिवार की मान्यता है कि सिख संप्रदाय हिंदू धर्म का ही एक अभिन्न अंग है, कोई पृथक् धर्म नहीं है। इसी प्रकार, संघ की नजर में बौद्ध और जैन धर्म भी हिंदू धर्म के ही अंग हैं लेकिन हिंदुत्ववादी संघ-परिवार के चाहने मात्र से इतिहास की सच्चाई को बदला नहीं जा सकता। बौद्ध और जैन, दोनों धर्मों के अपने स्वतंत्र कैलेंडर हैं। बुद्ध निर्वाण संवत् का आरंभ 544 ई.पू. से माना जाता है और आज भी श्रीलंका तथा स्याम में इस कैलेंकर का प्रचलन है। महावीर निर्वाण सवंत् की शुरुआत 527 ई.पू. से मानी गई है। इसी परंपरा में सिख धर्म ने अपनी पृथक् पहचान के लिए एक स्वतंत्र कैलेंडर की स्थापना की है, तो इसमें असंगत कुछ भी नहीं है। ऐतिहासिक या धार्मिक घटनाओं के तिथि-निर्धारण के लिए कैलेंडर में किसी एक संवत् का आरंभ-बिंदु निश्चित करना होता है। अतीत या वर्तमान के सभी कैलेंडरों की शुरुआत किसी-न-किसी घटना-वास्तविक या काल्पनिक-से मानी गई है। ऐसी अधिकांश घटनाएं मिथक, इतिहास अथवा धर्मकथा से संबंधित होती हैं। हमारे देश में मौर्य और सातवाहन काल में शासन-वर्षों का ही प्रयोग होता था। तिथि-निर्धारण के लिए संवतों का इस्तेमाल शक और कुषाण शासकों के समय से होने लगा है। शक, मालव, गुप्त, हर्ष आदि कई संवतों का संबंध ऐतिहासिक घटनाओं से रहा है।

प्रमुख संवत्

क्र.	संवत् और वर्ष	प्रारंभ	कैलेंडर	वर्ष का आरंभ	प्रयोग
		ईसा पूर्व			
1.	ज्यूलियन संवत् वर्तमान, सायन	–4713 जनवरी	सौर	1 जनवरी	खगोलविद्
2.	कलियुग गत, नाक्षत्र	–3102 फरवरी	सौ.चां	चैत्र शुक्ल	–
3.	बुद्ध निर्वाण वर्तमान	–544		वैशाख शुक्ल	श्रीलंका स्याम
4.	विक्रम (1) गत, नाक्षत्र	–58 नवंबर	सौ.चां.	कार्तिक शुक्ल	गुजरात
	विक्रम (2) गत, नक्षत्र	–58 अप्रैल	सौ.चां.	चैत्र कृष्ण	उ. भारत
		ईसवी सन्			
5.	ईसाई संवत् वर्तमान, सायन	+1 जनवरी	सौर	1 जनवरी	संसार भर
6.	शक संवत् गत, नक्षत्र	+78 अप्रैल	सौ.चां.	चैत्र शुक्ल	भारत
7.	गुप्त संवत् वर्तमान, नाक्षत्र	+319 अप्रैल	सौ.चां.	चैत्र कृष्ण	400 – 700 ई.
8.	बंगाली सन् वर्तमान, नाक्षत्र	+593 अप्रैल	सौर	वैशाख 1	बंगाल
9.	हिजरी सन् वर्तमान, चांद्र	+622 जुलाई	चांद्र	मुहर्रम 1	इस्लाम
10.	कोल्लम (1) वर्तमान, नाक्षत्र	+825 सितंबर	सौर	कन्यादि	उ. मलाबार
	कोल्लम (2)	,,	,,	सिंहादि	द.मलाबार
11.	राज शक वर्तमान, नाक्षत्र	+1674 जून	सौ.चां	ज्येष्ठ शुक्ल 13	शिवाजी का राज्याभिषेक

आज भारत में ईसाई संवत् वाले ग्रेगोरी कैलेंडर का ही सबसे ज्यादा प्रयोग होता है। देश के विभिन्न भागों में प्रचलित पंचांगों में विक्रम संवत् और शक संवत् (संशोधित राष्ट्रीय शक संवत्) की तिथियों के साथ-साथ ग्रेगोरी कैलेंडर की तारीखें भी दी जाती हैं। देश के मुसलमान अपने धार्मिक अनुष्ठान हिजरी कैलेंडर के अनुसार करते हैं। क्षेत्रीय तौर पर लोगों को अब भी बंगाली, कोल्लम आदि सन्

संवत् वाले पुराने पंचांगों का स्मरण है (ईसा की नौवीं सदी में कोल्लम संवत् की शुरुआत केरल के इस नाम के शहर की स्थापना के साथ हुई थी)। गुप्त, हर्ष, कलचुरि, गंग आदि संवत्, जिनका प्राचीन अभिलेखों में प्रयोग देखने को मिलता है, अब लुप्त हो चुके हैं। बादशाह अकबर ने 11 मार्च, 1556 से शुरू होने वाला नया इलाही संवत् चलाया था। मगर शाहजहाँ ने उसे बंद करवाके हिजरी संवत् को पुनः प्रचलित किया। हिजरी संवत् के आधार पर देश के विभिन्न भागों में फसली, शुहूर, विलायती, अमली, बंगाली आदि संवत् अस्तित्व में आए थे, मगर इनका भी आज लोप होता जा रहा है।

क्या आज भारत में किसी 'हिंदू कैलेंडर' का प्रचलन है? भारत में राम, कृष्ण, शिव या गणेश जैसे किसी भी देवता के नाम पर कभी कोई संवत् नहीं चलाया गया। जिसे हम विक्रम संवत् (प्रारंभ 57 ई.पू.) कहते हैं। वह आरंभ में कृत (अर्थात् निर्मित) और फिर मालव संवत् के नाम से जाना जाता था। पहली बार ईसा की नौवीं सदी में ही इस गणना को राजा विक्रमादित्य के साथ जोड़ा गया। अधिकांश इतिहासकारों का मत है कि इस कृत मालव-विक्रम संवत् की स्थापना किसी शक्तिशाली शक-पार्थव शासक (अयस-प्रथम या वेनोनस) ने की थी।

शक संवत् (प्रारंभ 78 ई.) को अधिकांश विद्वान कनिष्क संवत् से अभिन्न मानते हैं। हमारे देश में सबसे ज्यादा प्रयोग इसी संवत् का हुआ है। उज्जैन के शक क्षत्रपों ने इस संवत् का उपयोग किया, तो इसे यह नाम मिला। उज्जैन के ज्योतिषी वराहमिहिर के समय (ईसा की छठी सदी) से सभी भारतीय ज्योतिषी शक संवत् का ही उपयोग करते आ रहे हैं। इसीलिए डॉ. मेघनाद साहा की अध्यक्षता में गठित विद्वानों की एक समिति ने शक संवत् पर आधारित एक संशोधित राष्ट्रीय पंचांग तैयार कर दिया था, जो 22 मार्च, 1957 (1 चैत्र 1879 शक) से लागू हुआ लेकिन पुराणपंथियों ने इसे मान्यता नहीं दी। सभी विचारक भी इस संशोधित कैलेंडर को अपनाने के पक्ष में नहीं हैं–शायद इसलिए कि यह शक संवत् पर आधारित है और उनकी नजर में शक 'विदेशी' थे। बात उस समय की है जब बीसवीं सदी की समाप्ति और इक्कीसवीं सदी की शुरुआत होने जा रही थी। तब अमरीका का अंधानुकरण करते हुए हमारे वर्तमान शासन ने 31 दिसंबर, 1999 की मध्यरात्रि को ही इक्कीसवीं सदी में प्रवेश करने का जश्न मनाना आरंभ कर दिया था। वस्तुतः इक्कीसवीं सदी (तीसरी सहस्राब्दी) का आरंभ 31 दिसंबर, 2000 की मध्यरात्रि के बाद से, यानी 1 जनवरी, 2001 से माना जाना चाहिए।

अब इक्कीसवीं सदी के आरंभ का मामला विवादास्पद बना, तो कुछ संघी नेताओं ने सुझाया था कि हमें पूरे देश के लिए कलियुग संवत् पर आधारित पंचांग को अपनाना चाहिए। कलियुग का आरंभ 17-18 फरवरी, 3102 ई.पू. से माना जाता

है। मगर वैदिक साहित्य और महाभारत में इस संवत् का कोई उल्लेख नहीं है। पहली बार गणितज्ञ-ज्योतिषी आर्यभट (499 ई.) काल-गणना का प्रयोग करते दिखाई देते हैं। कहीं-कहीं कलियुग संवत् को युधिष्ठिर संवत् या भारत-युद्ध गणना भी कहा गया है। पहली बार चालुक्य-नरेश पुलकेशिन-द्वितीय के एहोले अभिलेख (634 ई.) में इस भारत-युद्ध गणना का उल्लेख देखने को मिलता है। तब तक देश में यह पौराणिक मान्यता रूढ़ हो चली थी कि भारत-युद्ध की समाप्ति या युधिष्ठिर के राज्यारोहण या कृष्ण के देहावसान के साथ ही द्वापर का अंत और कलियुग का आरंभ हुआ परंतु इस मान्यता में अनेक विसंगतियां हैं। वस्तुतः कलि-गणना भारतीय ज्योतिषियों की इस सोच पर आधारित है कि अतीत में एक समय ऐसा था जब सूर्य और चंद्र सहित सारे 'ग्रह' एक ही राशि में मौजूद थे। इसलिए पीछे की ओर गणनाएं करते जाकर कलियुगारंभ के लिए उन्होंने 17-18 फरवरी, 3102 ई.पू. की तिथि तय की थी। सन् 525 में बिशप डायोनिसस एक्सिगस ने भी इसी तरह पीछे गणनाएं करते जाकर ईसा के जन्म का यानी ईसाई संवत् का प्रथम वर्ष कल्पित किया था। आज हम जानते हैं कि भारतीय ज्योतिषियों की कलियुगारंभ से संबंधित गणनाएं सही नहीं थीं। कलियुग गणना को यथार्थ में भारत-युद्ध या युधिष्ठिर या कृष्ण के साथ ही जोड़ा जा सकता। ज्योतिषियों द्वारा निर्मित इस कृत्रिम कलियुग संवत् का किसी भी ऐतिहासिक घटना से कोई संबंध नहीं है और इसका प्रयोग भी नहीं के बराबर हुआ है लेकिन हमारे संघी भाई ऐतिहासिक या पुरातात्विक यथार्थ की अपेक्षा धार्मिक आस्था को अधिक महत्त्व देते हैं। कलियुग कैलेंडर चलाने का फतवा उन्होंने इस मकसद से दिया कि यह कृष्ण और पांडवों के साथ जुड़कर देश का और शायद दुनिया का भी, सबसे प्राचीन संवत् सिद्ध होगा। मगर वे इस तथ्य को नजरअंदाज कर देते हैं कि अभी हाल तक देश में विभिन्न संवतों वाले लगभग 30 पंचांग प्रचलित थे, जिनमें कई अलग-अलग धर्मों से संबंधित रहे हैं। कैलेंडरों का इतिहास भी यही प्रमाणित करता है कि भारत प्राचीन काल से ही कई धर्मों और कई संस्कृतियों वाला देश रहा है।

पंचांगों में बंटा हुआ समय

काल गणना मनुष्य के जीवन की एक मूलभूत आवश्यकता है, इसलिए यह सबसे पुराना विज्ञान है। रात और दिन के नैसर्गिक क्रम से आदमी को काल की पहली इकाई की जानकारी मिली थी। जब आदमी ने चंद्रमा की घटती-बढ़ती कलाओं का हिसाब रखना शुरू किया, तो एक अमावस्या से दूसरी अमावस्या तक के करीब 29.5 दिनों के काल की उसे दूसरी इकाई मिली। सभी आदिम सभ्यताओं में सबसे पहले चांद्र-पंचांग ही बने हैं। चंद्र दर्शन से शिकार का आयोजन किया जा सकता है। कृषि का नहीं।

कृषि के लिए ऋतुओं की जानकारी जरूरी है। ऋतुओं की जानकारी सूर्य की स्थितियों (दरअसल, पृथ्वी की सूर्य-परिक्रमा) से ही मिल सकती है। सूर्योदय के पहले या सूर्यास्त के बाद नक्षत्रों के सापेक्ष सूर्य की स्थितियों का हिसाब रखने से वर्षमान की जानकारी मिलती है। आदिम समाजों को यह जानने में भी अधिक समय नहीं लगा कि एक वर्ष के दिनों की संख्या 365 से अधिक और 366 से कम है। दिनमान चंद्रमान और वर्षमान में तालमेल बिठाने के प्रयास शुरू हुए। इसके साथ ही पंचांगों का सिलसिला शुरू हुआ।

नील नदी के तट पर बसे हुए प्राचीन मिस्र के निवासियों ने करीब छह हजार साल पहले जान लिया था कि सूर्योदय के पहले पूर्व क्षितिज पर जब चमकीला व्याध तारा दिखाई देता है, तब नील नदी में बाढ़ आने लगती है। सूर्य और व्याध तारे के इस संयोग से उन्हें 365 दिनों के वर्षमान की जानकारी मिली। महीने में 30 दिन, वर्ष में 12 महीने और पांच अतिरिक्त दिनों की व्यवस्था करके उन्होंने अपना एक पंचांग बना लिया। यह एक सौर-पंचांग था, और नील नदी और व्याध तारे के साथ जुड़ा हुआ था।

लेकिन वास्तविक वर्ष 365 और करीब एक-चौथाई दिनों का होता है। इसलिए वह मिस्री पंचांग चार साल में एक दिन और 1460 सालों में पूरा एक साल पीछे रह जाता था। प्राचीन मिस्र में इस स्थिति को पहचान लिया गया था। ईसा पूर्व तीसरी सदी में तालेमी तृतीय इस पंचांग में सुधार करना चाहता था, लेकिन पुरोहितों ने इसका विरोध किया।

इसके करीब दो सौ साल बाद मिस्री-यूनानी ज्योतिषी सोसिजेनेस ने इस पंचांग में सुधार किया। इस सुधार के अनुसार हर चौथा वर्ष 366 दिनों का मान लिया गया। रोमन सम्राट ज्यूलियस सीजर ने 45 ई.पू. में सोसिजेनेस के इस पंचांग को अपना लिया। इस ज्यूलियन पंचांग में 31 दिनों के सात महीने, 30 दिनों के पांच महीने, 28 दिनों के फरवरी महीने और हर चार साल बाद के 'लीप ईयर' में 29 दिनों के फरवरी महीने की व्यवस्था की गई थी। जनवरी, फरवरी आदि महीनों के नाम रोमन मूल के हैं। इस ज्यूलियन पंचांग को 325 ई. में ईसाइयों की निसीनी कौंसिल ने स्वीकृति दी, और तब से यह ईसाई धर्म का अधिकृत पंचांग बन गया। करीब 1600 साल तक इस ज्यूलियन पंचांग का यूरोप में प्रचलन रहा।

इस पंचांग का वर्षमान 365 और एक चौथाई दिनों का था लेकिन वास्तविक सौर (सायन) वर्ष 365 दिन, 5 घंटे, 48 मिनट और करीब 46 सेकंड का होता है। अत: ज्यूलियन पंचांग का वर्ष 11 मिनट और 14 सेकंड बड़ा था। इस हिसाब से ज्यूलियन पंचांग 128 वर्षों में एक दिन आगे बढ़ जाता था।

ईसाई धर्म में ईस्टर के पर्व का बड़ा महत्त्व था। यहूदियों का पासोवर ही ईसाइयों का ईस्टर बना है। ईस्टर का यह पर्व परंपरा से वसंत-संपात के बाद की पहली पूर्णिमा के बाद के पहले रविवार को मनाया जाता है। ईसाई धर्मनेताओं को यह जानने में अधिक देर नहीं लगी कि ज्यूलियन कैलेंडर के हिसाब से ईस्टर का दिन वसंतकाल से आगे सरकता जा रहा है। अत: ज्यूलियन कैलेंडर में सुधार करने के प्रयास शुरू हुए। अंत में 1582 में पोप ग्रेगोरी-13 के प्रयासों से ज्यूलियन कैलेंडर में यह सुधार संभव हुआ।

इस सुधार के अंतर्गत 'लीप ईयर' की पुरानी व्यवस्था में थोड़ा परिवर्तन किया गया। ज्यूलियन कैलेंडर में यह वर्ष लीप ईयर होता था, जिसे बिना शेषफल के 4 से पूरा भाग दिया जा सकता है। ग्रेगोरी पंचांग में यह नियम कायम रहा लेकिन इसमें एक अपवाद जुड़ गया। अपवाद यह है कि 1800, 1900 और 2000 जैसे शताब्दी वर्ष तभी 'लीप इयर' होंगे, जब इन्हें 400 से पूरा भाग देना संभव हो। 1900 लीप-इयर नहीं था, 2000 लीप ईयर हुआ।

ईसाई धर्म ने 325 ई. में ज्यूलियन पंचांग को अपनाया था। 1582 तक यह कैलेंडर करीब 11 दिन आगे बढ़ गया था। ईस्टर के दिन को परंपरागत दिन पर वापस लाने के लिए इस कैलेंडर में ग्यारह दिन घटाने जरूरी हो गए थे। इसलिए पोप ग्रेगोरी के आदेश से इन ग्यारह दिनों को ज्यूलियन कैलेंडर से गायब कर दिया गया। 1582 में 4 अक्तूबर के बाद 5 अक्तूबर का दिन नहीं, बल्कि 15 अक्तूबर का दिन आया। 4 अक्तूबर की रात को सोए हुए यूरोप के लोग 15 अक्तूबर को नींद से जगे।

यूरोप के कैथोलिक देशों ने 1600 तक इस ग्रेगोरी पंचांग को अपना लिया था। प्रोटेस्टैंट देशों ने इसे 1700 के बाद ही अपनाया। इंग्लैंड में इस ग्रेगोरी पंचांग को 1752 में अपनाया गया। पूर्वी यूरोप के अनेक देशों में इसे 20वीं सदी के दूसरे-तीसरे दशकों में अपनाया गया।

यही है आज भारत में भी व्यापक रूप में प्रचलित ग्रेगोरी पंचांग की कथा लेकिन यह पंचांग भी पूर्णत: शुद्ध नहीं है और इसमें महीनों के दिनों के काफी झमेले हैं। इसमें वर्ष और महीनों का आरंभ सप्ताह के किसी भी दिन हो सकता है। इन सब कारणों से इस ग्रेगोरी पंचांग में भी सुधार की जरूरत है।

पिछले करीब सौ वर्षों में एक विश्व-पंचांग की व्यवस्था के लिए अनेक प्रयास हुए हैं। एक बढ़िया विश्व पंचांग बना भी है लेकिन महायुद्ध के पहले लीग ऑफ नेशंस में विरोध और 1954 में संयुक्त राष्ट्रसंघ में 'यहूदियों के जबरदस्त विरोध के कारण ग्रेगोरी पंचांग के स्थान पर विश्व पंचांग को लागू करने में सफलता नहीं मिली। फ्रांस की राज्यक्रांति के बाद वहां के वैज्ञानिकों ने मैट्रिक यानी दाशमिक पद्धति का पंचांग बनाया था लेकिन यह केवल 12 वर्ष चला। समय को यदि मैट्रिक प्रणाली में बांधा जाए, तो इससे काल-गणना में बड़ी सुविधा हो सकती है।

घंटे को 60 मिनटों में और मिनट को 60 सेकंडों में विभाजित करने की वर्तमान व्यवस्था के स्रोत प्राचीन बेबीलोन में हैं। बेबीलोन के ज्योतिषियों ने एक चांद्र-पंचांग को जन्म दिया था। उन्होंने आकाश के रविपथ या चंद्रपथ को 12 राशियों या नक्षत्र-मंडलों में बांटा था। इन राशियों के साथ चंद्र का संबंध जोड़कर उन्होंने 360 दिनों के एक चांद्र-पंचांग को जन्म दिया। इस चांद्र-पंचांग में 30 दिनों के 12 महीने थे। राशियों का ज्ञान बेबीलोन से ही भारत में पहुंचा है। इन 12 राशियों के यूनानी और भाषांतरित भारतीय नाम बेबीलोनी मूल के हैं।

जानकारी मिलती है कि आरंभ में बेबीलोन के चंद्रमार्ग को छह राशियों में बांटा गया था। इस तरह आरंभ में उनकी एक राशि दो चांद्रमास या 60 दिनों के बराबर थी। 60 के इस आधार को बेबीलोन के ज्योतिषियों ने वृत्त और काल-विभाजन के लिए भी अपना लिया। 60 की संख्या में एक गणितीय सुविधा भी है। इसे 2, 3 और 5 से पूरा विभाजित किया जा सकता है। बेबीलोनी मूल की यह षाष्टिक पद्धति आज भी जीवंत है।

सप्ताह के सात वार भी बेबीलोनी मूल के हैं। बेबीलोन में सप्ताह के सात दिन सूर्य, चंद्र और पांच ग्रहों की आराधना के दिन थे। बाद में इन सात वारों का संबंध धार्मिक कर्मकांड से जुड़ गया। आज से करीब साढ़े तीन हजार साल पहले सप्ताह पर आधारित यहूदी पंचांग की व्यवस्था हजरत मूसा के आदेश से हुई थी। उन्होंने सप्ताह के सातवें दिन सबाथ को एक पवित्र दिन घोषित कर दिया था। बाद में

321 ई. में कुस्तुनतुनिया के सम्राट कांस्तेतिन के आदेश से यहूदियों की सप्ताह की इस व्यवस्था को ईसाई धर्म के लिए भी अपना लिया गया और यह कृत्रिम व्यवस्था ज्यूलियन पंचांग का अंग बन गई। आज ग्रेगोरी पंचांग के साथ सप्ताह की यह व्यवस्था सारी दुनिया में प्रचलित है। प्राचीन भारतीय संस्कृति से इसका कोई सरोकार नहीं है।

हजरत मुहम्मद साहब के पहले अरबी कबीलों में पंचांग की कोई निश्चित व्यवस्था नहीं थी। 622 ई. में मुहम्मद ने मक्का से मदीना पलायन (हिजरा) किया। उस साल 16 जुलाई, 622 ई. को शुक्रवार के दिन मुहर्रम महीने का पहला दिन था। बाद में खलीफा उमर के आदेश से इसी दिन से हिजरी संवत् की शुरुआत मानी गई। मुहम्मद साहब ने 631 में वर्ष में तेरहवां अतिरिक्त महीना जोड़ने की मनाही की। इसलिए इस्लामी पंचांग शुद्ध चांद्र-पंचांग बना रहा। लगभग सारे इस्लामी जगत् में आज भी यही चांद्र-पंचांग चलता है।

मध्य अमेरिका की मय, आस्तेक आदि सभ्यताओं ने भी स्वतंत्र रूप से अपने पंचांगों का विकास किया था। मय सभ्यता के ज्योतिषी काल-गणना में बड़े निपुण थे। शुक्र की गति के बारे में उन्होंने सूक्ष्म सारणियां तैयार की थीं। मय सभ्यता के अनेक प्रस्तर-स्मारकों पर तिथियां अंकित हैं।

मय और सौर-पंचांग 365 दिनों के वर्षमान पर आधारित था। वर्ष में 18 महीने और प्रत्येक महीने में 20 दिन थे। 5 दिन अलग से जोड़े जाते थे। मय सभ्यता की गणना-पद्धति का आधार 20 था। वर्ष के बाद की काल की बड़ी इकाई थी 52 वर्ष। मय ज्योतिषी अपने सौर-पंचांग में निरंतर सुधार करते रहे। आस्तेक लोगों का पंचांग मय पंचांग से काफी मिलता-जुलता था। 50 टन भार के एक प्रस्तर पर अंकित आस्तेक पंचांग मिला है। करीब चार मीटर व्यास के इस प्रस्तर-पंचांग के केंद्र में सूर्य और इसके नजदीक के वलय में महीने के 20 दिनों के चिह्न हैं।

सिंधु लिपि का अभी उद्घाटन नहीं हुआ है, इसलिए सिंधु सभ्यता के पंचांग के बारे में निश्चित रूप से कुछ नहीं कहा जा सकता। मोहन-जोदड़ो से 0.6 सेंमी. व्यास का और 10.2 सेंमी. लंबा हाथी दांत का एक दंड मिला है। इस पर समानांतर रेखाएं अंकित है। कुछ पुरोहितों का मत है कि महीने की चांद-तिथि जानने के लिए इस दंड का उपयोग होता था। सिंधु सभ्यता मुख्यतः कृषि पर आधारित थी, इसलिए उन्होंने एक सौर-पंचांग का विकास भी अवश्य कर लिया होगा। सिंधु सभ्यता की अनेक बातों की तरह उनके पंचांग की विशेषताएं भी बाद में भारत में प्रचलित रही होंगी।

पंचांगवाद

नई और पुरानी परंपराओं के बीच हमारा देश किस प्रकार त्रिशंकु की तरह लटका हुआ है, इसका एक सबसे बढ़िया उदाहरण भारतीय पंचांगवाद है। यदि कोई सरकारी पत्र मिलता है तो उस पर दो तिथियां लिखी रहती हैं–एक 'राष्ट्रीय पंचांग' की शकाब्द–तिथि और दूसरी ग्रेगोरी पंचांग की अंतर्राष्ट्रीय तिथि! इनके अलावा आज भी देश में दो दर्जन से अधिक विभिन्न पंचांग प्रचलित हैं। बंगाली जन बंगाब्द का मोह नहीं छोड़ सकते, तो बौद्ध अपने धार्मिक अनुष्ठानों के लिए अब बुद्धाब्द जरूरी समझते हैं। इस्लाम के अनुयायी अपने त्योहार अब भी पुराने चंद्र पंचांग के अनुसार ही मनाते हैं। हिंदू संप्रदायों के अपने–अपने प्रदेशों के अनुसार अलग–अलग पंचांग हैं।

इतने सारे पंचांगों के अस्तित्व का ऐतिहासिक कारण स्पष्ट है। काल के प्रवाह का ज्ञान आदिम–मानव की संभवतः सबसे बड़ी खोज थी। जब उसने जाना कि वर्षा, गर्मी, शीत, सूर्योदय, सूर्यास्त, पूर्णिमा, अमावस्या आदि प्राकृतिक घटनाओं का चक्र–निरंतर चलता रहता है, तो उसे काल के इस प्रवाह को खंडित करने में सुविधा हुई। आज से लगभग दस हजार वर्ष पहले मानव ने जब कृषियुग में पैर रखे, तो ऋतुओं के अनुसार काल का विभाजन आदिम कृषक की सबसे बड़ी आवश्यकता थी। ऋतु विशेष में फसल काटना और बोना जरूरी था। हमारे सारे त्योहार मूलतः कृषिकर्म से ही संबंधित हैं। 'अब्द' और 'वर्ष' शब्द भी पानी और बरसात से संबंध रखते हैं।

कृषियुग का आरंभ हुआ तो बहुत से लोग 'निकम्मे' हो गए। अब इन बेकाम लोगों ने नये–नये पेशे अख्तियार किए। धातुकर्मकार, पुरोहित आदि नये–नये पेशे अस्तित्व में आये। पुराने जमाने में पुरोहित–वर्ग (वैदिक काल के अग्निहोत्र) ही काल की गणना का हिसाब रखते थे। इसी पुरोहित वर्ग ने अपने निजी स्वार्थ के लिये कृषि कर्म के साथ आरंभ हुये त्योहारों पर धर्म का मुलम्मा चढ़ाया। शनैः–शनैः कालज्ञान और आकाशज्ञान का विकास हुआ। पुरोहित ज्योतिषियों ने इस विकसित ज्ञान को अपने वर्ग तक ही सीमित रखा और इस प्रकार काल की

गणना अर्थात् पंचांग-ज्ञान के लिए सामान्य जनता पुरोहित वर्ग पर आश्रित रहने लगी। ज्योतिष का अध्ययन करने के लिए एक स्वतंत्र वर्ग के अस्तित्व में आने से इस विद्या का खूब विकास हुआ।

वैदिक-काल में ज्योतिष का कितना महत्त्व था, यह इसी से जाना जा सकता है कि वेदों के छः अंगों में से एक वेदांग-ज्योतिष है। इन छः वेदांगों में भी ज्योतिष को सबसे ऊँचा स्थान प्राप्त था। वैदिक-काल में भी कई वेदांग-ज्योतिष अस्तित्व में थे जिनमें से ऋक्-ज्योतिष और यर्जु-ज्योतिष आज भी उपलब्ध हैं।

आरंभ में चांद्र-मास

सभी प्राचीन सभ्यताओं की काल-गणना आरंभ में चंद्रमासों पर आधारित थी। पूर्णिमा से अगली पूर्णिमा तक के काल को आसानी से जाना जा सकता है। एक चांद्र मास लगभग 29½ दिनों का होता है और 12 चांद्रमासों के वर्ष में 354 दिन ही होते हैं लेकिन पुराने जमाने के लोग भी जानते थे कि ऋतु-वर्ष (सायन वर्ष) का चक्र 354 दिनों का नहीं बल्कि 365 दिनों का होता है। किसानों को इस ऋतु-वर्ष के पंचांग की जरूरत थी, तो धार्मिक अनुष्ठान पुरातन काल से चंद्र पंचांग के अनुसार रूढ़ हो गए थे, इसलिए पुराने जमाने से ही हम इन दोनों पंचांगों में एक प्रकार का संघर्ष देखते हैं। इसके अलावा, ज्योतिषियों को और एक पंचांग की जरूरत महसूस हुई जिसे नाक्षत्र-पंचांग कहते हैं और जो गणितीय गणनाओं पर आधारित था। पुराने जमाने के ज्योतिषी भी जान गए थे कि नक्षत्र-वर्ष 365 दिनों का नहीं, बल्कि कुछ घंटे अधिक का होता है। समय-समय पर विभिन्न ज्योतिष-पद्धतियों ने इस नाक्षत्र-वर्ष के काल का निर्धारण करके ज्योतिष की नाना विधियों को जन्म दिया है। इस प्रकार हम अपने देश में प्राचीन काल में सौर तथा चंद्र पंचांग की एक प्रकार की खिचड़ी-सी देखते हैं।

आधुनिक गणनाओं के अनुसार एक नाक्षत्र-वर्ष 365 दिन, 6 घंटे, 9 मिनट और 9.74 सेकंड का होता है लेकिन यह सूक्ष्म मान हमें आधुनिक काल में ही ज्ञात हुआ है। हमारे पंचांग पुराने वर्षमानों पर आधारित हैं। इसीलिए समय के प्रवाह के साथ-साथ त्योहारों आदि की तिथियों में अंतर पड़ते जाना एक स्वाभाविक बात है। उदाहरण के लिए, मुसलमानों के त्योहार चंद्र पंचांग के अनुसार मनाए जाते हैं यानी उनका वर्ष मोटे तौर पर 354 दिनों का होता है किंतु सायन-वर्ष लगभग 365 और एक-चतुर्थांश दिन का होता है। इस प्रकार, मुस्लिम त्योहार हर साल लगभग सवा ग्यारह दिन पीछे रह जाते हैं। यही कारण है कि मोहर्रम रमजान का महीना किसी भी ऋतु में पड़ सकता है। यदि किसी वर्ष रमजान जाड़े में है, तो कुछ साल बाद यह बरसात में पड़ेगा।

हिंदू त्योहारों के बारे में इतना अधिक अंतर तो नहीं देखने को मिलता किंतु शताब्दियों के अनंतर उनमें कुछ अंतर अवश्य पड़ गया है। हिंदू पंचांग मुख्यतः सौर-पंचांग हैं। ईसा की आरंभिक शताब्दियों में रचित 'सूर्य-सिद्धांत' के वर्षमान एवं अन्य गणनाओं पर ही आज तक अधिकांश पंचांग बनते आए हैं। सूर्य-सिद्धांत के अनुसार एक वर्ष 365 दिन 6 घंटे 12 मिनट और 36.65 सेकंडों का माना गया था। उस जमाने के लिए वर्षकाल का यह मान सचमुच ही बहुत सूक्ष्म था। फिर भी आधुनिक गणनाओं से तुलना करने पर पता चलता है कि असली ऋतुवर्ष या सायन वर्ष सूर्य-सिद्धांत के वर्षमान से लगभग 12 मिनट छोटा है और नाक्षत्र-वर्ष लगभग 3 मिनट छोटा है। एक साल में चंद मिनटों का यह अंतर सालों और शताब्दियों के गुजर जाने पर दिनों और महीनों का हो जाता है और इस प्रकार त्योहारों और ऋतुओं का और आकाश की घटनाओं का विरोधाभास अधिक स्पष्ट होता जाता है। पुराने जमाने के ज्योतिषी भी इस विरोधाभास को समझ गए थे। आधुनिक काल के ज्योतिषी इसे खूब अच्छी तरह जानते हैं। लोकमान्य तिलक, बापूदेव शास्त्री आदि ज्योतिषियों ने पंचांग सुधार के बहुत प्रयत्न किए किंतु पुरातन के मोह के सामने उन प्रयासों को सफलता नहीं मिल पाई और आज भी देश में जो विभिन्न पंचांग बनते हैं, उनमें से बहुत से पुरातन पद्धतियों के आधार पर ही बनते हैं। परिणाम स्पष्ट है : कुंभ मेला, ग्रहण या अन्य कोई महत्त्वपूर्ण त्योहार आता है, तो प्रायः इनके समय के बारे में एक से अधिक मत सुनने को मिलते हैं।

स्वतंत्रता प्राप्ति के पहले अनेक राष्ट्रीय सुधारों के बारे में हमारे जन-नेताओं ने मनसूबे बाँध रखे थे कि देश से अंग्रेजी शासन को हटाने के बाद स्वतंत्र भारत में हम बहुत से नये सुधार करेंगे। स्वतंत्रता मिली। सुधार के बहुत-से काम हाथ में भी लिये गये। पंचांग सुधार के लिए डॉ. मेघनाथ साहा की अध्यक्षता में एक समिति भी गठित हुई। इस समिति ने 1955 में एक नये वैज्ञानिक पंचांग की योजना सरकार को बनाकर दी। इस नये पंचांग की कुछ विशेषताएं हैं : (1) इसमें शकाब्द का प्रयोग किया गया है, (2) इसमें वर्ष 365.2422 दिनों का माना गया है। इस वर्षमान से ऋतु अब आगे नहीं खिसकेंगे। वस्तुतः 'वेदांग-ज्योतिष' के समय से आज तक ऋतुओं में 44 दिनों का और कालिदास के समय से लगभग 25 दिनों का अंतर पड़ गया है। नये पंचांग में इस गड़बड़ी को सुधारने की कोशिश नहीं की गई है लेकिन अब आगे ऋतुओं की स्थिति में अंतर नहीं पड़ेगा। (3) वर्ष का आरंभ (1 चैत्र) 21 मार्च अर्थात् वसंत-विषुव से माना गया है। (4) पुरानी भारतीय परंपरा के अनुसार दिन का आरंभ सूर्योदय से माना गया है परंतु नये पंचांग के अनुसार मध्य रात्रि से दिन का आरंभ माना जाता है। संक्षेप में यही है राष्ट्रीय पंचांग।

सरकार ने इस राष्ट्रीय पंचांग को स्वीकार भी कर लिया। शासन अपने कागज-पत्रों में ग्रेगोरी पंचांग की तिथियों के साथ-साथ इस राष्ट्रीय पंचांग की तिथियों का इस्तेमाल भी करता है। जनता की सुविधा तथा प्रचार के लिए सरकार विभिन्न भारतीय भाषाओं में राष्ट्रीय पंचांग प्रकाशित करती है। बस, केवल नाम के लिए राष्ट्रीय पंचांग। सरकार के शेष सभी व्यापार तथा आधुनिक जीवन के सभी कार्य चलते हैं अंग्रेजी तिथियों के अनुसार। भारतीय जनता अपने धार्मिक अनुष्ठानों के लिए आज भी पुरानी परंपराओं के पंचांगों पर निर्भर है। किसी प्रमुख अनुष्ठान के समय के बारे में वाद-विवाद उठता है, तो ज्योतिषियों का जलसा ही उसके बारे में फैसला करता है। स्वतंत्रता प्राप्ति के बीस साल बाद भारतीय पंचांगवाद ज्यों-का-त्यों बना हुआ है।

सबसे अधिक वैज्ञानिक

कुछ समय पूर्व नई दिल्ली में देश-भर के पंचांग-कर्ताओं का एक परिसंवाद हुआ-सारे देश के लिए पुनः एक पंचांग बनाने के बारे में विचार करने के लिए। इस सम्मेलन की विशेषता यह थी कि इसमें आधुनिक खगोलशास्त्रियों के साथ-साथ पुरानी पद्धति के ज्योतिषियों और धर्मशास्त्रियों ने भी भाग लिया। सभी महसूस करते हैं कि पंचांग में सुधार होना चाहिए। स्पष्ट है कि साहा समिति ने जो राष्ट्रीय पंचांग तैयार करके दिया है, वह बहुतों को पसंद नहीं है। साथ ही, यह भी जाहिर है कि भारत के सभी धर्मों और संप्रदायों की पूर्ण संतुष्टि का कोई एक पंचांग बन ही नहीं सकता।

मैं समझता हूँ कि डॉ. साहा समिति ने जो पंचांग बनाकर दिया है, वह पुराने सभी पंचांगों से अधिक सूक्ष्म और अधिक वैज्ञानिक है। इसका आधार भी भारतीय है। इसमें ग्रेगोरी-पंचांग की भी कुछ प्रमुख बातों का समावेश है। दो घोड़ों पर एक साथ सवार होने की नीति को यदि हमारी सरकार छोड़ दे और केवल राष्ट्रीय पंचांग का इस्तेमाल शुरू कर दे, तभी यह जनता में फैल सकता है लेकिन आज स्थिति यह है कि भारत की अधिकांश जनता ने इस राष्ट्रीय पंचांग का नाम तक नहीं सुना है। यह भी हो सकता था कि इस नए पंचांग के चक्कर में न पड़कर सरकार अंतर्राष्ट्रीय ग्रेगोरी पंचांग से ही अपना काम चलाती रहती। माना कि देश में दो दर्जन से अधिक पंचांग प्रचलित हैं किंतु ग्रेगोरी पंचांग तिथियां ही आधुनिक जीवन में अब सबसे अधिक रूढ़ हो गई हैं। वस्तुतः ग्रेगोरी पंचांग में भी सुधार की जरूरत है। अंतर्राष्ट्रीय स्तर पर जब इस पंचांग में सुधार होता, तब हम उस सुधार को अंगीकृत कर लेते।

पुराने जमाने में हमारे देश में अनेक संवत्सर प्रचलित रहे हैं। प्राय: अनेक राजवंश ने अपना संवत् चलाया है। कहा भी है : ''राजा कालस्य कारणम्'। कलि, विक्रम, शक, चेदि, गुप्त, बंग, फसली, हर्ष, चालुक्य, गांग आदि इसी प्रकार के कुछ ऐतिहासिक संवत् समय-समय पर प्रचलित रहे हैं। इनमें शकाब्द का देश में सबसे अधिक प्रचार रहा। इसीलिए राष्ट्रीय-पंचांग में इसी शक-संवत् को स्वीकार किया गया। शक संवत् 57-58 ई0 से आरंभ हुआ और माना जाता है कि कनिष्क ने इसे शुरू किया था लेकिन परिवहन मंत्री डा. कर्णसिंह ने उपरोक्त परिसंवाद सम्मेलन में कह ही तो दिया कि शकाब्द अभी 19वीं शताब्दी में ही है, जबकि ईसवी संवत् की यह 20वीं शताब्दी चल रही है। यदि हमारा पंचांग दूसरे पंचांगों से पीछे रहता है, तो हम किस मुँह से कह सकते हैं कि हमारी सभ्यता अति प्राचीन है?

हमारे शासन के कर्णधार ही यदि पुरातन के मोह में पड़कर ऐसे दकियानूसी खयाल रखते हैं, तो पंचांग की क्या, हम किसी सुधार की आशा नहीं रख सकते!

सहस्त्राब्दी का अंतिम पूर्ण सूर्य-ग्रहण

पूर्ण सूर्य-ग्रहण को देखना एक रोमांचक अनुभव है। वैज्ञानिक अध्ययनों के लिए पूर्ण सूर्य-ग्रहण का थोड़ा सा समय बहुत बड़ा महत्त्व रखता है। हीलियम तत्त्व की खोज, आइंस्टाइन के आपेक्षिकता के सिद्धांत की पुष्टि, सूर्य के परिमंडल (एटमस्फियर) की भौतिक परिस्थितियों के विषय में जानकारी आदि बहुत-सी बातें पूर्ण सूर्य-ग्रहण से ही जुड़ी हैं। 11 अगस्त, 1999 के पूर्ण सूर्य-

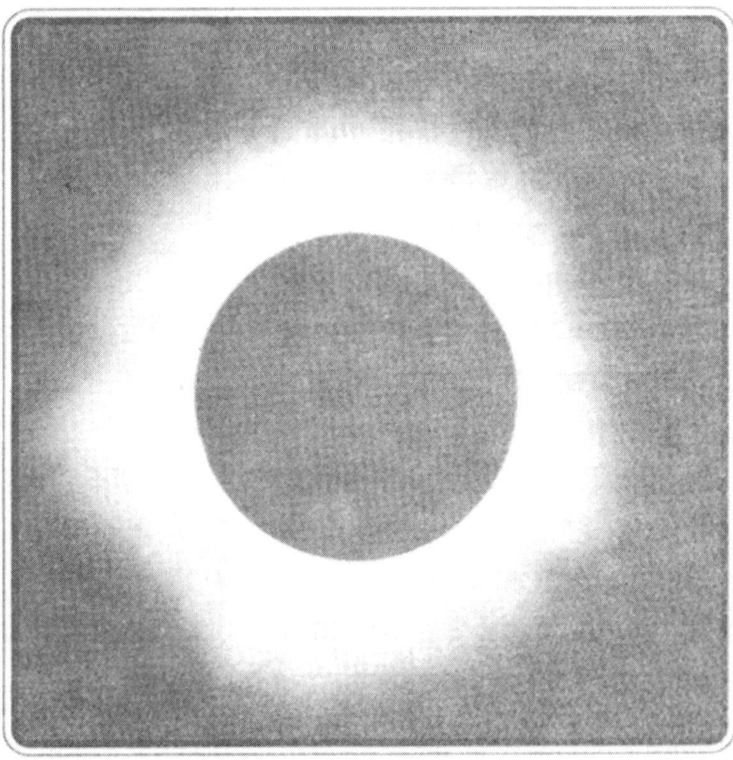

ग्रहण से आम आदमी को इस दुर्लभ प्राकृतिक घटना के रोमांच का आनंद उठाने और वैज्ञानिकों को कई महत्त्वपूर्ण प्रयोगों के लिए एक और अवसर प्राप्त हुआ।

भारतभूमि से पिछला पूर्ण (खग्रास) सूर्य-ग्रहण 24 अक्तूबर, 1995 को देखा गया था। उस सूर्य-ग्रहण का पट्टा घनी आबादी वाले क्षेत्रों से गुजरा था, इसलिए प्रकृति के इस अनोखे नजारे को लाखों लोगों ने देखा। आम जनता ही नहीं, विद्यार्थियों और वैज्ञानिकों ने भी ग्रहण में गहरी दिलचस्पी ली। सूर्य-ग्रहण को टेलीविजन पर भी दिखाया गया। मैंने वह पूर्ण सूर्य-ग्रहण ऐतिहासिक स्थल फतेहपुर सीकरी के भव्य बुलंद दरवाजे की सीढ़ियों पर बैठकर देखा। जीवन में पहली बार देखे गए पूर्ण सूर्य-ग्रहण के उस अद्भुत नजारे को मैं कभी नहीं भूल सकता।

अब 11 अगस्त, 1999 को भारतभूमि से पुनः पूर्ण सूर्य-ग्रहण दिखाई दिया था। इस ग्रहण का भी पट्टा गुजरात, मध्य प्रदेश, महाराष्ट्र, आंध्र प्रदेश और उड़ीसा के घनी आबादी वाले इलाकों से गुजरा, इसलिए इस पूर्ण सूर्य-ग्रहण को भी लाखों भारतवासियों ने देखा।

पूर्ण सूर्य-ग्रहण प्रकृति की संभवतः सबसे प्रभावकारी घटना है। साथ ही, यह एक दुर्लभ घटना भी है। धरातल के किसी न किसी स्थान से 18 महीनों में औसतन एक पूर्ण सूर्य-ग्रहण देखने को मिल जाता है परंतु ऐसे ग्रहण का दृश्यपथ इतना कम चौड़ा (अधिक से अधिक 270 किलोमीटर) होता है कि किसी एक निश्चित स्थान से करीब 375 वर्ष बाद ही एक पूर्ण (खग्रास) सूर्य-ग्रहण देख पाने की संभावना रहती है। यही वजह है कि अधिकांश व्यक्ति अपने पूरे जीवन में एक भी पूर्ण सूर्य-ग्रहण देख नहीं पाते। लंदनवासियों को 19वीं और 20वीं सदियों में एक भी पूर्ण सूर्य-ग्रहण देखने को नहीं मिला।

पूर्ण सूर्य-ग्रहण को देखना एक अनोखा अनुभव तो है ही, इस दुर्लभ अवसर पर काफी नई जानकारी भी मिल जाती है। इसलिए पहले से यह जानना आवश्यक हो जाता है कि धरातल के किन-किन स्थानों से सूर्य-ग्रहण को देखा जा सकेगा। बुधवार, 11 अगस्त का सूर्य-ग्रहण भारत के किन स्थानों से पूर्ण और किन स्थानों से आंशिक दिखाई देगा, इसकी चर्चा करने से पहले इस प्राकृतिक घटना के बारे में कुछ बुनियादी बातें जान लेना उपयोगी होगा।

यह पुराना लोक विश्वास सही नहीं है कि राहु नाम का कोई दैत्य जब सूर्य या चंद्र को ग्रस लेता है, तब इन्हें ग्रहण लगता है। वस्तुतः चंद्र की छाया जब पृथ्वी पर पड़ती है तब सूर्य-ग्रहण होता है और पृथ्वी की छाया जब चंद्र पर पड़ती है तब चंद्र-ग्रहण होता है। यह वैज्ञानिक तथ्य आज से डेढ़ हजार साल पहले गणितज्ञ-ज्योतिषी आर्यभट (499 ई.) ने ही सुस्पष्ट कर दिया था।

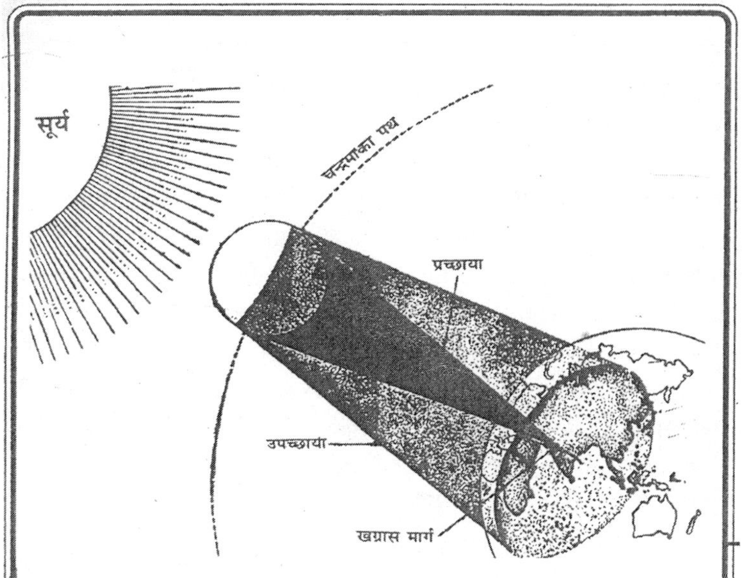

खग्रास सूर्य–ग्रहण

पूर्ण सूर्य-ग्रहण के दौरान आच्छादन के क्रमिक चरण

सूर्य-ग्रहण घटित होने के लिए यह भी एक प्राकृतिक संयोग है कि चंद्र व सूर्य दोनों ही लगभग गोलाकार पिंड हैं और दोनों के व्यासों का अनुपात पृथ्वी से उनकी दूरियों के अनुपात के लगभग बराबर है–

$$\frac{\text{सूर्य का व्यास}}{\text{चंद्र का व्यास}} = \frac{13{,}92{,}000 \text{ किमी}}{3476 \text{ किमी}}$$

$$= 400$$

$$\frac{\text{पृथ्वी से सूर्य की दूरी}}{\text{पृथ्वी से चंद्र की दूरी}} = \frac{15{,}00{,}00{,}000 \text{ किमी}}{384000 \text{ किमी}}$$

$$= 400$$

यही वजह है कि आकाश में चंद्र और सूर्य हमें एक ही (कोणीय) आकार के नजर आते हैं।

जब सूर्य और पृथ्वी के बीच में चंद्र आ जाता है, तब सूर्य-ग्रहण होता है। उस स्थिति में चंद्र की छाया धरातल पर दौड़ जाती है। इस छाया के दो भाग होते हैं– प्रच्छाया (umbra) और उपच्छाया (penumbra)। प्रच्छाया वाले क्षेत्र में पूर्णतः अंधेरा होता है। उपच्छाया वाले क्षेत्र में अंशतः अंधेरा होता है क्योंकि सूर्य के कुछ भागों से प्रकाश वहां पहुंचता रहता है। प्रच्छाया क्षेत्र में मौजूद व्यक्ति सूर्य को चंद्र द्वारा पूरी तरह ढका हुआ देखेगा, मगर जो व्यक्ति उपच्छाया के क्षेत्र में होगा वह सूर्य के गोले को अंशतः ढका हुआ देखेगा।

सूर्य-ग्रहण और चंद्र-ग्रहण क्रमशः अमावस्या और पूर्णिमा को लगते हैं। मगर हर अमावस्या को सूर्य-ग्रहण नहीं लगता। कारण यह है कि चंद्र की कक्षा का तल और पृथ्वी की कक्षा का तल, दोनों एक नहीं हैं। यदि ऐसा होता तो करीब 29.5 दिनों के अंतराल के बाद हर अमावस्या को सूर्य-ग्रहण घटित होता। मगर चंद्र की कक्षा, पृथ्वी की कक्षा के साथ लगभग 5 अंश का कोण बनाती है। इसलिए जब चंद्र पात-बिंदुओं पर या उनके समीप पहुंचता है, तभी तीनों पिंड (सूर्य, चंद्र व पृथ्वी) एक सीधी रेखा में आते हैं और तब ग्रहण होता है। चंद्र की कक्षा पृथ्वी की कक्षा के समतल को जिन दो बिंदुओं में काटती है उन्हें पात (nodes) कहते हैं। चंद्र दक्षिण से उत्तर की ओर जाते हुए पृथ्वी की कक्षा को जिस बिंदु पर काटता है उसे आरोह-पात (ascending node) कहते हैं और अवरोह-पात (descending node) वह बिंदु है जहां वह पृथ्वी की कक्षा को उत्तर से दक्षिण की ओर अग्रसर होते हुए काटता है। भारतीय ज्योतिषी आरोह-पात को 'राहु' और अवरोह-पात को 'केतु' भी कहते हैं।

पृथ्वी के चहुंओर चंद्र की कक्षा वृत्ताकार नहीं, बल्कि दीर्घ वृत्ताकार (elliptical) है। पृथ्वी से चंद्र की दूरी घटती-बढ़ती रहती है (लगभग 3,57,200 कि.मी. से 4.07.100 कि.मी.)। यही वजह है कि चंद्रमा आकाश में हमें कभी कुछ छोटा दिखाई देता है तो कभी कुछ बड़ा। सूर्य के साथ भी ऐसा ही होता है क्योंकि पृथ्वी-सूर्य दूरी वर्ष भर बदलती रहती है।

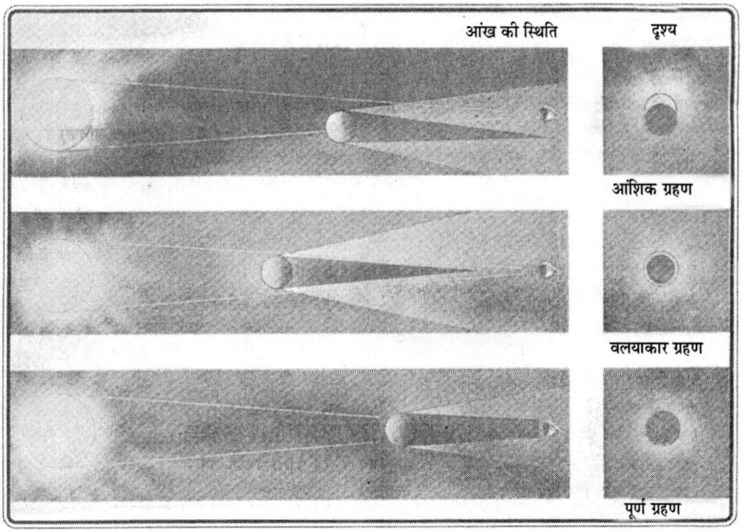

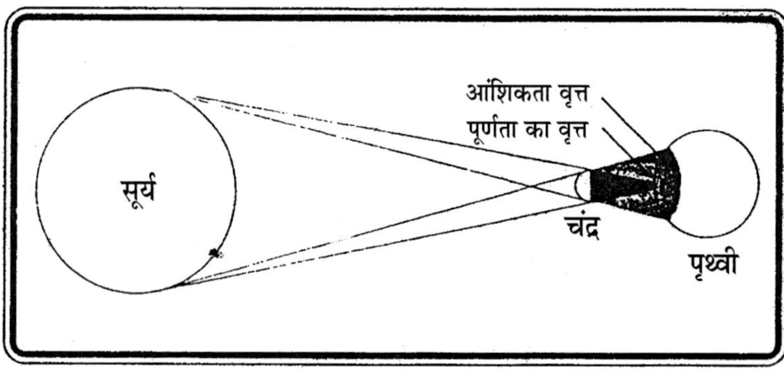

सूर्य-ग्रहण : पूर्ण और आंशिक

सूर्य व चंद्र के दृश्य कोणीय व्यासों का घटना-बढ़ना और पृथ्वी की कक्षा के साथ चंद्र-कक्षा का झुकाव-ये सभी परिस्थितियां संयोजित होकर चार प्रकार के सूर्य-ग्रहणों को जन्म देती है-

1. **पूर्ण (खग्रास) ग्रहण :** जब चंद्रबिंब सूर्यबिंब पर केंद्रित होता है और साथ ही पृथ्वी से चंद्र इतनी कम दूरी पर रहता है कि आकाश में चंद्र सूर्य से बड़ा नजर आता है और इसका छाया-शंकु (प्रच्छाया) धरातल तक पहुंचता है, तब पूर्ण सूर्य-ग्रहण घटित होता है।
2. **वलयाकार (कंकणाकृति) ग्रहण :** जब पृथ्वी से चंद्र की दूरी सबसे ज्यादा रहने पर चंद्रबिंब सूर्यबिंब पर केंद्रित हो जाता है, पर यह सूर्यबिंब को पूरी तरह ढक नहीं पाता है और चंद्र के चहुंओर सूर्य-प्रकाश का वलय (कंकण) दिखाई देता है, तब वलयाकार सूर्य-ग्रहण घटित होता है।
3. **वलयाकार-पूर्ण ग्रहण :** जब ज्यामितीय परिस्थितियां कुछ इस तरह रहती हैं कि धरातल के कुछ भागों से सूर्य-ग्रहण वलयाकार दिखाई दे सकता है और अन्य भागों से पूर्ण नजर आ सकता है। इसे वलयाकार-सूर्य-ग्रहण का नाम दिया गया है।
4. **आंशिक ग्रहण :** जब धरती के किसी भी स्थान से देखने पर चंद्रबिंब सूर्यबिंब पर केंद्रीभूत होता नहीं दिखता और प्रच्छाया का शंकु धरातल को कतई स्पर्श नहीं करता, केवल उपच्छाया ही धरातल के कुछ भागों को ढकती है, तब आंशिक सूर्य-ग्रहण घटित होता है।

धरातल के केवल उसी संकरे पट्टे से पूर्ण ग्रहण दिखाई देता है जहां से प्रच्छाया का शंकु गुजरता है। पूर्ण ग्रहण के इस पट्टे के बाहर के उपच्छाया के क्षेत्रों से सूर्य आंशिक रूप से ढका हुआ दिखाई देगा। चूंकि चंद्र अपेक्षाकृत हमारे नजदीक है, इसलिए धरती के विभिन्न स्थलों से यह सूर्यबिंब पर अलग-अलग रूपों में प्रक्षेपित दिखाई देगा।

सूर्य के बारे में विशिष्ट आंकड़े

पृथ्वी से सूर्य की औसत दूरी	14,95,60,000 किलोमीटर
सूर्य का व्यास	13,92,000 किलोमीटर (पृथ्वी के व्यास से 109 गुना अधिक)
सूर्य-सतह का क्षेत्रफल	6087 × 10^{10} वर्ग-किलोमीटर (पृथ्वी की सतह से 11,900 गुना अधिक)
सूर्य का आयतन	1.4 × 10^{18} घन-किलोमीटर (पृथ्वी के आयतन से 13 लाख गुना अधिक)
सूर्य की द्रव्यराशि	1.99 × 10^{33} ग्राम (पृथ्वी की द्रव्य-राशि से 3,30,000 गुना अधिक)

सूर्य का औसत घनत्व	1.41 (पृथ्वी का औसत घनत्व 5.5)
सूर्य का घूर्णन-काल	25.38 दिन (विषुवत्-रेखा पर) 33 दिन (ध्रुवों के पास)
सूर्य-सतह (प्रकाश-मंडल) का तापमान	लगभग 6000° सेल्सियस
सूर्य के केंद्रभाग का तापमान	लगभग 1,50,00,000° सेल्सियस
रासायनिक रचना	71 प्रतिशत हाइड्रोजन, 26.5 प्रतिशत हीलियम और अन्य तत्त्व 2.5 प्रतिशत
प्रकाश-किरणों का वेग	प्रति सेकंड 3,00,000 किलोमीटर
सूर्य-किरणों को पृथ्वी तक पहुंचने में लगने वाला समय	8 मिनट और 18 सेकंड
एक प्रकाश-वर्ष दूरी	94,63,00,00,00,000 कि.मी.
आकाशगंगा का व्यास	लगभग 1,00,000 प्रकाश-वर्ष
आकाशगंगा के केंद्र से सूर्य की दूरी	लगभग 30,000 प्रकाश-वर्ष
आकाशगंगा में सूर्य का कक्षीय वेग	प्रति सेकंड 220 किलोमीटर
सूर्य को आकाशगंगा की एक परिक्रमा पूरी करने में लगने वाला समय	25 करोड़ वर्ष
सूर्य की आयु	करीब 5 अरब वर्ष
सूर्य का संपूर्ण जीवन काल	करीब 10 अरब वर्ष

यदि पृथ्वी घूमती नहीं होती, तो चंद्र की छाया प्रेक्षक को लगभग 3360 कि.मी. प्रति घंटे की रफ्तार से पार करती परंतु पृथ्वी पूर्व की ओर उसी दिशा में घूम रही है जिस दिशा में चंद्र की छाया दौड़ती है। भूमध्य रेखा पर पृथ्वी की सतह करीब 1670 कि.मी. प्रति घंटे (0.4626 कि.मी. प्रति सेकंड) की रफ्तार से घूम रही है। इसलिए चंद्र यदि पृथ्वी से माध्य दूरी पर और शिरोबिंदु पर हो, तो भूमध्य रेखा पर खड़ा प्रेक्षक छाया को लगभग 1720 कि.मी. प्रति घंटे के वेग से भागते देखेगा। उच्चतर अक्षांशों में, जहां पृथ्वी की सतह का वेग कम होता है, छाया की रफ्तार अपेक्षाकृत ज्यादा होती है।

सूर्य-ग्रहण जब सूर्योदय या सूर्यास्त के आसपास घटित होता है, तब धरातल पर पड़ने वाली तिरछी छाया का वेग 6000 से 8000 किलोमीटर प्रति घंटे तक हो सकता है। चूंकि 11 अगस्त के पूर्ण सूर्य-ग्रहण की छाया सायंकाल को लगभग पांच बजे पश्चिम भारत में प्रवेश करेगी, इसलिए उसका वेग भी छह-सात हजार किलोमीटर प्रति घंटा रहा।

खग्रास सूर्य-ग्रहण की पूर्णता की अवधि कई ज्यामितीय घटकों से निर्धारित होती है। पूर्णता की सबसे लंबी अवधि तब होगी जब पृथ्वी से चंद्र की दूरी न्यूनतम रहती है, पृथ्वी से सूर्य की दूरी महत्तम रहती है और ग्रहण भूमध्यवर्ती क्षेत्र में घटित होता है। वैसी विशिष्ट स्थिति में पूर्णता की अवधि की महत्तम सीमा 7 मिनट व 31 सेकंड। ऐसा एक विशिष्ट खग्रास सूर्य-ग्रहण 16 जुलाई, 2186 को घटित होगा, जिसकी पूर्णता की अवधि 7 मिनट व 29 सेकंड होगी। भारत से 5 जुलाई, 2168 को पूर्णता की काफी लंबी अवधि वाला जो खग्रास सूर्य-ग्रहण दिखाई देगा उसमें सूर्य 7 मिनट व 24 सेकंड तक ढका रहेगा। तुलना में 11 अगस्त के ग्रहण की पूर्णता की अवधि मुश्किल से एक मिनट रहेगी।

सूर्य-ग्रहण के समय दैत्य द्वारा सूर्य को ग्रसित किए जाने की कल्पना

ग्रहणों की भविष्यवाणियां प्राचीन काल से की जाती रही हैं। ऋग्वेद के पांचवें मंडल के 40वें सूक्त में सूर्य-ग्रहण का वर्णन है। बताया गया है कि अंधकाररूपी स्वर्भानु (असुर) ने जब सूर्य को निगल लिया, तो पृथ्वी पर हाहाकार मच गया। तब अत्रि ऋषि ने स्वर्भानु दैत्य का नाश करके सूर्य को

पुनः प्रकाशयुक्त बनाया। जान पड़ता है कि अत्रिकुल में ग्रहणों के अध्ययन की परंपरा रही है। ऋग्वेद के स्वर्भानु (असुर) का स्थान बाद में राहु राक्षस ने ले लिया।

प्राचीन खल्दिया (मेसोपोटामिया) के पुरोहित-ज्योतिषियों ने ईसा पूर्व छठी सदी में यह जान लिया था कि सूर्य-ग्रहण और चंद्र-ग्रहण, दोनों ही 223 महीनों अथवा 18 वर्ष और 10 या 11 दिनों के अंतराल से पुनर्घटित होते रहते हैं (यह इस पर निर्भर करता है कि इस अंतराल में कितने लीप-वर्ष हैं)। यह खोज चांद्र-पंचांग के प्रयोग के कारण संभव हुई होगी। ग्रहणों की पुनरावृत्ति का यह चक्र सारोस कहलाता है और इसके जरिए अतीत और भविष्य के ग्रहणों का काफी हद तक सही निर्धारण किया जा सकता है। यूनानी इतिहासकार हिरोदोतस् जानकारी देता है कि थेलस् ने एक सूर्य-ग्रहण की भविष्यवाणी की थी। यह संभवतः 28 मई, 585 ई.पू. का ग्रहण था। यदि यह बात सही है तो थेलस ने अपनी भविष्यवाणी के लिए सारोस का उपयोग किया होगा।

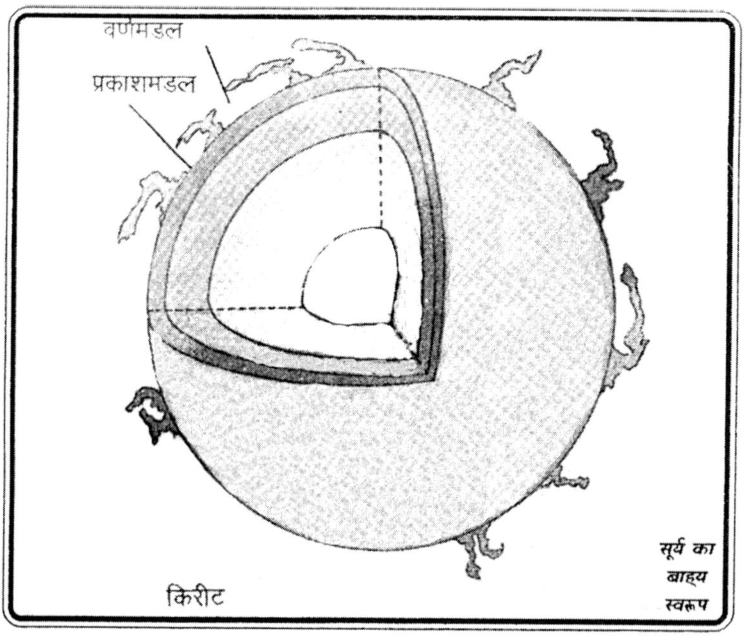

सूर्य का बाह्य स्वरूप

सूर्य-अध्ययन के प्रमुख पड़ाव

15 ई.पू. (लगभग)	*: ऋग्वेद के अनुसार सूर्य विश्व का स्वामी और वायु तथा ऋतुओं का निर्माता। अत्रि कुल के ऋषियों द्वारा सूर्य-ग्रहणों का अवलोकन।*
1350 ई.पू.	*: फरोहा अमेनोफिस द्वारा वास्तविक सूर्य की पूजा।*
260 ई.पू.	*: अरिस्टार्कस (सामोसवासी) की मान्यता : पृथ्वी तथा अन्य ग्रह सूर्य की परिक्रमा करते हैं। पृथ्वी से सूर्य और चंद्र की सापेक्ष दूरियां ज्ञात करने का प्रयास।*
150 ई.	*: सिकंदरिया के मिस्री-यूनानी ज्योतिषी तालेमी द्वारा भूकेंद्र-सिद्धांत की दृढ़ स्थापना।*
499 ई.	*: आर्यभट द्वारा भूभ्रमण का प्रतिपादन। सूर्य-ग्रहण और चंद्र-ग्रहण की वैज्ञानिक व्याख्या।*
1543 ई.	*: कोपर्निकस द्वारा सूर्यकेंद्र सिद्धांत की स्थापना।*
1585 ई.	*: ज्योर्दानो ब्रूनो द्वारा यूरोप में सूर्यकेंद्र सिद्धांत का प्रचार। यह भी प्रचार कि सूर्य एक तारा है, विश्व में अनगिनत तारे हैं और उनकी भी अपनी ग्रह-मालिकाएं हैं। ब्रूनो को रोम में 1600 ई. में जिंदा जला दिया गया!*
1605 ई.	*: केपलर के नियम : 1. ग्रह दीर्घवृत्तों में सूर्य की परिक्रमा करते हैं और 2. सूर्य से ग्रह की दूरी बढ़ने पर उसका वेग घटता जाता है।*
1610 ई.	*: गैलीलियो ने अपनी दूरबीन से सूर्य की सतह पर काले धब्बे (कलंक) देखे।*
1665 ई.	*: न्यूटन का सूर्य-प्रकाश और गुरुत्वाकर्षण से संबंधित आरंभिक अन्वेषण-कार्य।*
1672 ई.	*: कास्सिनी द्वारा पृथ्वी से सूर्य की दूरी ज्ञात की गई–करीब 15 करोड़ किलोमीटर।*
1675 ई.	*: रोमर ने प्रकाश का वेग मालूम किया।*
1796 ई.	*: सौर-मंडल की उत्पत्ति के बारे में लापलास का नीहारिका-सिद्धांत।*
1843 ई.	*: सूर्य-कलंक चक्र की खोज।*
1859 ई.	*: किरचौफ द्वारा सूर्य तथा तारों के वर्णक्रमों में काली रेखाओं की सही पहचान।*
1868 ई.	*: आगस्ट्रोम द्वारा सूर्य के विस्तृत वर्णक्रमपट का प्रकाशन।*
1895 ई.	*: सूर्य में हीलियम की खोज।*
1924 ई.	*: सूर्य और तारों की ऊर्जा वस्तुत: परमाणु-ऊर्जा है। सूर्य और तारों की परमाणु ऊर्जा के बारे में नया सिद्धांत।*
1938 ई.	*: अंतरिक्ष में प्रथम उपग्रह का प्रक्षेपण।*
1957 ई.	*: अंतरिक्ष अनुसंधान की शुरुआत।*
24 अक्तूबर, 1995	*: भारत में देखा गया पिछला खग्रास सूर्य-ग्रहण।*
11 अगस्त, 1999	*: इस साल का खग्रास सूर्य-ग्रहण।*
22 जुलाई, 2009	*: भारत से दिखाई देने वाला अगला खग्रास सूर्य-ग्रहण।*

जैसा कि पहले बताया गया है, ग्रहण तभी घटित होते हैं जब अमावस्या या पूर्णिमा का चंद्र अपनी कक्षा के किसी एक पात (node) के पास होता है। अत: स्पष्ट है कि चांद्र मास की अवधि और चांद्र पातों के परिक्रमा-काल के बीच के संबंध से ही सारोस चक्र का निर्धारण होता है। चांद्र मास का मतलब है–एक अमावस्या से दूसरी अमावस्या तक की या एक पूर्णिमा से दूसरी पूर्णिमा तक की अवधि, जो 29.5306 माध्य सौर दिन होती है। चांद्र पात क्रांतिवृत्त पर पश्चगमन करते रहते हैं, इसलिए सूर्य को एक चक्कर लगाकर उसी पात पर पहुंचने में एक वर्ष से कम समय लगता है, वस्तुत: 346.6201 माध्य सौर दिन लगते हैं। इस कालावधि को ग्रहण वर्ष कहते हैं। हम यह भी जानते हैं कि एक संपात बिंदु (equinox) से आरंभ करके पुन: उसी संपात बिंदु पर पहुंचने में सूर्य को 365.2422 माध्य सौर दिन लगते हैं। इस कालावधि को हम सायन वर्ष कहते हैं।

उपर्युक्त तीन प्राकृतिक कालावधियों से हमें निम्न सन्निकट संबंध प्राप्त होते हैं :

223 चांद्र मास	6585.3238 दिन
19 ग्रहण वर्ष	6585.7819 दिन
18 सायन वर्ष व 11 दिन	6585.3596 दिन

इस तरह 18 वर्ष व 11 दिन के बाद एक-सी ज्यामितीय स्थिति की पुनरावृत्ति होती रहती है और 223 चांद्र मासों के बाद उसी प्रकार का ग्रहण पुन: घटित होता है। सारोस शृंखला ध्रुव के पास घटित होने वाले ग्रहण से शुरू होती है। उस शृंखला के आगे के ग्रहण अधिकाधिक पश्चिम की ओर और दूसरे ध्रुव की ओर बढ़ते हुए घटित होते जाते हैं। जब वह ग्रहण शृंखला दूसरे ध्रुव पर पहुंच जाती है, तो कहा जाता है कि उसका अंत हो गया। एक सारोस शृंखला लगभग 900 से 1400 वर्ष तक

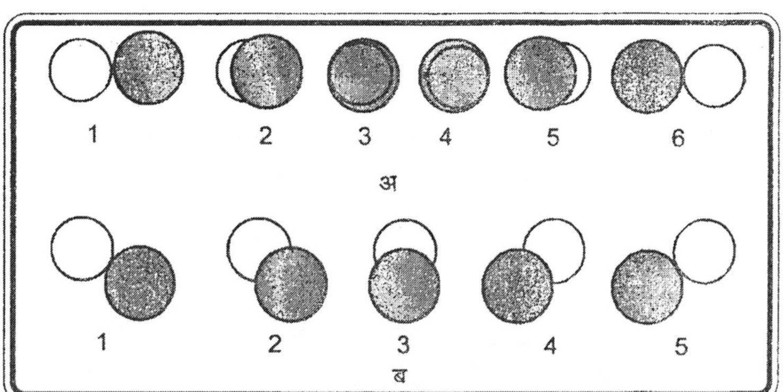

सूर्य-ग्रहण के क्रमिक चरण (काला वृत्त चंद्र को दर्शाता है)
अ. खग्रास सूर्य-ग्रहण, ब. आंशिक सूर्य-ग्रहण

चलती है। सारोस शृंखला को संख्यामान दिए गए हैं–इस तरह से कि विषम सारोस संख्या वाला ग्रहण आरोह-पात (राहु) पर घटित होता है और सम सारोस संख्या वाला ग्रहण अवरोह-पात (केतु) पर घटित होता है।

कई सारोस शृंखलाएं एक साथ चलती हैं। भारत में दिखाई दिया 24 अक्तूबर, 1995 का पिछला पूर्ण सूर्य-ग्रहण सारोस शृंखला नं. 143 का था। इस साल 11 अगस्त को दिखाई देने वाला पूर्ण सूर्य-ग्रहण सारोस शृंखला नं. 145 का है। यह शृंखला 4 जनवरी, 1639 को एक आंशिक ग्रहण के साथ शुरू हुई थी और यह 3009 ई. तक चलेगी। इस अगस्त माह का ग्रहण इस शृंखला का 21वां ग्रहण है। भारतभूमि से 22 जुलाई, 2009 को जो अगला पूर्ण सूर्य-ग्रहण दिखाई देगा वह सारोस शृंखला नं. 136 का होगा।

यह जानकारी भी दिलचस्प होगी कि एक वर्ष में अधिकतम 7 ग्रहण हो सकते हैं। इनमें 4 सूर्य-ग्रहण और 3 चंद्र-ग्रहण होंगे अथवा 5 सूर्य-ग्रहण और 2 चंद्र-ग्रहण होंगे। एक वर्ष में कम से कम 2 ग्रहण होंगे और ये दोनों ही सूर्य-ग्रहण होंगे।

आंख, दृष्टि और सूर्य-ग्रहण

सूर्य-प्रकाश का अस्तित्व है, इसीलिए धरती के प्राणियों को, मनुष्य को भी, विकास के अंतर्गत आंखें मिली हैं। मगर यही प्रकाश आंखों को भारी क्षति भी पहुंचा सकता है, विशेषकर सूर्य-ग्रहण के समय। दीर्घकाल तक सूर्य को देखते रहने के कारण गैलीलियो और न्यूटन जैसे चोटी के कई वैज्ञानिकों ने अपनी आंखें खराब कर ली थीं। ग्रहण लगे सूर्य को देखने से आंखों को क्षति पहुंच सकती है, यह बात प्राचीन काल से ही लोगों को मालूम रही है। इसीलिए प्लेटो ने अपनी 'फाइबो' नामक पुस्तक में सुकरात की इस हिदायत का उल्लेख किया है कि ग्रहण लगे सूर्य के प्रतिबिंब को पानी भरे किसी बर्तन में ही देखना चाहिए। इसी तरह की हिदायत पुराने भारतीय ग्रंथों में भी देखने को मिलती है।

परंतु आज हम जानते हैं कि पानी से परावर्तित सूर्यबिंब को भी कोरी आंखों से देखना खतरे से खाली नहीं है। सूर्य-ग्रहण को देखने के और भी कई परंपरागत तरीके हैं जिन्हें सुरक्षित नहीं कहा जा सकता। इसका मतलब यह नहीं है कि सूर्य-ग्रहण को देखना ही नहीं चाहिए। अवश्य देखना चाहिए, मगर सुरक्षा के वैज्ञानिक तरीकों को अपनाकर। पूर्णता के दौरान सूर्य-ग्रहण को कोरी आंखों से, बिना किसी खतरे के, मजे में देखा जा सकता है। मगर बाकी समय में सुरक्षा के पक्के साधन अपनाना अत्यावश्यक है।

वजह यह है कि सूर्य से निकलने वाली किरणों में से अवरक्त किरणें, प्रकाश किरणें और पराबैंगनी किरणें वायुमंडल को पार करके धरातल पर पहुंच जाती हैं।

पता चला है कि धरती पर पहुंचने वाले सूर्य-विकिरण में करीब 58 प्रतिशत अवरक्त विकिरण, 40 प्रतिशत दृश्य प्रकाश और 2 प्रतिशत पराबैंगनी विकिरण होता है। इनमें से कुछ विकिरण आंख के बाहरी अंगों द्वारा छितरा दिया जाता है परंतु अधिकांश विकिरण आइरिस और रेटिना में प्रवेश करके ऊष्मा में बदल जाता है।

धरती पर पहुंचने वाले सूर्य-विकिरण का रेटिना के बहुत छोटे स्थान पर केंद्रीकरण होता है, इसीलिए उसे क्षति पहुंचने की संभावना रहती है। पता चलता है कि सूर्य को सीधे देखते समय पुतली काफी सिकुड़ गई हो, तब भी बहुत-सी ऊर्जा रेटिना तक पहुंच जाती है। रेटिना के छोटे स्थान पर इस ऊर्जा का केंद्रीकरण धरती पर पहुंचने वाली सौर ऊर्जा से 100 गुना अधिक होता है। इसलिए सूर्य को चंद

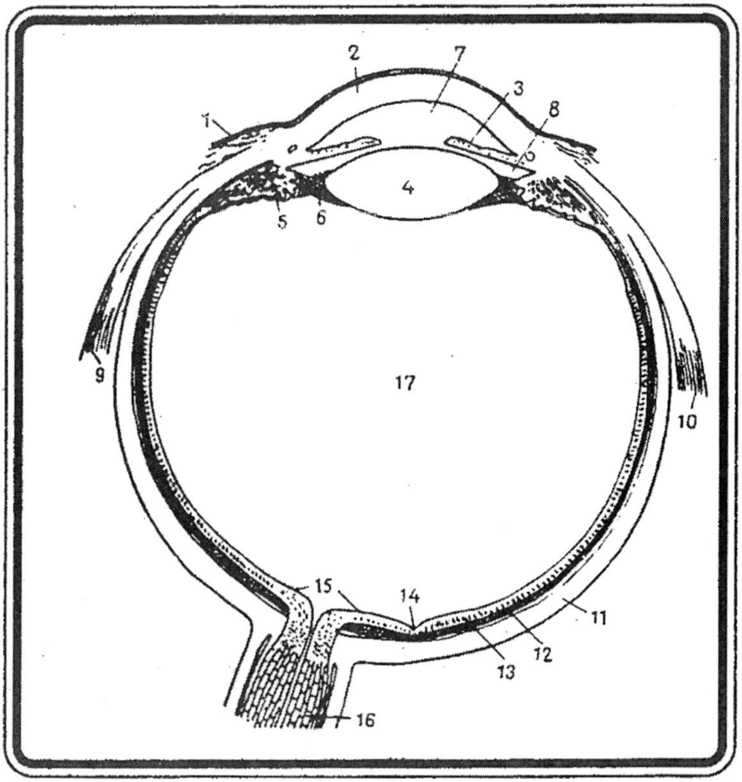

नेत्र का क्षैतिज काट

1. नेत्रश्लेष्मा, 2. कार्निया, 3. आइरिस, 4. क्रिस्टलीय लेंस, 5. सिलिया पिंड, 6. सिलिया पिंड के साथ क्रिस्टलीय लेंस को जोड़ने वाला स्नायु, 7. नेत्र का अग्र कक्ष, 8. नेत्र का पश्च कक्ष,9. तथा 10. नेत्र गोलक की पेशी,11. स्क्लीरा, 12. नेत्रीय संवहिनी कंचुक, 13. रेटिना, 14. पीत बिंदु, 15. प्रकाशीय डिस्क, 16. दृक् तंत्रिका, 17. काचाभ काय

सेकंडों के लिए भी कोरी आंखों से सीधे देखा जाए तो रेटिना को भारी क्षति पहुंच सकती है।

इसलिए आंशिक या वलयाकार ग्रहण को खुली आंखों से कभी नहीं देखना चाहिए। यहां तक कि आंशिक ग्रहण के समय सूर्य की 99 प्रतिशत सतह ढक जाए, तब भी उसे कोरी आंखों से नहीं देखना चाहिए। सूर्य के तेज को कम से कम एक लाख गुना घटाकर और अवरक्त व पराबैंगनी विकिरण को कारगर ढंग से रोककर ही आंशिक ग्रहण को सुरक्षित रूप से देखा जा सकता है। सूरज को देखने के लिए धुंधला शीशा (smoked glass), रंगीन फिल्म तथा धूप के चश्मे जैसे अधात्विक फिल्टर सुरक्षित नहीं हैं क्योंकि ये पराबैंगनी किरणों को कारगर ढंग से नहीं रोक सकते। इन फिल्टरों का उपयोग करने पर पूर्ण ग्रहण के दौरान के किरीट (corona) के अद्‌भुत नजारे को हम नहीं देख सकते। किरीट को कोरी आंखों से स्पष्ट देखा जा सकता है।

ग्रहण लगे सूर्य को यदि आप सीधा देखना चाहें तो वैज्ञानिक तौर से सुरक्षित घोषित किए गए मानक फिल्टरों का ही प्रयोग करना चाहिए। पूर्णतः एक्सपोज्ड और डेवलप की गई सफेद-काली फोटोग्राफिक फिल्म को दोहरा करके सुरक्षित फिल्टर बनाया जा सकता है।

वेल्डिंग करने वालों के पास जो काला शीशा होता है, वह भी ग्रहण लगे सूर्य को देखने के लिए सुरक्षित है।

पूर्णता के पहले यदि सूर्य को देखना हो तो उसकी प्रक्षेपित छवि को पिन-होल वाले किसी साधन का उपयोग करके प्राप्त किया जा सकता है।

इसके लिए एल्युमिनियम की पन्नी या गत्ते का एक टुकड़ा लेकर उसमें एक मिलीमीटर व्यास का एक पिन-होल बनाइए। उसमें से गुजरने वाली सूर्य-किरणों को एक मीटर की दूरी पर छाया में रखी किसी सफेद सतह (या चादर) पर गिरने दिया जाए, तो ग्रहण लगे सूर्य का काफी स्पष्ट प्रतिबिंब प्राप्त हो जाएगा।

इससे भी बेहतर व्यवस्था यह होगी कि किसी सामान्य शीशे को कागज के एक ऐसे टुकड़े से ढक दिया जाए जिसमें एक से दो से.मी. व्यास का वृत्ताकार छेद बना हो। इस व्यवस्था से परावर्तित हुए सूर्य-प्रकाश को कमरे के भीतर की किसी अप्रकाशित दीवार पर प्रक्षेपित किया जाए, तो वहां आंशिक ग्रहण का स्पष्ट प्रतिबिंब उपलब्ध हो जाएगा।

पूर्ण ग्रहण का दर्शन एक दुर्लभ अवसर है। पूर्णता के इस भव्य नजारे को आप कोरी आंखों से मजे से देख सकते हैं।

पूर्ण सूर्य-ग्रहण के रोमांचक दृश्य को न देखने का मतलब है प्रकृति की एक अनोखी घटना के दर्शन से वंचित रहना!

पूर्ण ग्रहण की स्थानीय परिस्थितियां

स्थल	स्पर्श			पूर्णता का आरंभ			पूर्णता का अंत			मोक्ष		
	घं.	मि.	से.	घं.	मि.	से.	घं.	मि.	से.	घं.	मि.	से.
	(सायंकाल)			(सायंकाल)			(सायंकाल)			(सायंकाल)		
अकोला	5	1	26	6	3	24	6	4	21		–	
आनंद	4	56	29	6	0	48	6	1	42	6	59	17
कलिंगपुरम	5	7	2	6	5	30	6	6	15		–	
खेड़ा	4	56	0	6	0	40	6	1	11	6	59	6
चंद्रपुर	5	3	29	6	4	14	6	5	10		–	
जगदलपुर	5	5	33	6	4	59	6	5	51		–	
जलगांव	5	0	1	6	2	56	6	3	47		–	
नडियाद	4	56	12	6	0	47	6	1	18	6	59	8
भुज	4	53	0	5	59	15	6	0	0	6	59	4
भुसावल	5	0	19	6	3	1	6	3	51		–	
मलकापुर	5	0	48	6	3	12	6	4	4		–	
यवतमाल	5	2	22	6	3	45	6	4	43		–	
वडोदरा	4	56	58	6	1	3	6	2	7	6	59	30
शाहपुर (म.प्र.)	5	0	19	6	2	45	6	3	42		–	
शेगांव	5	1	10	6	3	16	6	4	14		–	
श्रीकाकुलम्	5	7	3	6	5	43	6	6	13		–	
सुरेंद्रनगर	4	55	18	6	0	14	6	1	21	6	59	22

–ग्रहण के अंत के पहले सूर्यास्त

हालांकि चंद्र-ग्रहणों की अपेक्षा सूर्य-ग्रहणों की संख्या ज्यादा है परंतु पूर्ण ग्रहण का छाया-पट्टा 270 किलोमीटर से अधिक चौड़ा नहीं होता और तीन-चौथाई धरातल महासागरों से घिरा हुआ है, इसलिए अधिकतर सूर्य-ग्रहण बिना देखे ही रह जाते हैं। यही वजह है कि कई देश पूर्ण सूर्य-ग्रहण के अवलोकन के लिए दुनिया के दूर-दराज के प्रदेशों में अभियान-दल भेजते हैं। पूर्ण ग्रहण के अवसर पर सूर्य की भौतिक परिस्थितियों के बारे में महत्त्व की जानकारी मिलती है।

दूसरे तारों की तरह सूर्य भी गैसों का एक विशाल गोला है, जिसका व्यास लगभग 14 लाख किलोमीटर है। सूर्य की सतह, जिससे हमें प्रकाश व ताप मिलता है, प्रकाशमंडल (photosphere) कहलाती है। इसका तापमान करीब 6000^0 सेल्सियस है और सूर्य की केंद्रीय भट्ठी का करीब डेढ़ करोड़ डिग्री सेल्सियस। सूर्य के प्रकाशमंडल के ऊपर उसका परिमंडल (atmoshpere) है। पूर्ण सूर्य-ग्रहण के

समय जब चंद्रमा सूर्य के चमकीले प्रकाशमंडल को ढक देता है, तब उसके ऊपर के परिमंडल के महत्त्वपूर्ण घटकों–वर्णमंडल (chromosphere), किरीट (corona) और सौर–ज्वालाओं (solar prominences)–का, अल्पावधि के लिए ही सही, सुविधा से अध्ययन किया जा सकता है। ग्रहण के दौरान की जाने वाली फोटोग्राफी और वर्णक्रमदर्शी अन्वेषण से सौर परिमंडल के बारे में, ब्रह्मांड के अन्य तारों के बारे में भी महत्त्व की जानकारी मिलती है।

भारतभूमि से 18 अगस्त, 1868 को पूर्ण सूर्य–ग्रहण देखा गया था। इस ग्रहण के अवलोकन में पहली बार स्पेक्ट्रम–विज्ञान का उपयोग हुआ था। बाद में इन स्पेक्ट्रमों का अध्ययन करके नार्मन लॉकयर (इंग्लैंड), जान्सेन (फ्रांस) व सेच्ची (इटली) आदि खगोलविदों ने सूर्य में एक नए अज्ञात तत्त्व के अस्तित्व की कल्पना प्रस्तुत की थी। यह बात सच नहीं है कि अगस्त 1868 के अवसर पर लॉकयर भारत में मौजूद थे। बाद में उस अज्ञात तत्त्व को हीलियम नाम दिया गया (यूनानी में सूर्य को 'हेलिओ' कहते हैं)। विलियम रामसे ने पृथ्वी पर हीलियम की खोज सन् 1895 में की।

भारत में देखा गया 22 जनवरी, 1898 का पूर्ण सूर्य–ग्रहण भी वैज्ञानिक अध्ययन की दृष्टि से बड़ा महत्त्वपूर्ण रहा। इसमें इंग्लैंड, जापान और अमेरिका के खगोलविदों ने भाग लिया। अभी कोई तीन महीने पहले मैं महाराष्ट्र के समुद्र तट के विजयदुर्ग किले को देखने गया था। वहीं एक चबूतरे पर सूचना अंकित है–"22 जनवरी, 1898 को घटित सूर्य–ग्रहण के वेध के लिए खगोलशास्त्रज्ञ लॉकयर ने यहां अपनी दूरबीनें खड़ी की थीं।"

आइंस्टाइन ने आपेक्षिकता के अपने सिद्धांत में प्रतिपादित किया था कि गुरुत्वाकर्षण के प्रभाव से प्रकाश की किरणें मुड़ जाती हैं। 29 मई, 1919 को घटित पूर्ण सूर्य–ग्रहण के अवसर पर लिए गए छाया चित्रों से आइंस्टाइन की मान्यता की पुष्टि हो गई। अतीत के ग्रहणों के विवरणों का अध्ययन करने से यह भी पता चला है कि पृथ्वी की घूर्णन–अवधि प्रति शताब्दी 2 मिलिसेकंड के रफ्तार से घट रही है।

पूर्ण सूर्य–ग्रहण के दौरान कई तरह के वैज्ञानिक प्रयोग किए जाते हैं। सूर्य और चंद्र के चार प्रकार के संपर्कों का विशेष महत्त्व है। इनका प्रथम संपर्क, जिसे स्पर्श कहते हैं, तब होता है जब चंद्र का किनारा पहली बार सूर्य के किनारे को स्पर्श करता दिखाई देता है। दूसरा संपर्क, जिसे सम्मिलन कहते हैं, वह है जब ग्रहण पूर्ण या वलयाकार हो जाता है। तीसरा संपर्क (अनमिलन) वह है जब पूर्ण या वलयाकार ग्रहण का दौर समाप्त होता है। चौथा संपर्क, जिसे मोक्ष कहते हैं, वह है जब चंद्र अंततः सूर्यवृत्त को छोड़ देता है। प्रथम संपर्क से चौथे संपर्क तक चार घंटे का समय लग सकता है। इन संपर्कों के समय की ठीक–ठीक जानकारी चंद्र व पृथ्वी की गतियों से संबंधित सिद्धांतों की जांच गें सहायक होती है।

आंशिक ग्रहण की स्थानीय परिस्थितियां

स्थल	स्पर्श			ग्रहण-मध्य			मोक्ष			आच्छादन
	घं.	मि.	से.	घं.	मि.	से.	घं.	मि.	से.	%
	(सायंकाल)			(सायंकाल)			(सायंकाल)			
अमरावती	5	1	30	6	3	36		–		99.93
अजमेर	4	52	10	5	56	15	6	53	55	87.73
अमृतसर	4	45	27	5	48	48	6	46	7	73.55
अहमदनगर	5	2	32	6	5	43		–		93.84
अहमदाबाद	4	55	29	6	0	32	6	58	48	99.71
आगरा	4	53	29	5	55	36	6	51	49	81.93
इंदौर	4	58	1	6	1	18	6	58	16	97.07
इंफाल	5	1	37		–			–		–
इलाहाबाद	4	57	41	5	57	53		–		82.75
उज्जैन	4	57	22	6	0	44	6	57	45	95.83
औरंगाबाद	5	1	42	6	4	48		–		96.95
कटक	5	4	54	6	3	14		–		93.51
कलकत्ता	5	3	8	6	0	24		–		85.14
काठमांडू	4	56	31	5	54	46		–		73.39
कानपुर	4	55	42	5	56	37		–		81.44
कावलूर	5	13	16	6	12	30		–		77.05
कोहिमा	5	0	47		–			–		–
खंडवा	4	59	33	6	2	28		–		99.03
गंगटोक	4	58	5	5	54	43		–		71.35
गया	4	59	43	5	58	24		–		81.59
गुवाहाटी	4	59	58	5	55	22		–		71.97
ग्वालियर	4	54	50	5	56	54	6	53	2	84.34
चंडीगढ़	4	48	10	5	50	28	6	46	57	73.69
चेन्नई	5	12	53	6	11	49		–		80.11
जयपुर	4	52	22	5	55	46	6	52	55	85.09
जबलपुर	4	59	39	6	0	52		–		91.38
जूनागढ़	4	56	16	6	2	8	7	0	57	96.47
जोधपुर	4	51	10	5	56	10	6	54	32	90.03

तिरुअनंतपुरम्	5	18	54	6	16	21		–		61.58
थुंबा	5	18	49	6	16	20		–		61.55
दार्जिलिंग	4	58	18	5	55	8		–		72.40
दिल्ली	4	51	4	5	53	30	6	50	0	78.82
द्वारका	4	53	47	6	0	39	7	0	14	97.19
धनबाद	5	1	19	5	59	23		–		83.19
नागपुर	5	1	49	6	3	19		–		98.19
नासिक	5	0	37	6	40	30	7	1	47	95.70
पटना	4	58	51	5	57	24		–		97.23
पणजी	5	7	20	6	9	46		–		81.22
पांडिचेरी	5	14	22	6	12	57		–		75.90
पुणे	5	2	52	6	6	20	7	3	15	91.04
पुरी	5	5	41	6	3	58		–		95.62
पोरबंदर	4	55	21	6	1	46	7	0	59	95.64
पोर्ट ब्लेअर	5	14	53		–			–		–
बीकानेर	4	49	1	5	53	47	6	52	3	84.91
बेंगलूर	5	12	25	6	12	16		–		77.09
भावनगर	4	57	2	6	2	7	7	0	21	98.99
भुवनेश्वर	5	5	10	6	3	29		–		94.25
भोपाल	4	58	13	6	0	43		–		93.75
मुंबई	5	1	36	6	5	42	7	3	5	91.24
मैसूर	5	13	8	6	12	59		–		73.87
रांची	5	1	28	6	0	3		–		85.30
राजकोट	4	55	14	6	1	9	7	0	2	98.97
लखनऊ	4	55	33	5	56	7		–		79.83
वाराणसी	4	58	22	5	57	59		–		82.01
शिमला	4	47	56	5	50	0	6	46	18	72.40
शिलांग	5	0	36	5	56	1		–		73.43
श्रीनगर	6	42	11	5	45	1	6	42	2	67.48
सूरत	4	58	19	6	2	57	7	0	49	98.13
हरिद्वार	4	50	4	5	51	47	6	47	46	74.44
हैदराबाद	5	6	29	6	7	35		–		92.55

–ग्रहण के अंत के पहले सूर्यास्त

पूर्णता के करीब 10 मिनट पहले अंधेरे का हलका अनुभव होने लग जाता है। यदि प्रेक्षक किसी ऊंचे स्थान पर विराजमान है तो कुछ समय बाद वह दूर क्षितिज पर चंद्र की छाया को भयंकर वेग से अग्रसर होते देख सकता है। छाया के प्रेक्षक के पास पहुंचने के चंद सेकंड पहले खुली सादी सतहों पर लहरदार पट्टियां, जिन्हें छाया पट्टियां (shadow bands) कहते हैं, दिखाई देती हैं। पृथ्वी के वायुमंडल में प्रकाश का अपवर्तन होने से इन विचित्र व खूबसूरत पट्टियों का सृजन होता है। ये पट्टियां 1 से 2 से.मी. चौड़ी होती है और इनमें 5 से 6 से.मी. अंतर रहता है।

चंद्रतल पर पहाड़ हैं, घाटियां हैं। पूर्णता के एक-दो सेकंड पहले या बाद में, सूर्य की किरणों के चंद्र की घाटियों में से झांकने के कारण, चंद्र के किनारे पर किसी हार के चमकीले मणियों जैसा नजारा दिखाई देता है। यह भव्य नजारा बहुत थोड़े समय तक रहता है। पूर्णता के आरंभ और अंत में प्राय: दिखाई देने वाले इस नजारे की ओर फ्रांसिस बेली ने पहली बार 1836 ई. में स्कॉटलैंड में देखे गए वलयाकार ग्रहण के दौरान ध्यान आकर्षित किया था, इसलिए इस परिदृश्य को बेली के मणि (Baily's beads) के नाम से जाना जाता है।

बेली के मणि जैसे ही गायब हो जाते हैं, पूर्णता की शुरुआत होती है। प्रेक्षक के लिए यह सबसे रोमांचक क्षण होता है। इस समय वैज्ञानिकों को वर्णमंडल के स्पेक्ट्रम के अवलोकन का अवसर मिलता है। कुछ ही सेकंड बाद पूर्ण सूर्य-ग्रहण का प्रमुख दृश्य-किरीट अथवा प्रभामंडल (corona)-दिखाई देता है। इसमें सूर्य के चहुं ओर मोती-सी चमक जैसा सफेद प्रकाश नजर आता है। इसके साथ ही आकाश नीला-अंधेरा हो जाता है और ग्रह तथा चमकीले तारे दिखाई देने लग जाते हैं। पूर्णता का दौर थोड़ी देर तक ही रहता है-चंद सेकंडों से चंद मिनटों तक। इसी दौरान खगोलविद् सूर्य के किरीट और सौर-ज्वालाओं के छायाचित्र लेकर बाद में उनका अध्ययन व विश्लेषण करते हैं। सौर-ज्वालाएं सूर्य की सतह से उठने वाली गैसीय धाराएं होती हैं, जो सूर्य-व्यास से कई गुना ऊंचाई तक पहुंच सकती हैं।

पूर्णता की समाप्ति के तुरंत बाद में भीतरी किरीट और सूर्यवृत्त का प्रकाश-पुंज, दोनों मिलकर हीरे की अंगूठी (diamond ring) जैसा खूबसूरत नजारा प्रस्तुत करते हैं। इसके साथ ही पूर्णता का अंत होता है। किरीट गायब हो जाता है। चंद्रमा सूर्य के पश्चिमी हिस्से को तेजी से खोलता जाता है। अंतत: सूर्य पूर्ववत् चमकने लगता है और इस प्रकार पूर्ण सूर्य-ग्रहण का यह ब्रह्मांडीय नाटक खत्म हो जाता है। हीरक अंगूठी के नजारे को पूर्णता के तुरंत पहले भी देखा जा सकता है।

पूर्णता के तुरंत पहले का सांध्य-प्रकाश जैसा दृश्य बड़ा प्रभावकारी होता है। दिन-दहाड़े आकाश से सूर्य गायब हो जाता है, जबकि क्षितिज प्रकाशमान नजर आता है। पूर्णता का अंधकार फैल जाने के थोड़े पहले से ही मौसम शांत हो

जाता है, चहुंओर भयावह नीरवता छा जाती है, तापमान में कमी आ जाती है। वातावरण में बे-वक्त और तेजी से होने वाले इन परिवर्तनों से पशु व पक्षी प्रभावित होते हैं। पता चला है कि एकाएक होने वाले इन परिवर्तनों से कुछ पौधे भी प्रभावित होते हैं।

अगस्त का पूर्ण सूर्य-ग्रहण

बुधवार 11 अगस्त (20 श्रावण अमावस्या, 1921 शक संवत्) के दिन यूरोप और एशिया के अनेक देशों से पूर्ण (खग्रास) सूर्य-ग्रहण दिखाई देगा। समूचे धरातल की दृष्टि से यह ग्रहण 11 अगस्त को, भारतीय समय के अनुसार, दोपहर को 1 बजकर 56.2 मिनट पर शुरू होगा और सायंकाल को 7 बजकर 10.1 मिनट पर समाप्त होगा। आंशिक ग्रहण को उत्तरी अटलांटिक महासागर, समूचे यूरोप, उत्तरी अफ्रीका और एशिया (चीन, कोरिया व जापान जैसे पूर्वी भाग को छोड़कर) के स्थानों से देखा जा सकता है। उस दिन, भारतीय समय के अनुसार, दोपहर को 3 बजकर 00.3 मिनट पर चंद्र की छाया (प्रच्छाया) का केंद्र न्यूयार्क के पूर्व में अटलांटिक महासागर के एक स्थान (लगभग पश्चिमी देशांतर 65° और उत्तरी अक्षांश 41°) पर स्पर्श करेगा। अर्थात् चंद्र की छाया (प्रच्छाया) का शंकु पहली बार धरातल के उस स्थान को स्पर्श करेगा और फिर पूर्णता की छाया का वह पट्टा पूर्व की ओर तेजी से आगे दौड़ेगा। प्रच्छाया के प्रथम स्पर्श के स्थान पर पूर्णता का पथ 61 किलोमीटर चौड़ा रहेगा और वहां मध्य रेखा पर पूर्णता की अवधि 46.5 सेकंड होगी।

पूर्ण ग्रहण के समय आकाश का दृश्य

पूर्णता की छाया यूरोप, पश्चिम एशिया और पाकिस्तान को पार करके सायंकाल को 6 बजे के करीब एक मिनट पहले पश्चिमी भारत में प्रवेश करेगी। उदाहरणार्थ, कच्छ के भुज स्थान पर पूर्णता की छाया 5 बजकर 59 मिनट व 15 सेकंड पर पहुंचेगी। वहां पूर्णता-पथ की चौड़ाई 82 किलोमीटर रहेगी और पूर्णता की अवधि होगी 1 मिनट व 11 सेकंड। पूर्णता का पथ खेड़ा, आनंद, वडोदरा, जलगांव, अकोला, यवतमाल और श्रीकाकुलम् आदि शहरों को पार करके सूर्यास्त के समय बंगाल की खाड़ी में सायंकाल को 6 बजकर 6 मिनट पर समाप्त हो जाएगा अर्थात्, उस समय बंगाल की खाड़ी में प्रच्छाया धरातल को छोड़ देगी। अंतत: हिंद महासागर

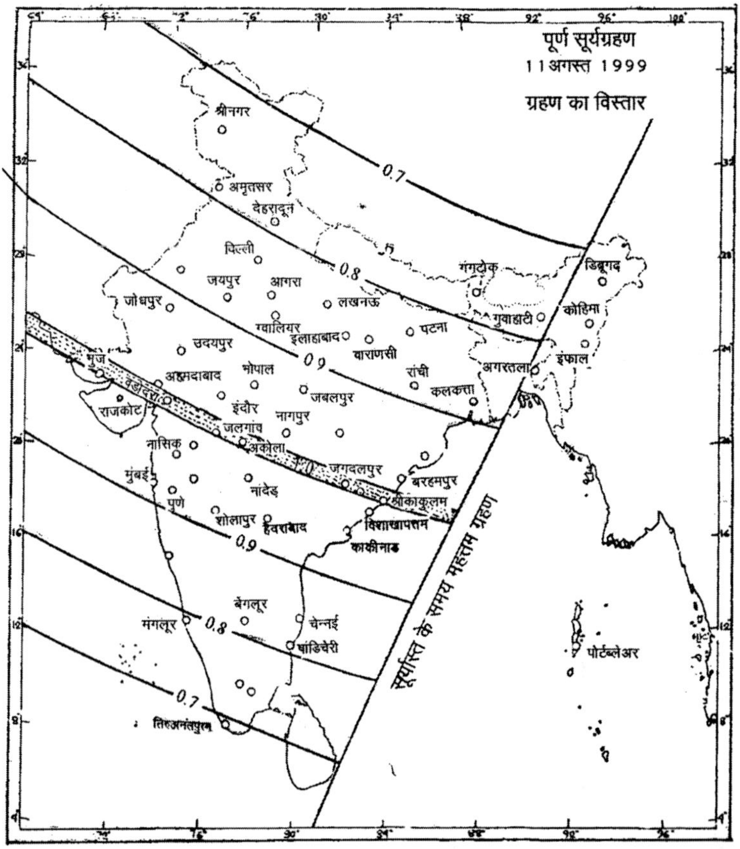

The territorial water of India extend into the sea to a distance of twelve nautical miles measured from the appropriate baseline.
Based upon Survey of India Map with the permission of Surveyor of General of India.

में चंद्र की छाया (उपच्छाया) सूर्यास्त के समय 7 बजकर 10.1 मिनट पर छोड़ देगी, तब ग्रहण (पर्वकाल) समाप्त हो जाएगा)।

आंशिक ग्रहण का आरंभ भारत के सभी भागों से दिखाई देगा। मगर इसका अंत भारत के मध्य व पूर्वी क्षेत्रों से दिखाई नहीं देगा क्योंकि उसके पहले ही सूर्यास्त हो जाएगा। आंशिक ग्रहण वाला क्षेत्र पूर्णता के पथ से जितना ही दूर होगा, उतने ही अनुपात में वहां से सूर्य आच्छादित दिखाई देगा। किसी स्थान पर पूर्णता की अवधि भी इस बात पर निर्भर करती है कि पूर्णता-पथ की मध्य रेखा से वह स्थान कितनी दूर है।

इस ग्रहण के दौरान पूर्णता की अवधि लगभग 30 सेकंड से लगभग 60 सेकंड तक रहेगी।

सूर्य-ग्रहण सायंकाल को है, इसलिए पूर्ण या आंशिक ग्रहण सूर्यास्त के कुछ समय पहले पश्चिमी क्षितिज के पास दिखाई देगा। पूर्णता के समय अल्पावधि के लिए आकाश में कुछ चमकीले तारे और ग्रह भी नजर आ सकते हैं। उस समय पश्चिमी आकाश में चमकीला मघा नक्षत्र और क्षितिज के करीब 7 अंश ऊपर बुध ग्रह तथा करीब 30 अंश ऊपर शुक्र ग्रह दिखाई देगा। पूर्वी आकाश में ज्येष्ठा, श्रवण व अभिजित् नक्षत्र और क्षितिज के करीब 45 अंश ऊपर लाल रंग का मंगल ग्रह दिखाई दे सकता है। उस समय सिर के ऊपर मध्याकाश में चमकीले चित्रा और स्वाति तारे दिखाई देंगे।

अगस्त मानसून का महीना है। इस बात की काफी संभावना है कि 11 अगस्त को ग्रहण के समय या तो वर्षा हो रही होगी या आकाश मेघाच्छादित रहेगा। मगर मनमौजी मौसम के बारे में यकीन के साथ कुछ नहीं कहा जा सकता। यह भी संभव है कि उस दिन सायंकाल को आकाश एकदम साफ रहे, विशेषत: पश्चिमी भारत में। जो भी हो, 11 अगस्त को सायंकाल को प्रकृति के इस अनोखे व रोमांचक नजारे को देखने के लिए हमें तैयार रहना चाहिए। इसके बाद भारतभूमि से अब अगला पूर्ण सूर्य-ग्रहण 22 जुलाई, 2009 को ही दिखाई देगा। संयोग से वह भी मानसून का ही समय होगा!

कुंभपर्व का खगोल वैज्ञानिक पक्ष

कुंभपर्व हर बारह वर्ष बाद देश के चार तीर्थक्षेत्रों में आयोजित होते हैं–हरिद्वार, प्रयाग, नासिक (त्र्यंबकेश्वर) और उज्जैन। नासिक में कुंभपर्व शुरू हो गए हैं। अगले वर्ष 5 अप्रैल से 4 मई (2004) तक उज्जैन में कुंभपर्व चलेगा। समुद्र-मंथन की पौराणिक कथा से जुड़े हुए इस महापर्व का आयोजन विशिष्ट ग्रहयोग के अनुसार होता है। बृहस्पति ग्रह के सिंह राशि में होने पर नासिक और उज्जैन में कुंभपर्व होते हैं, इसलिए ये 'सिंहस्थ' या 'सिंहस्थ गुरु' भी कहलाते हैं। बृहस्पति के वृषभ में होने पर प्रयाग में कुंभपर्व होता है परंतु हरिद्वार का ही कुंभपर्व ऐसा है जो बृहस्पति के कुंभ राशि में पहुंचने पर होता है, इसलिए उसे ही मूल और प्रमुख कुंभ मानना चाहिए। स्कंदपुराण की भी यही मान्यता है।

कुंभ महापर्व का आयोजन खगोलीय घटनाओं पर आधारित है। इन घटनाओं की पड़ताल से एक ओर हमें कुंभपर्व की ऐतिहासिकता के बारे में जानकारी मिलती है, तो दूसरी ओर भारतीय ज्योतिष के विकासक्रम पर भी प्रकाश पड़ता है परंतु पहले समुद्र-मंथन की पौराणिक कथा पर एक नजर डाल लेना उपयोगी होगा। यह कथा अपने समय के सांप्रदायिक संघर्ष को तो उजागर करती ही है, पुराने जमाने की कुछ ज्योतिषीय मान्यताओं पर भी रोशनी डालती है।

समुद्र-मंथन की कथा रामायण (बालकांड, 45वां सर्ग), महाभारत (आदिपर्व के अंतर्गत आस्तीक पर्व) और भागवत, पद्म, विष्णु आदि सभी वैष्णव पुराणों में देखने को मिलती है किंतु कथा सर्वत्र एक जैसी नहीं है। महाकाव्यों के अनुसार यह मंथन अमृत की प्राप्ति के लिए किया गया, तो पुराणों के अनुसाार लक्ष्मी की प्राप्ति के लिए। सागर-मंथन में देवों और असुरों के अलावा नाग भी सम्मिलित थे। इस मंथन में चौदह रत्न प्राप्त हुए परंतु सभी ग्रंथों में इनकी प्राप्ति का क्रम एक-जैसा नहीं है। प्राप्त होने वाले रत्नों में एक धन्वंतरि भी थे, जिनके हाथ में अमृत से भरा कमंडलु था। कथा के अनुसार, अमृत की प्राप्ति के लिए देवों और दानवों में जो संग्राम हुआ उसमें सूर्य, चंद्र और बृहस्पति ने अमृत-कलश को सुरक्षित रखने में विशेष सहायता की थी। इसीलिए कुंभपर्व की तिथियों का निर्धारण बृहस्पति, सूर्य

और चंद्र की राशिगत स्थितियों पर निर्भर करता है। कथा में ज्योतिषीय दृष्टि से विशेष महत्त्व के शब्द हैं–कलश या कुंभ, बृहस्पति (गुरु) और 12 की संख्या। पौराणिक कल्पना में बृहस्पति को भले ही देवताओं का गुरु माना गया हो, मगर वस्तुस्थिति में यह एक ग्रह है–सौर–मंडल का सबसे बड़ा ग्रह। बृहस्पति को आकाश का (वस्तुतः सूर्य का) एक चक्कर लगाने में मोटे तौर पर 12 वर्ष (वस्तुतः 11.86 वर्ष) लगते हैं, इसलिए कुंभपर्व 12 साल के अंतराल से आयोजित होते हैं। महत्त्व की बात है–आकाश का एक पूर्ण चक्कर लगाकर बृहस्पति का पुनः उसी राशि (कुंभ, वृषभ या सिंह) में पहुंचना।

सूर्य–सिद्धांत के अनुसार बृहस्पति को आकाश का या राशिचक्र का एक चक्कर लगाने में 12 साल से कुछ कम समय लगता है, ठीक–ठीक कहें तो 11.86 सौर वर्ष यानी 11 वर्ष और करीब 315 दिन लगते हैं। अन्य शब्दों में, 12 वर्ष में करीब 50 दिन कम लगते हैं। इस तरह 84 वर्षों में एक वर्ष का अंतर पड़ जाता है। अतः छह कुंभ तो 12 वर्षों के होंगे, किंतु सातवां कुंभ 11वें वर्ष में होगा। सातवां कुंभ भी 12वें वर्ष में मनाने का आग्रह नहीं किया जा सकता।

बृहस्पति को नक्षत्र-मंडल का अथवा 12 राशियों का एक चक्कर लगाने में लगभग 12 साल लगते हैं। इसी के आधार पर हमारे देश में प्राचीन समय में बार्हस्पत्य संवत्सर की काल–गणना अस्तित्व में आई थी। बार्हस्पत्य संवत्सर के दो प्रकार थे–एक 12 वर्ष का चक्र और दूसरा 60 वर्ष का चक्र। पहला चक्र बृहस्पति के 12 राशियों में से होने वाले भ्रमण पर आधारित था, इसलिए उसके वर्षों को चैत्र, वैशाख आदि नाम दिए गए थे। इन बार्हस्पत्य संवत्सरों के नामों के पहले प्रायः 'महा' शब्द जोड़ दिया जाता था, जैसे–जिस साल बृहस्पति का 'उदय' कृत्तिका या रोहिणी नक्षत्र में होता था उसे कार्तिक या महाकर्तिक संवत्सर के नाम से जाना जाता था। हमारे देश के कई शिलालेखों और ताम्रपत्रों में इस बार्हस्पत्य संवत्सर का इस्तेमाल हुआ है।

वैदिक काल और वेदांग–ज्योतिष काल में 5 वर्ष के युग का प्रचलन था। बाद में बृहस्पति के 5 वर्ष के युग की कल्पना की गई। बृहस्पति के 5 वर्षों में 12 × 5 = 60 सौर वर्ष होते हैं। इस तरह 60 वर्षों का बार्हस्पत्य संवत्सर चक्र अस्तित्व में आ गया। इन 60 वर्षों को प्रभव, विभव, शुक्ल, प्रमोद आदि नाम दिए गए। इस संवत्सर चक्र का भी अभिलेखों में प्रयोग हुआ है। ईसा की तीसरी सदी के उत्तरार्ध के ऐसे दो अभिलेख नागार्जुन कोंडा से मिले हैं। दक्षिण भारत (नर्मदा के दक्षिण) में 60 वर्ष वाले बार्हस्पत्य संवत्सर चक्र का आज भी चलन है।

ज्योतिषीय अन्वेषण से यह भी जानकारी मिल सकती है कि कुंभपर्व की परंपरा कब शुरू हुई होगी। आज भले ही लगता हो कि राशियां आरंभकाल से ही भारतीय

ज्योतिष की अभिन्न अंग रही हैं। मगर बात ऐसी नहीं है। वैदिक साहित्य, वेदांग-ज्योतिष और महाभारत में 12 राशियों और 7 वारों का कहीं कोई उल्लेख नहीं है। भारतीय ज्योतिष में इनका समावेश बाद में, ईसवी सन् की आरंभिक सदियों में हुआ। उसके पहले हमारे देश में 27 चांद्र नक्षत्रों वाली पद्धति का प्रचलन हुआ है। आज प्रचलित 12 राशियों और 7 ग्रहों का उदय बेबीलोनी (खल्दियाई) ज्योतिष में हुआ। पहले इन्हें यूनानियों ने अपनाया। फिर खल्दियाई-यूनानी ज्योतिष (साथ में फलित-ज्योतिष) के साथ भारत में इसका आगमन हुआ। कुंभ, वृषभ, मिथुन आदि हमारे राशिनाम बेबीलोनी से यूनानी में सीधे अपनाए गए राशिनामों के संस्कृत अनुवाद हैं।

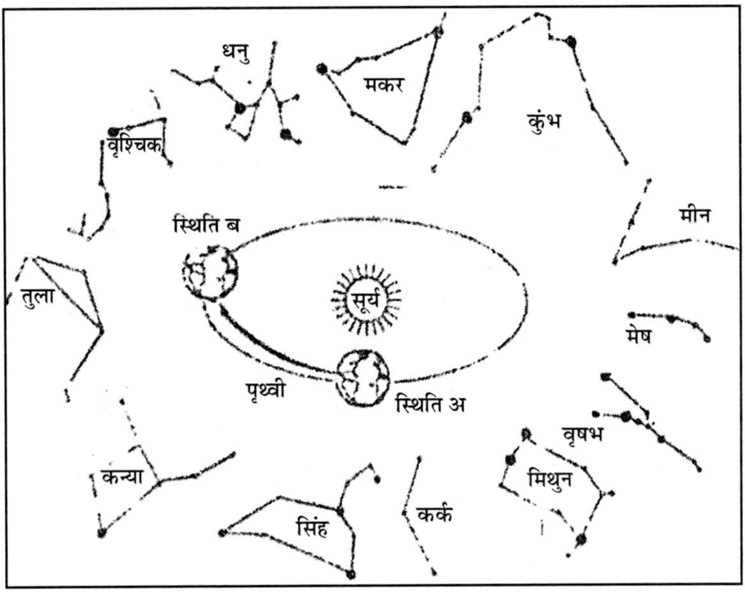

सूर्य की विभिन्न राशियों में यात्रा एक दृष्टिभ्रम है, जो इस गलत धारणा पर आधारित है कि पृथ्वी स्थिर है और सूर्य इसकी परिक्रमा कर रहा है। देखिए कि पृथ्वी की स्थिति अ में सूर्य मकर राशि में दिखाई देता है और स्थिति ब में यह मेष राशि में दिखाई देता है।

विदेशी मूल की 12 राशियों का जब प्राचीन भारतीय परंपरा के 27 नक्षत्रों के साथ मेल बिठाया गया तो स्थिति बड़ी बेमेल बन गई। पाश्चात्य ज्योतिष की सभी 12 राशियां रविपथ (क्रांतिवृत्त) पर स्थित हैं। इसके विपरीत, भारत में स्वीकृत राशियों का विस्तार सुनिश्चित कर दिया गया-प्रत्येक राशि 30 अंश के बराबर परंतु प्रत्येक राशि के साथ जिन सवा दो भारतीय नक्षत्रों का मेल बिठाया गया वे सभी रविपथ पर

स्थित नहीं हैं। बेबीलोनी-यूनानी राशिनामों का जब संस्कृत में अनुवाद किया गया, तब उनमें थोड़ा परिवर्तन भी किया गया। यूनानी दिदुमाई (जुड़वां) भारतीय मिथुन बन गया। बेबीलोनी-यूनानी समुद्री बकरा (कैप्रिकॉर्न) भारतीय मकर बन गया। उसी तरह, बेबीलोनी-यूनानी-धनुर्धर (सैजिटेरियस) भारतीय धनु और बेबीलोनी-यूनानी में जो कुंभधर (एक्वेरियस) था वह भारतीय कुंभ (घट) हो गया।

इस तरह की बेमेल व्यवस्था से सहज स्पष्ट हो जाता है कि राशियां भारतीय मूल की नहीं हैं। भारत में इनका प्रचार-प्रसार ईसा की दूसरी-तीसरी सदी के बाद हुआ। कुंभपर्व के लिए राशि-ग्रह योग की व्यवस्था भी उसके बाद ही अस्तित्व में आई है। जिस स्कंदपुराण में कुंभपर्व के राशि-ग्रह योग की व्यवस्था दी गई है वह ईसा की आठवीं-नौवीं सदी के पहले का नहीं है। कुंभपर्व की परंपरा बहुत प्राचीन नहीं है। डॉ. राजबली पांडेय ने भी अपने 'हिंदू धर्मकोश' में लिखा है कि प्राचीन धर्मशास्त्र ग्रंथों में कुंभयोगों का उल्लेख नहीं पाया जाता है। चीनी बौद्ध पर्यटक श्वेन त्साङ् (युवान च्वाङ : 600-644 ई.) ने अपने 'भारत-यात्रा विवरण' में प्रयाग में आयोजित जिस 'महादान सम्मेलन' का उल्लेख किया है, वह प्रत्येक पांच वर्ष बाद होता था। वह कुंभपर्व नहीं था।

एक और बात से भी यह स्पष्ट होता है कि नक्षत्र-पद्धति तो स्वदेशी है परंतु राशि-पद्धति विदेशी मूल की है। प्राचीन भारतीय ग्रंथों में, ठेठ वैदिक काल से, नक्षत्रों के बारे में तो कथाएं उपलब्ध हैं (जैसे, ऐतरेय ब्राह्मण की रोहिणी-मृग-व्याध की कथा), मगर राशियों के बारे में कहीं कोई कथा देखने को नहीं मिलती। इसके विपरीत, राशियों के बारे में कई सारी यूनानी कथाएं उपलब्ध हैं।

जैसे, एक यूनानी पुराण कथा के अनुसार, आकाश का यह कुंभ वही अमृत-कुंभ है जिसे बालक गनिमेड ने ज्यूपिटर या ज्यूस (द्यौस) द्वारा हासिल किए गए गरुड़ के सहयोग से देवों को उपलब्ध कराया था। बालक गनिमेड ज्यूस के लिए अमृत का प्याला पेश करता था।

क्या आपको अमृत-कथा की यूनानी और भारतीय पुराण कथाओं में कोई साम्य नजर आता है? ज्यूस (ज्यूपिटर) हमारे बृहस्पति जान पड़ते हैं और गनिमेड इंद्र-पुत्र जयंत।

कुंभ राशि से अमृत-कुंभ या कुंभपर्व का संबंध काफी बाद में जोड़ा गया। रविपथ के इस तारा-मंडल को प्राय: सभी प्राचीन सभ्यताओं में जलकुंभ या कुंभधर के रूप में पहचाना गया था। कारण यह है कि प्राचीन काल में इस मंडल का संबंध वर्षा से रहा है। सूर्य जब कुंभ राशि में पहुंचता था, तो खूब वर्षा होती थी। यह भी ध्यान देने योग्य बात है कि कुंभ के आसपास के मकर, सेतुस, डॉलफिन, मीन और दक्षिण-मीन तारा-मंडलों का नामकरण जलीय प्राणियों के आधार पर ही हुआ है।

बेबीलोनवासियों ने कुंभ तारा-मंडल या राशि को एक ऐसे आदमी या बालक के रूप में पहचाना था जो अपने कंधे पर घट धारण किए हुए है। अक्कदियों, मिस्त्रियों, रोमनों और अरबों ने भी इस तारा-मंडल को कुंभ या कुंभधर के रूप में ही देखा था। प्राचीन यूनानी साहित्य में इस राशि के लिए 'हिद्रोकस' शब्द मिलता है। वराहमिहिर (ईसा की छठी सदी) ने इसी यूनानी शब्द के आधार पर कुंभ राशि के लिए 'हृद्रोग' शब्द बनाया था (बृहज्जातक), मगर चला नहीं।

'जब बृहस्पति कुंभ में होता है' और 'जब सूर्य मेष में होता है' जैसे कथनों का धार्मिक अनुष्ठानों और फलित-ज्योतिष के लिए भले ही विशेष महत्त्व हो, मगर वस्तुस्थिति की दृष्टि से ये कथन अर्थहीन हैं। प्राचीन काल में आकाश के तारा-समूहों में जिन वस्तुचित्रों की कल्पना की गई थी (तैत्तिरीय ब्राह्मण का वचन भी है- यानि या इमानि पृथिव्याश्चित्राणि, यानी पृथ्वी के पदार्थों के चित्र भी नक्षत्र हैं)। वे वस्तुस्थिति से मेल नहीं खाते। जिन्हें हम कुंभ, मेष या सिंह राशि के तारे कहते हैं वे हमारे सौर-मंडल से बहुत-बहुत दूर हैं।

इतना ही नहीं, वे एक-दूसरे से भी बहुत दूर-दूर हैं। प्राचीन काल के नक्षत्रदर्शियों ने सोचा था कि आकाश के सभी तारे हमसे समान दूरी पर हैं और ये आकाश के एक गोल (भगोल या खगोल) पर स्थित हैं। मगर आज हम जानते हैं कि वस्तुस्थिति यह नहीं है। आकाश में किसी कुंभ, मेष या सिंह की खोज करना व्यर्थ है। आज खगोल-विज्ञान में इन राशिनामों का उपयोग इनमें मौजूद तारों और इनकी पृष्ठभूमि में यात्रा करने वाली चंद्र, सूर्य तथा ग्रहों आदि की सिर्फ पहचान के लिए ही होता है।

कुंभपर्व : एक खगोल वैज्ञानिक विवेचन

कुंभपर्व भारत का सबसे बड़ा धार्मिक मेला है। संसार के शायद ही किसी अन्य आयोजन में इतने विशाल स्तर पर लोग सम्मिलित होते हों। कुंभपर्व हर बारह वर्ष बाद देश के चार तीर्थक्षेत्रों में आयोजित होता है। ये चार तीर्थक्षेत्र हैं–हरिद्वार, प्रयाग (इलाहाबाद), नासिक और उज्जैन। इस साल कुंभपर्व का आयोजन हरिद्वार में हो रहा है।

कुंभ का यह महापर्व समुद्र-मंथन की पौराणिक कथा पर आधारित है। मगर देश के चार स्थानों में कुंभपर्व का आयोजन विशिष्ट ग्रहयोग के अनुसार होता है, इस प्रकार–

1. बृहस्पति के कुंभ राशि में और सूर्य के मेष राशि में होने पर हरिद्वार में कुंभ होता है।
2. बृहस्पति के वृषभ राशि में और सूर्य के मकर राशि में होने पर प्रयाग में कुंभ होता है।
3. बृहस्पति के सिंह राशि में और सूर्य के भी सिंह राशि में होने पर नासिक में कुंभ होता है।
4. बृहस्पति के सिंह राशि में और सूर्य के मेष राशि में होने पर उज्जैन में कुंभ होता है।

बृहस्पति ग्रह के सिंह राशि में होने पर नासिक और उज्जैन में कुंभ होते हैं, इसलिए इन्हें **सिंहस्थ पर्व** भी कहते हैं। हरिद्वार का कुंभ बृहस्पति के कुंभ राशि में पहुंचने पर होता है, इसलिए इसे ही मूल और प्रमुख कुंभ मानना चाहिए। **स्कंदपुराण** का श्लोक भी है–

पद्मिनीनायके मेषे कुम्भराशिगतेः गुरौ।
गंगाद्वारे भवेद् योगः कुंभनामा तदोत्तमः॥

अर्थात्, जब बृहस्पति कुंभ राशि में और सूर्य मेष राशि में पहुंचते हैं, तब हरिद्वार में कुंभ नाम का उत्तम योग होता है।

सन् 1974 और 1986 में हरिद्वार में कुंभ मेले आयोजित हुए थे। इस वर्ष बृहस्पति के कुंभ राशि में होने के कारण, बारह वर्ष बाद, हरिद्वार में पुनः कुंभपर्व

आयोजित हो रहा है। वर्षारंभ से लेकर दिनांक 24.5.98 तक और दिनांक 10.9.98 से लेकर दिनांक 12.1.99 तक बृहस्पति कुंभ राशि में रहेगा। सूर्य दिनांक 13.4.98 को मेष राशि में पहुंचा इसलिए दिनांक 14.4.98 से लेकर दिनांक 14.5.98 तक कुंभपर्व काल रहा। इस पर्व काल में हरिद्वार में कुंभ मेले का और विशिष्ट कुंभ स्नानों का आयोजन हुआ। कुंभपर्व का प्रथम प्रमुख स्नान (शाही स्नान) दिनांक 14.4.98 (चैत्र कृष्ण द्वितीया) को था।

तात्पर्य यह है कि कुंभ महापर्व का आयोजन खगोलीय घटनाओं पर आधारित है। इन खगोलीय घटनाओं का विवेचन करने पर एक ओर हमें कुंभपर्व की ऐतिहासिकता के बारे में महत्त्वपूर्ण जानकारी मिलती है, तो दूसरी ओर भारतीय ज्योतिष के विकासक्रम पर भी काफी प्रकाश पड़ता है। मगर पहले कुंभपर्व से संबंधित समुद्र-मंथन की पौराणिक कथा पर दृष्टिपात कर लेना उपयोगी होगा। यह कथा अपने समय के सांप्रदायिक संघर्षों को तो उजागर करती ही है, पुराने समय की कुछ ज्योतिषीय मान्यताओं पर भी प्रकाश डालती है।

समुद्र-मंथन की कथा **रामायण** (बालकांड, 45वां सर्ग), **महाभारत** (आदिपर्व के अंतर्गत आस्तीकपर्व) और **भागवत, पद्म, विष्णु** आदि सभी वैष्णव पुराणों में देखने को मिलती है। मगर कथा सर्वत्र एक-जैसी नहीं है। महाकाव्यों में यह मंथन अमृत की प्राप्ति के लिए किया गया, तो पुराणों में लक्ष्मी की प्राप्ति के लिए। इस सागर-मंथन में देवों और असुरों के अलावा नाग भी सम्मिलित थे।

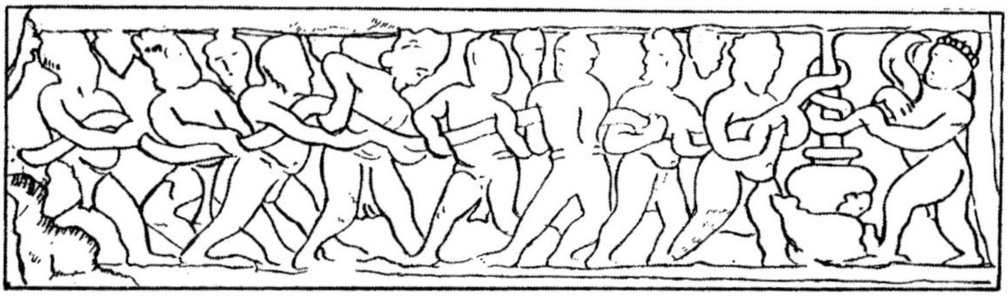

समुद्र मंथन (हरिद्वार के गुरुकुल कांगड़ी संग्रहालय में स्थित) एक मूर्ति-शिल्प के आधार पर

सागर-मंथन से चौदह रत्न प्राप्त हुए। मगर सभी ग्रंथों में इनकी प्राप्ति का क्रम एक जैसा नहीं है। मंथन में सर्वप्रथम विष निकला। शंकर ने विषपान किया और वे नीलकंठ कहलाए। आगे प्राप्त होने वाले रत्नों में एक धन्वंतरि भी थे, उनके हाथ में अमृत से भरा कमंडलु था!

अमृत-कलश प्राप्त होते ही उसे हड़पने के लिए देवों और असुरों में कूटनीति की चालें शुरू हो गईं। अमृत पान से अमरत्व मिलने की बात थी, इसलिए देव

नहीं चाहते थे कि असुरों या दानवों को अमृत प्राप्त हो। कुछ ग्रंथों में उल्लेख है कि इंद्र ने अपने पुत्र जयंत को अमृत-कुंभ लेकर भागने का इशारा किया। दानव देवताओं की इस चाल को समझ गए और वे भी अमृत-कलश छीनने के लिए जयंत के पीछे दौड़े।

अमृत-कुंभ की प्राप्ति के लिए देवों और दानवों के बीच भयंकर संग्राम छिड़ गया। कहते हैं कि यह संग्राम 12 दिनों तक चला था, मगर देवताओं के 12 दिन मनुष्यों के 12 वर्षों के बराबर होते हैं। इस संग्राम के दौरान जयंत चार स्थानों पर कुछ समय के लिए रुका था या दानवों की पकड़ में आ गया था और छीना-झपटी में अमृत की कुछ बूंदें इन्हीं चार स्थानों पर छलक पड़ी थीं। धार्मिक विश्वास है कि अमृत-कलश से छलकी बूंदों के कारण ये चार तीर्थ (हरिद्वार, प्रयाग, नासिक व उज्जैन) तथा यहां की नदियां अमृतमयी हो गई हैं।

बताया जाता है कि अमृत-कलश की प्राप्ति के लिए देवों और दानवों में जो संग्राम हुआ उसमें सूर्य, चंद्र और बृहस्पति ने अमृत-कलश को सुरक्षित रखने में

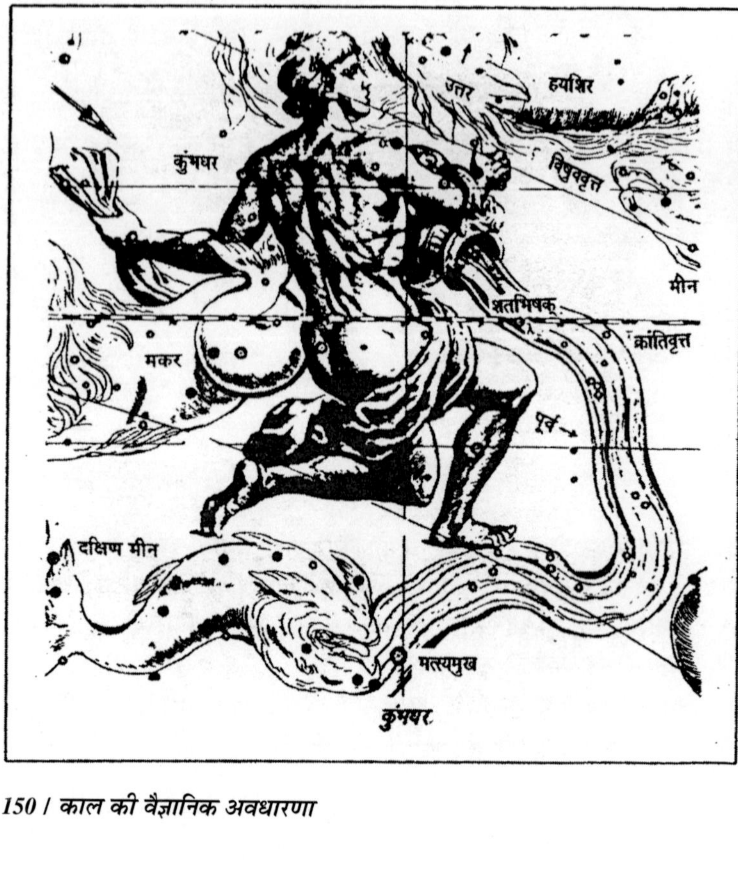

जयंत को विशेष सहायता प्रदान की थी। सूर्य ने अमृत-घट को फूटने से बचाया, चंद्रमा ने कलश को गिरने से बचाया और बृहस्पति ने दानवों के हाथों में जाने से उसे बचाया। इसीलिए कुंभ महापर्व की तिथियों का निर्धारण बृहस्पति, सूर्य और चंद्र की राशिगत स्थितियों पर निर्भर करता है।

समुद्र-मंथन की इस कथा में ज्योतिषीय दृष्टि से विशेष महत्त्व के शब्द हैं- कलश या कुंभ, बृहस्पति और 12 की संख्या। पौराणिक कल्पना में बृहस्पति को भले ही देवताओं का गुरु माना गया हो, मगर वस्तुस्थिति में वह एक ग्रह है-सौर-मंडल का सबसे बड़ा ग्रह। बृहस्पति का परिभ्रमणकाल करीब 12 वर्ष (वस्तुतः 11.86 वर्ष) है, यानी इस ग्रह को नक्षत्र-मंडल का अथवा कुल 12 राशियों का एक चक्कर लगाने में करीब 12 साल लगते हैं। इसी के आधार पर हमारे देश में प्राचीन काल में **बार्हस्पत्य संवत्सर** की काल-गणना अस्तित्व में आई थी।

बार्हस्पत्य संवत्सर के दो प्रकार थे-एक 12 वर्ष का चक्र और दूसरा 60 वर्ष का चक्र। पहला चक्र बृहस्पति के 12 राशियों में से होने वाले भ्रमण पर आधारित

था, इसलिए उसके वर्षों को चैत्र, वैशाख आदि नाम दिए गए थे। इन बार्हस्पत्य संवत्सरों में और चांद्रमासों में गड़बड़ न हो, इसलिए बार्हस्पत्य संवत्सरों के नामों के पहले प्राय: 'महा' शब्द जोड़ दिया जाता था, जैसे–जिस साल बृहस्पति का 'उदय' कृत्तिका या रोहिणी नक्षत्र में होता था उसे कार्तिक या महाकार्तिक संवत्सर के नाम से जाना जाता था। हमारे देश के कई शिलालेखों और ताम्रपत्रों में इस बार्हस्पत्य संवत्सर का इस्तेमाल हुआ है।

वैदिक काल में और वेदांग-ज्योतिष काल में 5 वर्ष के युग का प्रचलन था। बाद में बृहस्पति के 5 वर्ष के एक युग की कल्पना की गई। बृहस्पति के 5 वर्षों में 12 × 5 = 60 सौर वर्ष होते हैं। इस तरह 60 वर्षों का बार्हस्पत्य संवत्सर चक्र अस्तित्व में आ गया। इन 60 वर्षों को प्रभव, विभव, शुक्ल, प्रमोद आदि साठ नाम दिए गए। इस बार्हस्पत्य संवत्सर चक्र का भी अभिलेखों में उपयोग हुआ है। ईसा की तीसरी सदी के उत्तरार्ध के ऐसे दो अभिलेख नागार्जुनकोंडा से प्राप्त हुए हैं।

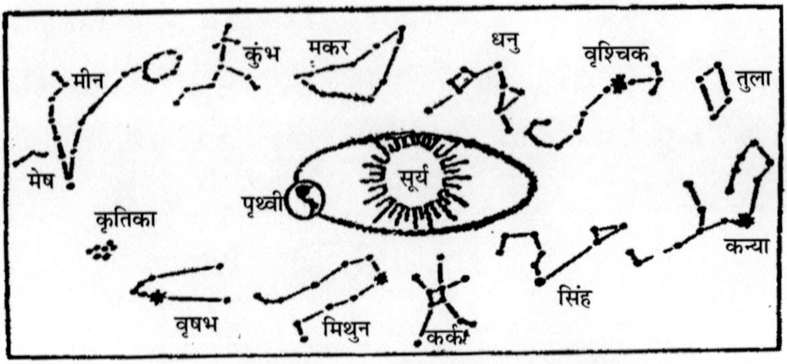

राशिचक्र : मेष और वृषभ के बीच में कृत्तिका के सात तारे हैं,
वैदिक काल में वसंत-विषुव बिंदु कृत्तिकाओं के समीप था।

आज की प्रथा के अनुसार 60 वर्षीय संवत्सर चक्र तब शुरू होता है जब बृहस्पति कुंभ राशि में प्रवेश करता है और प्रथम वर्ष प्रभव होता है। पता चलता है कि कुंभ-प्रवेश वाले इस बार्हस्पत्य चक्र की शुरुआत ईसा की तीसरी सदी के आरंभ में हुई थी।

आज हम एक नई पाश्चात्य काल-गणना पद्धति का उपयोग करते हैं, इसलिए तिथि, नक्षत्र, पक्ष, राशि, संवत्सर आदि की धारणाओं पर आधारित प्राचीन भारतीय काल-गणना पद्धतियों को समझने में बहुतों को काफी कठिनाई होती है। मगर हमें यह स्मरण रखना चाहिए कि प्राचीन भारतीय संस्कृति और

परंपरा को ठीक से समझने के लिए प्राचीन भारतीय ज्योतिष का ज्ञान अत्यावश्यक है। कई पौराणिक कथाएं, जो सतही तौर पर आध्यात्मिक और असंगत जान पड़ती हैं, ज्योतिषीय दृष्टि से परखने पर अपना सही भौतिक व लौकिक स्वरूप जाहिर कर देती हैं।

कुंभपर्व का आयोजन ग्रहयोग पर आधारित है। बृहस्पति को आकाश का (वस्तुतः सूर्य का) एक चक्कर लगाने में मोटे तौर पर 12 वर्ष (वस्तुतः 11.86 वर्ष) लगते हैं, इसीलिए कुंभपर्व 12 साल के अंतराल से आयोजित होते हैं। महत्त्व की बात है–आकाश का एक पूर्ण चक्कर लगाकर बृहस्पति का पुनः उसी राशि (कुंभ, वृषभ या सिंह) में पहुंचना। देवों और दैत्यों के बीच अमृत-कुंभ की प्राप्ति के लिए जो संग्राम हुआ वह मनुष्य के 12 वर्षों (देवों के 12 दिनों) तक चला। ये 12 वर्ष बारह वर्षीय बार्हस्पत्य संवत्सर चक्र के द्योतक हैं। अमृत-कुंभ की बूंदें केवल 4 स्थानों पर नहीं, अपितु 12 स्थानों पर छलकी थीं। कथा में बताया गया है कि इनमें से 8 स्थान देवलोक में हैं और 4 स्थान भूलोक अर्थात् भारत में।

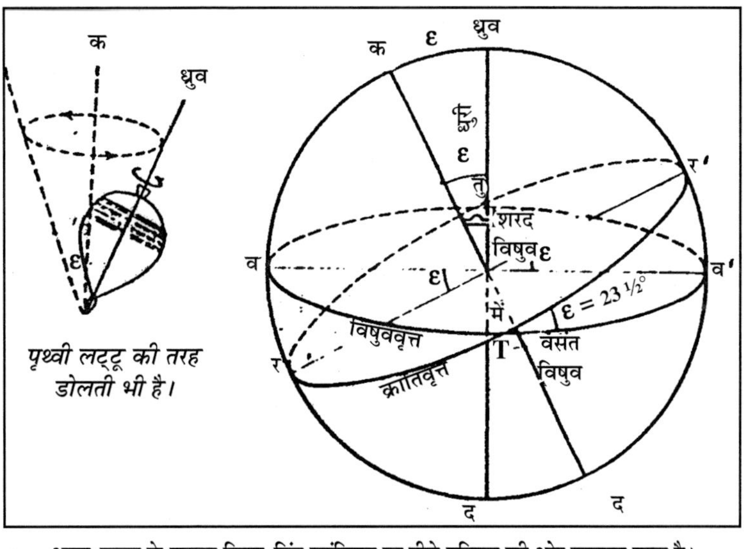

अयन-चलन के कारण विषुव-बिंदु क्रांतिवृत्त पर पीछे पश्चिम की ओर सरकता रहता है।

भारतीय ज्योतिषियों ने यह भी जान लिया था कि बृहस्पति को आकाश का या राशिचक्र का एक चक्कर लगाने में 12 साल से कम समय लगता है, 11 वर्ष और करीब 325 दिन लगते हैं अर्थात्, 12 वर्ष में करीब 50 दिन कम लगते हैं। इस तरह

84 वर्ष में एक वर्ष का अंतर पड़ जाता है। अतः छह कुंभ तो 12 वर्षों के होंगे, मगर सातवां कुंभ 11वें वर्ष में होगा। सातवां कुंभ भी 12वें वर्ष में मनाने का आग्रह नहीं किया जा सकता।

ज्योतिषीय अन्वेषण से यह भी जानकारी मिल सकती है कि कुंभपर्व की परंपरा कब शुरू हुई होगी। ऊपर हमने राशिचक्र और राशियों का कई बार उल्लेख किया है, बताया है कि बृहस्पति जब कुंभ राशि में और सूर्य मेष राशि में होता है, तो हरिद्वार में कुंभपर्व का आयोजन होता है। फलित-ज्योतिष में भी भविष्य-कथन के लिए राशियों का इस्तेमाल होता है। पंचांगों में भी जानकारी दी जाती है कि चंद्र किस दिन किस राशि में होता है और सूर्य किस राशि में कब संक्रमण करता है। लगता है जैसे राशियां आरंभ काल से ही भारतीय ज्योतिष की अभिन्न अंग रही हैं।

मगर बात ऐसी नहीं है। **वैदिक साहित्य, वेदांग-ज्योतिष** और **महाभारत** में आज प्रचलित 12 राशियों और सात वारों का कहीं कोई उल्लेख नहीं है। भारतीय ज्योतिष में सात वारों और 12 राशियों का समावेश बाद में, ईसवी सन् की आरंभिक सदियों में हुआ। उसके पहले हमारे देश में चांद्र-नक्षत्र पद्धति का प्रचलन रहा है। तारों के बीच में चंद्र की प्रतिदिन की स्थिति को अपेक्षाकृत आसानी से जाना जा सकता है। तारों की पृष्ठभूमि में चंद्रमा आकाश का एक चक्कर 27 दिन और लगभग 20 मिनटों में लगा लेता है। इसलिए आरंभ में, प्रायः सभी देशों में, चंद्र के चक्कर को पूर्ण संख्या 27 या 28 में बांटकर प्रत्येक भाग के लिए एक चमकीला नक्षत्र निर्धारित किया गया। चंद्रमार्ग के इन 27 भागों को प्राचीन ज्योतिष में नक्षत्र कहा गया। वैसे, नक्षत्र का अर्थ तारा या तारा-समूह है, मगर यह शब्द चंद्रमार्ग के 27वें भाग (करीब 13 अंश और 20 मिनट) के लिए भी प्रयुक्त हुआ।

ऋग्वेद में 27 नक्षत्रों की सूची तो नहीं है, मगर यत्र-तत्र **अघा** (मघा), **अर्जुनी** (फाल्गुनी) जैसे नक्षत्रों का जिक्र आया है। सत्ताईस नक्षत्रों की पूर्ण सूची **तैत्तिरीय ब्राह्मण** में देखने को मिलती है। **अथर्व-संहिता** के **नक्षत्रकल्प** परिशिष्ट में 28 नक्षत्र गिनाए गए हैं (**अभिजित्** सहित)। जैन ग्रंथों में भी अभिजित् सहित 28 नक्षत्रों की सूची देखने को मिलती है। चीनी और अरबी ज्योतिष में भी 28 नक्षत्रों का प्रचलन रहा है।

प्राचीन भारत की चांद्र-नक्षत्र पद्धति की अपनी कुछ विशेषताएं हैं, इसलिए यह मानने का कोई कारण नहीं है कि इसे चीन या बेबीलोन से अपनाया गया है। हां, इस बात की कुछ संभावना अवश्य है कि हड़प्पा संस्कृति से अपनाया गया हो। **अथर्ववेद** में पहली बार 28 नक्षत्रों की सूची देखने को मिलती है (यह सूची

कृत्तिका से आरंभ होती है और हम जानते हैं कि इस वेद की कई बातें आर्येतर संस्कृति पर आधारित हैं)। इधर कुछ पुरालिपिविदों ने सिंधु सभ्यता की मुद्राओं में कृत्तिका नक्षत्र के प्रतीकों को पहचानने के दावे किए हैं।

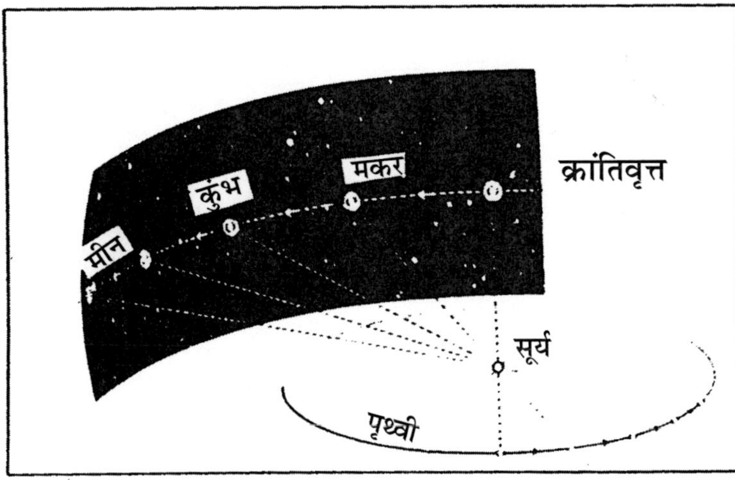

पृथ्वी की वार्षिक गति के कारण ही सूर्य तारों की पृष्ठभूमि में हमें विभिन्न दिशाओं में दिखाई देता है। जिन तारा-मंडलों के सामने से सूर्य गुजरता दिखाई देता है वे ही राशिचक्र के मीन, कुंभ आदि मंडल हैं।

जो भी हो, हमारी चांद्र-नक्षत्र पद्धति निश्चय ही भारतीय मूल की है। **यजुर्वेद** में ज्योतिषी को **नक्षत्रदर्श** कहा गया है। मासों के चैत्र, वैशाख आदि नाम भी चित्रा, विशाखा आदि नक्षत्रों के आधार पर बने हैं। वैदिक काल में दिन की पहचान चांद्र नक्षत्रों के आधार पर होती थी। जैसे जब चंद्रमा मघा नक्षत्र में दिखाई देने वाला होता था, तब वह दिन मघा दिन के नाम से जाना जाता था। दिनों को शुभाशुभ मानने का विश्वास भी नक्षत्रों पर ही आधारित था। सम्राट अशोक के अभिलेखों में ब्राह्मणों और श्रमणों को दान देने के लिए **पुष्य** (नक्षत्र) दिन को शुभ बताया गया है।

आज प्रचलित सात वारों का उदय खल्दियाई फलित-ज्योतिष में ईसा-पूर्व 400 के आसपास हुआ उनसे इन्हें यूनानियों और रोमनों ने अपनाया। भारत में सात वारों (सप्ताह) की पद्धति का आगमन खल्दियाई यूनानी फलित-ज्योतिष के साथ ईसा की आरंभिक सदियों में हुआ। महाक्षत्रप रुद्रदामन् (ईसा की दूसरी सदी) के गिरनार-लेख में तिथि (पंचमी), पक्ष (वैशाख शुक्ल) और नक्षत्र (रोहिणी) का

उल्लेख है, मगर वारों का कोई जिक्र नहीं है। वारों का पहली बार उल्लेख गुप्त-सम्राट बुधगुप्त के एरण (मध्य प्रदेश) के एक प्रस्तर-लेख में देखने को मिलता है। यह लेख गुप्त संवत् 165 (484 ई.) का है। इसमें गुरुवार का उल्लेख है। (**आषाढमास-शुक्लद्वादश्यां सुरगुरोर्दिवसे...**)।

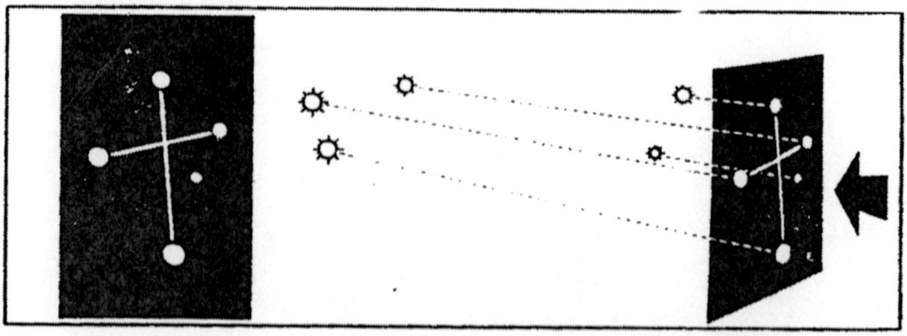

यहां दिखाया गया है कि एक मंडल के तारे धरती से कैसे दिखाई देते हैं और वस्तुतः अंतरिक्ष में वे कैसे हैं।

राशियों का उदय भी बेबीलोनो (खल्दियाई) ज्योतिष में हुआ था। खल्दियाई राशिनामों को, साथ में उनके फलित-ज्योतिष को भी, यूनानियों ने अपनाया। सेल्यूकी साम्राज्य के दौरान और बाद में शकों के साथ भारत में खल्दियाई-यूनानी ज्योतिष (साथ में फलित-ज्योतिष) 12 राशियों और सात वारों को प्रवेश मिला। यही वजह है कि आज प्रचलित फलित-ज्योतिष प्रमुखतः राशि-विभाजन और सात वारों से जुड़ा हुआ है। कुछ प्राचीन आख्यानों से स्पष्ट होता है कि भारत में खल्दियाई-यूनानी ज्योतिष का आगमन, फलित का भी, शाकद्वीपी ब्राह्मणों के जरिए हुआ। **वराहमिहिर** (ईसा की छठी सदी) संभवतः शाकद्वीपी मग ब्राह्मण ही थे। **आर्यभट** (जन्म 476 ई.) को भी यूनानी ज्योतिष का अच्छा ज्ञान था।

भारतीय राशिनामों पर विचार करने से भी यह स्पष्ट होता है कि इनका मूल खल्दियाई-यूनानी ज्योतिष में है (देखिए, विभिन्न राशिनामों की सारणी)। वराहमिहिर ने अपने ग्रंथों में करीब तीन दर्जन यूनानी शब्दों का प्रयोग किया है। वराह ने राशियों के यूनानी नामों के आधार पर संस्कृत में क्रिय, ताबुरि, जितुम आदि नाम गढ़े थे, मगर वे चले नहीं। फिर यूनानी राशिनामों का संस्कृत में सीधे अनुवाद किया गया और मेष, वृषभ आदि अनूदित नाम भारत में रूढ़ हो गए। यूनानी राशिनाम बेबीलोनी-खल्दियाई राशिनामों पर आधारित हैं। मगर इन नामों का जब संस्कृत में अनुवाद किया गया, तो थोड़ा परिवर्तन

भी किया गया। यूनानी **दिदुमोई** (जुड़वां) भारतीय **मिथुन** बन गया। बेबीलोनी और यूनानी **धनुर्धर** भारतीय **धनु** बन गया। बेबीलोनी-यूनानी समुद्री बकरा भारतीय **मकर** बन गया और बेबीलोनी-यूनानी **कुंभधर** भारतीय **कुंभ** हो गया।

विदेशी मूल की 12 राशियों को अपनाने पर प्राचीन भारतीय परंपरा के 27 नक्षत्रों के साथ इनका मेल बिठाना आवश्यक हो गया अर्थात् 360^0 को 12 राशियों में और 27 नक्षत्रों में बांटकर इन दोनों का संबंध स्थापित करना पड़ा। इस प्रकार प्रत्येक राशि का विस्तार 30^0 तक होता है और प्रत्येक नक्षत्र का $13^0 20'$। अन्य शब्दों में, एक राशि में 2¼ नक्षत्रों का समावेश किया गया (देखिए सारणी : **राशियां और उनके भारतीय नक्षत्र**)। एक-चौथाई नक्षत्र का विस्तार $3^0 20'$ होता है।

राशियां और उनके भारतीय नक्षत्र

(प्रत्येक राशि में 30 अंशों के तुल्य सवा-दो नक्षत्रों का समावेश किया गया है।)

राशि चिह्न	राशि नाम	नक्षत्र
♈	मेष	अश्विनी (1), भरणी (1), कृत्तिका (¼)
♉	वृषभ	कृत्तिका (¾), रोहिणी (1), मृग (x)
♊	मिथुन	मृग (½), आर्द्रा (1), पुनर्वसु (¾)
♋	कर्क	पुनर्वसु (¼), पुष्य (1), आश्लेषा (1)
♌	सिंह	मघा (1), पूर्वाफाल्गुनी (1), उत्तराफाल्गुनी (¼)
♍	कन्या	उत्तराफाल्गुनी (¾), हस्त (1), चित्रा (½)
♎	तुला	चित्रा (½), स्वाति (1), विशाखा (¾)
♏	वृश्चिक	विशाखा (¼), अनुराधा (1), ज्येष्ठा (1)
♐	धनु	मूल (1), पूर्वाषाढा (1), उत्तराषाढा (¼)
♑	मकर	उत्तराषाढा (¾),(अभिजित्),श्रवण(1),धनिष्ठा(½)
♒	कुंभ	धनिष्ठा (½), शतभिषक् (1), पूर्वभाद्रपदा (¾)
♓	मीन	पूर्वभाद्रपदा (¼), उत्तरभाद्रपदा (1), रेवती (1)

पाश्चात्य ज्योतिष की सभी 12 राशियां क्रांतिवृत्त (रविपथ) पर स्थित हैं और उनका विस्तार कम-ज्यादा है। इसके विपरीत, भारत में स्वीकृत राशियों का विस्तार सुनिश्चित है-प्रत्येक राशि 30^0 के बराबर और प्रत्येक राशि के साथ जिन 2¼ नक्षत्रों का मेल बिठाया गया वे सभी क्रांतिवृत्त पर स्थित नहीं हैं। अधिकांश भारतीय नक्षत्र क्रांतिवृत्त के काफी ऊपर या नीचे हैं।

इस बेमेल स्थिति से भी यह स्पष्ट हो जाता है कि राशियों की धारणा बाहर से आई हैं और इन्हें बाद में अपनाया गया है। हरिद्वार में कुंभपर्व का आयोजन बृहस्पति के कुंभ राशि में पहुंचने पर होता है, इसलिए हम देखेंगे कि कुंभ के मामले में यह स्थिति किस तरह बेमेल बन गई है।

कुंभ राशि का स्थान मकर और मीन के बीच में है। भारतीय ज्योतिष-व्यवस्था के अनुसार कुंभ राशि में **धनिष्ठा** (आधे), **शतभिषक्** (पूर्ण) और **पूर्वभाद्रपद** (तीन-चौथाई) नक्षत्रों का समावेश होता है। कुंभ का पाश्चात्य नाम **एक्वेरिपस्** (कुंभकर) है। मगर पाश्चात्य मंडल और भारतीय कुंभ राशि के विस्तारों में अंतर है। जिस धनिष्ठा नक्षत्र को मकर और कुंभ राशियों में आधा-आधा बांटा गया है, वह पाश्चात्य परंपरानुसर डेल्फाइनुस् (डॉलफिन) मंडल में है। उसी तरह, पूर्वभाद्रपद नक्षत्र पाश्चात्य ज्योतिष के पेगासस (हयशिर) मंडल में है। शतभिषक् नक्षत्र ठीक क्रांतिवृत्त पर स्थित है, परंतु पूर्वभाद्रपद नक्षत्र शतभिषक् के करीब 23 अंश उत्तर में स्थित है।

इस तरह की बेमेल स्थिति से सहज स्पष्ट हो जाता है कि राशियां भारतीय मूल की नहीं हैं। भारत में इनका प्रचार-प्रसार ईसा की दूसरी-तीसरी सदी के बाद हुआ। स्पष्ट है कि कुंभपर्व के लिए ग्रह-राशि योग की व्यवस्था भी उसके बाद ही अस्तित्व में आई है। जिस **स्कंदपुराण** में कुंभपर्व के राशि-ग्रह योग की व्यवस्था दी गई वह ईसा की आठवीं-नौवीं सदी के पहले का नहीं है। चीनी भिक्षु-पर्यटक श्वेन त्साङ् (युवान-च्वाङ : 600-664 ई0) ने अपने **भारत-यात्रा विवरण** में प्रयाग में आयोजित जिस 'महादान सम्मेलन' का उल्लेख किया है वह प्रत्येक पांच वर्ष बाद होता था। वह कुंभपर्व नहीं था। कुंभपर्व प्रमुखतः साधु-संन्यासियों के मिलन और नदी-स्नान का आयोजन है और वह हर 12 साल बाद देश के चार तीर्थस्थानों में होता है। चूंकि बृहस्पति के कुंभ में होने पर ही हरिद्वार में कुंभमेले का आयोजन होता है, इसलिए वास्तविक कुंभपर्व भी यही है।

एक और बात से भी यह स्पष्ट होता है कि नक्षत्र-पद्धति स्वदेशी है, मगर राशि-पद्धति विदेशी मूल की है। प्राचीन भारतीय ग्रंथों में, ठेठ वैदिक काल से, नक्षत्रों के बारे में तो कथाएं उपलब्ध हैं, मगर राशियों के बारे में कहीं कोई कथा देखने को नहीं मिलती। इसके विपरीत, राशियों के बारे में कई सारी यूनानी पुराणकथाएं उपलब्ध हैं, जैसे-एक यूनानी (ग्रीक) पुराणकथा के अनुसार, आकाश का यह कुंभ वही

अमृत-कुंभ है जिसे बालक गनिमेड ने ज्यूपिटर या ज्यूस ग्रीस (द्यौस) द्वारा हथियाए गरुड़ के सहयोग से देवों के लिए प्राप्त किया था। बालक गनिमेड ज्यूस के लिए अमृत का प्याला पेश करता था।

क्या आपको अमृत-कुंभ की यूनानी और भारतीय कथा में कोई साम्य नजर आता है? ज्यूस (ज्यूपिटर) बृहस्पति जान पड़ते हैं और गनिमेड इंद्र-पुत्र जयंत।

कुंभ राशि से अमृत-कुंभ या कुंभपर्व का संबंध काफी बाद में जोड़ा गया। रविपथ के इस तारा-मंडल को प्रायः सभी प्राचीन सभ्याताओं में जलकुंभ या कुंभधर के रूप में पहचाना गया था। कारण यह है कि प्राचीन काल में इस मंडल का संबंध वर्षा से रहा है। सूर्य जब कुंभ राशि में पहुंचता था, तो खूब वर्षा होती थी। यह भी ध्यान देने योग्य बात है कि कुंभ के आसपास के मकर, सेतुस्, डॉलफिन, मीन और दक्षिण-मीन मंडलों का नामकरण जलीय प्राणियों के आधार पर ही हुआ है।

बेबीलोनवासियों ने इस मंडल को एक ऐसे आदमी या बालक के रूप में पहचाना था जो अपने कंधे पर घट धारण किए हुए है। अवकदियों, मिस्त्रियों, यूनानियों, रोमनों और अरबों ने भी इस तारा-मंडल को कुंभ या कुंभधर के रूप में ही देखा था। प्राचीन यूनानी साहित्य में इस राशि के लिए **हिद्रोकोस्** शब्द देखने को मिलता है। वराहमिहिर ने इसी यूनानी शब्द के आधार पर कुंभ राशि के लिए **हृद्रोग** शब्द बनाया था (**बृहज्जातक**)।

''बृहस्पति कुंभ में होता है' और ''सूर्य मेष में होता है'' जैसे कथनों का धार्मिक अनुष्ठानों के लिए और फलित-ज्योतिष के लिए भले ही विशेष महत्त्व हो, मगर वस्तुस्थिति की दृष्टि से ये कथन अर्थहीन हैं। आकाशगंगा-मंदाकिनी के करीब 150 अरब तारों में से हमारा सूर्य एक सामान्य तारा है। सूर्य हमसे करीब 15 करोड़ मिलोमीटर दूर है। सूर्य का प्रकाश पृथ्वी तक पहुंचने में करीब 8 मिनट लगते हैं (प्रकाश का वेग प्रति सेकंड 3,00,000 किलोमीटर है)। बृहस्पति सौर-मंडल का एक ग्रह है।

मगर जिन्हें हम कुंभ या मेष राशि के तारे कहते हैं वे हमारे सौर-मंडल से बहुत-बहुत दूर हैं। इतना ही नहीं, वे एक-दूसरे से भी बहुत दूर-दूर हैं। जैसे, कुंभ मंडल के **अल्फा** (सदलमलिक) और **बीटा** (सदलसाद) तारे कुंभधारी पुरुष के क्रमशः दाएं और बाएं कंधे पर स्थित हैं मगर ये दो तारे हमसे क्रमशः 550 और 680 प्रकाश-वर्ष दूर हैं (प्रकाश एक वर्ष में जितनी दूरी तय करता है उसे **प्रकाश-वर्ष** कहते हैं, एक प्रकाश-वर्ष दूरी 94,63,00,00,00,000 किलोमीटर के बराबर होती है।))। इस मंडल में यूनानी अक्षर **गामा, जीटा, इटा** और **पाई** से दर्शाए जाने वाले तारों का जो समूह है वह घट (कुंभ) का द्योतक है। मगर **गामा** तारा 180 प्रकाश-वर्ष दूर है, तो **जीटा** तारा 98 प्रकाश-वर्ष दूर।

स्पष्ट है कि आकाश के तारा-समूहों में जिन वस्तु-चित्रों की कल्पना की गई थी (**तैत्तिरीय ब्राह्मण** का वचन भी है-**यानि वा इमानि पृथिव्याश्चित्राणि**, यानी पृथ्वी के पदार्थों के चित्र ही नक्षत्र हैं)। वे वस्तु स्थिति से मेल नहीं खाते। प्राचीन काल के नक्षत्र-दर्शियों ने सोचा था कि सभी तारे हमसे समान दूरी पर हैं और आकाश के एक गोल पर स्थित हैं। मगर आज हम जानते हैं कि वस्तुस्थिति यह नहीं है। आकाश में कुंभ, मेष या सिंह की खोज करना व्यर्थ है। आज इन राशिनामों का उपयोग इनमें मौजूद तारों और इनमें यात्रा करने वाले चंद्र, सूर्य तथा ग्रहों आदि की केवल पहचान के लिए ही हो सकता है।

विविध राशिनाम

	लैटिन नाम	समानार्थी अंग्रेजी नाम	यूनानी नाम	वराहमिहिर के नाम	भारतीय नाम	बेबीलोनी नाम
1.	ऐरिईज	Ram	क्रिओस	क्रिय	मेष	कु, इ-कु (मेढ़ा)
2.	टौरस	Bull	टॉरस	ताबुरि	वृषभ	ते-ते (सांड)
3.	जेमिनी	Twins	दिदुमोई, दिदुम	जितुम	मिथुन	मस्मसु (युगल)
4.	कैंसर	Crab	कलौरस, कर्खिनोस्	कुलीर	कर्क, कर्कट	नंगरू (केकड़ा)
5.	लिओ	Lion	लिओन्	लेय	सिंह	अरू (सिंह)
6.	विरगो	Virgin	पार्थेनोस्	प्राथोन, पाथोन	कन्या	की (कन्या)
7.	लिब्रा	Balance	जुगोस्, जुकोस्	जूक	तुला	नुरू (तुला)
8.	स्कोर्पियो	Scorpion	स्कोर्पिओस्	कौर्प्य	वृश्चिक	अक्रबु (बिच्छू)
9.	सैजिटेरियस	Archer	तोजैऊतस्	तौक्षिक	धनु	पा. मुलबान (धनुर्धर)
10.	कैप्रिकोर्न	Goat	आइगोकैरौस्	आकोकोर	मकर	साहू (बकरा)
11.	एक्वेरियस	Water-Bearer	हिदरोकोस्	हृदरोग	कुंभ	गु (कुंभधर)
12.	पिसीज	Fish	एक्थए, इखथुएस	इत्थ, अंत्यभ	मीन	झिब, नूनी (मछली)

हरिद्वार में हो रहे कुंभपर्व के संदर्भ में जब हम कुंभ राशि के बारे में खगोलीय जानकारी प्राप्त कर रहे हैं, तो इस तारा-मंडल से जुड़ी हुई ऐतिहासिक महत्त्व की एक-दो घटनाओं का जिक्र करना अप्रासंगिक नहीं होगा। फ्रांसीसी खगोलविद

लवेरिए ने सन् 1846 में यूरेनस ग्रह की कक्षा का सूक्ष्म अध्ययन करके इसके परे के अज्ञात ग्रह नेपच्यून की कक्षा निर्धारित की थी। लवेरिए ने बताया था कि इस नए ग्रह को कुंभ राशि के **आयोटा** तारे के नजदीक दक्षिण-पश्चिम की ओर खोजा जा सकता है। यह स्थान मकर मंडल की पूर्वी सीमा के समीप था। लवेरिए के बताए गए कुंभ राशि के उस स्थान पर बर्लिन के खगोलविद् **प्रो. गाल्ले** ने दूरबीन से 23 सितंबर, 1846 को नया नेपच्यून ग्रह आकाश में खोज निकाला। उसी समय इंग्लैंड के तरुण खगोलविद् **जॉन एडम्स** ने भी नेपच्यून की कक्षा की सही गणना की थी। लवेरिए और एडम्स की नेपच्यून के बारे में की गई ये भविष्यवाणियां गुरुत्वाकर्षण के नियम पर आधारित थीं।

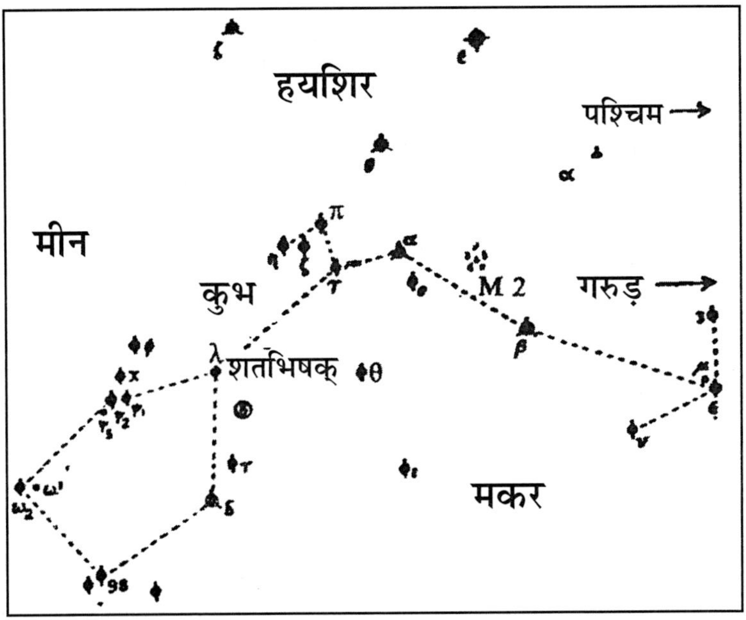

कुंभ मंडल के तारों को सितंबर-अक्तूबर में रात को 8-9 बजे दक्षिणाकाश में आसानी से पहचाना जा सकता है।

भविष्य में, कुछ सदियों बाद, कुंभ मंडल का महत्त्व खगोल-विज्ञान की दृष्टि से और अधिक बढ़ जाएगा। वजह यह है कि आज **वसंत-संपात बिंदु** मीन राशि में है परंतु करीब छह सदियों बाद यह कुंभ राशि में पहुंच जाएगा । खगोल का विषुवतवृत्त और क्रांतिवृत्त (रविपथ) जिन दो बिंदुओं से एक-दूसरे को काटते हैं

उन्हें संपात (वसंत-संपात व शरद-संपात) बिंदु कहते हैं। इनमें वसंत-संपात बिंदु का खगोल-विज्ञान में विशेष महत्त्व है। सूर्य दक्षिण से उत्तर की ओर गमन करते हुए जब विषुववृत्त वृत्त को लांघता है, तब वह वसंत-संपात बिंदु पर होता है तब रात व दिन समान होते हैं। वसंत-संपात बिंदु से ही आकाशीय पिंडों की स्थितियों (विषुवांश व रेखांश) का मापन होता है।

मगर वसंत-संपात बिंदु स्थिर नहीं है। पृथ्वी की एक विशिष्ट गति के कारण यह क्रांतिवृत्त पर पश्चिम की ओर सरकता रहता है। इस गति को **संपात-चलन या अयन-चलन** कहते हैं। वसंत-संपात बिंदु को क्रांतिवृत्त का एक पूरा चक्कर लगाने में करीब 26,000 वर्ष लगते हैं।

पता चलता है कि वैदिक काल में वसंत-संपात बिंदु **कृतिका पुंज** के समीप था। प्राचीन **सूर्य-सिद्धांत** के समय (285 ई. के आसपास) वसंत-संपात बिंदु मीन राशि के **रेवती** नक्षत्र के पास था। मगर पिछले करीब 1700 वर्षों में यह बिंदु मीन राशि में ही करीब 24 अंश पश्चिम की ओर सरक गया है।

वसंत-संपात बिंदु पश्चिम की ओर सरकते हुए करीब 600 वर्ष बाद कुंभ राशि में प्रवेश कर जाएगा। तब कुंभ-मंडल का महत्त्व निश्चय ही बढ़ जाएगा। उस 'कुंभ युग' में कुंभपर्व की क्या स्थिति रहेगी, इसकी आज हम केवल कल्पना ही कर सकते हैं।

समय मापने के अंतर्राष्ट्रीय तरीके

समय का अपना कोई स्वतंत्र अस्तित्व नहीं है। कालमापन पूर्णतः प्राकृतिक घटनाओं पर आश्रित है।

हमारी धरती पर समय का मापन दो घटनाओं पर आधारित है–एक, हमारी पृथ्वी का अपनी धुरी पर चक्कर लगाना और दूसरे, पृथ्वी का सूर्य की परिक्रमा करना।

सभी जानते हैं कि सारे संसार में सूर्योदय एक ही समय में नहीं होता। यदि इस समय दिल्ली में सूर्योदय हो रहा है तो कलकत्ता में करीब आधा घंटा पहले हो चुका है और लंदन में करीब साढ़े पांच घंटे बाद होगा। इसलिए संसार के अलग–अलग स्थानों पर अलग–अलग समय होता है।

सूर्य के अनुसार यदि किसी स्थान का समय मालूम करना हो तो मध्याह्न दोपहर के समय घड़ी में 12 बजा दीजिए। तब वह घड़ी उस स्थान का स्थानीय समय बताएगी।

हम जानते हैं कि पृथ्वी अपनी धुरी पर 24 घंटों में एक चक्कर लगाती है। दूसरे शब्दों में, पृथ्वी 24 घंटों में 360^0 देशांतर घूम जाती है। इस प्रकार एक घंटा 15^0 देशांतर के बराबर होगा अर्थात् पृथ्वी के 1^0 देशांतर घूमने में 4 मिनट का समय लगता है।

जो स्थान एक ही देशांतर पर है उनका स्थानीय समय एक ही रहेगा परंतु दो स्थानों के देशांतर भिन्न हों तो उनका स्थानीय समय अलग–अलग होगा। इसका मतलब यह है कि यदि आप एक स्थान से दूसरे स्थान जाते हैं, तो स्थानीय समय बदलेगा, घड़ी का समय बदलेगा।

आज से करीब सौ साल पहले तक यूरोप और अमरीका में यही स्थिति थी। किसी इलाके के प्रमुख शहर के स्थानीय समय का उस इलाके के लिए मानक समय मान लिया था लेकिन तब भी दूर–दूर के दो शहरों के स्थानीय समयों में अंतर बरकरार रहता था।

पिछली सदी में रेलगाड़ी तथा टेलीग्राफी की शुरुआत हुई तो अलग-अलग शहरों के अलग-अलग स्थानीय समयों की इस व्यवस्था से बड़ा झमेला होने लगा। अतः सारे संसार के लिए कालमापन की एक सुचारु व्यवस्था स्थापित करने के प्रयास आरंभ हुए।

आज से ठीक सौ साल पहले, 1884 में, वाशिंगटन में खगोल-विज्ञान का एक अंतर्राष्ट्रीय सम्मेलन हुआ था। इसमें सारे संसार के लिए क्षेत्रीय या स्थानीय समय की व्यवस्था को सर्वसम्मति से स्वीकार कर लिया गया।

इस व्यवस्था में समूचे धरातल की देशांतरों के जरिए 24 भागों में बांट दिया गया है। प्रत्येक भाग या क्षेत्र का विस्तार 15^0 देशांतर तक है और यह एक घंटे के समय का द्योतक है।

यह भी मान लिया गया था कि इंग्लैंड का ग्रीनिच वेधशाला से गुजरने वाली देशांतर रेखा 0^0 देशांतर कहलाएगी। ग्रीनिच से पूर्व की ओर 180^0 देशांतर तक 12 क्षेत्र हैं, और ग्रीनिच से पश्चिम की ओर 180^0 देशांतर तक भी 12 क्षेत्र हैं।

धरातल की देशांतरों के 24 क्षेत्रों में बांट देने से सारे संसार के लिए समय का निर्धारण करने मे बड़ी सुविधा हुई। अब पूरे 15^0 देशांतरों तक फैले हुए सभी स्थानों में एक ही स्थानीय समय रहता है। इसके पूर्व की ओर के क्षेत्र में समय एक घंटा आगे रहता है, तो पश्चिमी की ओर के क्षेत्र में समय एक घंटे पीछे रहता है। अतः क्षेत्रों की सीमाओं को लांघते समय हमें घड़ी आगे या पीछे करनी पड़ती है।

जो देश छोटे हैं उनका काम सारे देश के लिए एक ही मानक समय मानकर चल जाता है। हमारा देश पूर्व से लेकर पश्चिम तक करीब तीस देशांतरों में फैला हुआ है। अतः सारे देश का एक मानक या प्रामाणिक समय स्वीकार करने के लिए 82½ देशांतर रेखा को चुना गया है। यह भारत के लिए मानक मध्याह्न रेखा है। सारे देश के लिए लागू होने वाला इस देशांतर रेखा का मानक समय ग्रीनिच से 5½घंटे आगे रहता है।

जिन देशों का पूर्व-पश्चिम विस्तार काफी अधिक है, उनमें अधिक मानक समयों को स्वीकार किया गया है। आस्ट्रेलिया में तीन, अमरीका में चार और भूत सोवियत संघ में 11 समय-क्षेत्र हैं।

180^0 देशांतर रेखा को अंतराष्ट्रीय दिनांक रेखा स्वीकार किया गया है। इस रेखा में सुविधानुसार इस प्रकार परिवर्तन किया गया है कि यह पूर्णतः समुद्र सतह पर से गुजरती है। स्पष्ट है कि दिन इसी रेखा पर बदलता है। इस रेखा के पूर्व में यदि सोमवार है, तो इसके पश्चिम में मंगलवार होगा।

धरती पर मध्यरात्रि को नए दिन की शुरुआत भी 180^0 देशांतर की इसी रेखा पर होता है। इस समय ग्रीनिच के देशांतर पर मध्याह्न समय होता है। यही वह समय होता है जब सारे संसार के लिए एक ही दिन होता है, शेष समय दो दिनांक जारी रहते हैं।

काल–एक अनबूझ पहेली

भौतिक जगत् के अस्तित्व की चार बुनियादी धारणाएं हैं–द्रव्य, गति, दिक् और काल। बहुत पुराने समय से मनुष्य इनके बारे में चिंतन करता आया है, इन्हें समझने के प्रयास में मिथक या आख्यान गढ़ता आया है। प्राय: सभी धर्मों और दर्शनों ने इन धारणाओं और इनके आपसी संबंधों पर कुछ न कुछ विचार व्यक्त किए हैं।

इन चार बुनियादी धारणाओं में मानव को सबसे अधिक आतंकित किया है काल ने। काल विनाशक है, सर्वभक्षक है *(क: कालस्य न गोचरान्तरगत:– पंचतंत्र)*; इसीलिए भारतीय परंपरा में काल को मृत्यु और यम कहा गया है। इस कारण भी पुराने समय से ही काल के बारे में अधिक व्यापक चिंतन हुआ है।

काल इस भौतिक जगत् की एक विलक्षण विशेषता है। हम सभी काल को अनुभव करते हैं। हमारे व्याकरण में भूत, वर्तमान व भविष्य काल हैं। हम बीते कल और आने वाले कल की चर्चा करते हैं; कल्पों, युगों, वर्षों, महीनों, दिनों, घंटों, मिनटों और सेकंडों की बात करते हैं। परंतु यदि पूछ लिया जाए कि ''काल क्या है?'' तो बहुतों से कोई जवाब नहीं देते बनेगा। सेंट ऑगस्टिन (354-430 ई.) ने ठीक ही कहा था, '' 'काल क्या है?' यदि यह मुझसे कोई न पूछे, तब तो मैं जानता हूँ कि वह क्या है लेकिन मुझे यदि पूछनेवाले को यह समझाना पड़े, तो फिर मैं भी इसे नहीं जानता!''

दिक् और काल एक-दूसरे से जुड़े हुए हैं; मगर उनमें एक सुस्पष्ट अंतर है। हम दिक् के तीन आयामों में से किसी में भी मजे से विचरण (गमन) कर सकते हैं–दाएं-बाएं, ऊपर-नीचे किधर भी। किंतु काल के बारे में ऐसी बात नहीं है। उसके कुछ घटक भूत में रहते हैं, तो कुछ भविष्य में होते हैं। इसलिए काल के अनिवार्यत: तीन भाग होते हैं–भूत, वर्तमान और भविष्य। हमें लगता है कि काल भविष्य की ओर से बहता हुआ आता है, वर्तमान में क्षण भर अपने करतब दिखाता है और फिर भूत की ओर आगे बढ़ जाता है। काल हमें प्रवाह-रूप प्रतीत होता है।

किंतु काल का स्वरूप इतना सरल है नहीं। काल के बारे में यह कह देना कि वह घटनाओं के बीच का अंतराल मात्र है, पर्याप्त नहीं है। अतिविशाल और अतिसूक्ष्म विश्वों में द्रव्य और उसकी गतियों के अनुसार काल भी अपना स्वरूप बदलता प्रतीत होता है। आज के वैज्ञानिकों ने काल के स्वरूप के बारे में कई तरह की संभावनाएं व्यक्त की हैं। इन संभावनाओं के आधार पर अनेक वैज्ञानिक कथानक भी लिखे गए हैं।

काल का एकदिक् गमन अथवा "काल का तीर" आज स्वीकार किया जाता है मगर हमेशा ऐसा नहीं रहा है। ज्वार-भाटों, अयनों (दक्षिणायन-उत्तरायण), ऋतुओं और आकाशीय पिंडों की चक्रीय गतियों को देखकर आदिम मानव ने सोचा कि काल-प्रवाह को भी चक्रीय या वृत्तीय ही होना चाहिए। दिन के बाद रात आती है, पूनम के बाद अमावस, ग्रीष्म ऋतु के बाद वर्षा ऋतु। इसी आधार पर यह सोचा गया कि मानव-इतिहास भी चक्रीय ही होगा। इस तरह, चक्रीय काल की धारणा कई प्राचीन सभ्यताओं में रूढ़ हुई और उसके बारे में अनगिनत आख्यान और मिथक गढ़े गए।

कालचक्र की धारणा प्रायः सभी वैष्णव पुराणों में देखने को मिलती है। यह धारणा महाभारत में भी मौजूद है। बी.आर. चोपड़ा के 'महाभारत' सीरियल ने इसे प्रचारित करने में जो भूमिका अदा की, उसे सभी जानते हैं। महाभारत में कहा गया है–काल सभी भूतों की सृष्टि करता है; काल प्रजाओं का नाश करता है।

कालचक्र के साथ चतुर्युगी–कृत, त्रेता, द्वापर और कलि–की कल्पना अभिन्न रूप से जुड़ी हुई है। पुराणों में ही नहीं, महाभारत और मनुस्मृति में भी घटते कालमान वाले इन युगों का उल्लेख है। ह्रासोन्मुख चतुर्युगी की यह धारणा जनसाधारण में काफी रूढ़ हो गई है और आम मान्यता यह है कि भारत में यह धारणा सर्वदा सर्वमान्य रही है।

परंतु वास्तविकता कुछ और ही है। वैदिक साहित्य में ह्रासोन्मुख युग, महायुग, मन्वंतर या कल्प जैसी लंबी कालावधियों का कहीं कोई उल्लेख नहीं है। आप यह पढ़कर चकित होंगे कि वैदिक साहित्य में युग की अवधि केवल पांच वर्ष बताई गई है। वेदांग-ज्योतिष में युग पांच वर्षों का है। बड़ी कालावधि के महायुग (43,20,000 मानव-वर्ष) का अथवा चतुर्युग-पद्धति का प्रयोग भारत में लगभग ईसा की प्रथम सदी से आरंभ हुआ। परंतु ज्योतिषियों की चतुर्युग संबंधी मान्यता पौराणिकों की चतुर्युग संबंधी मान्यता से काफी भिन्न रही है।

गणितज्ञ–ज्योतिषी आर्यभट (499 ई.) का उदाहरण लीजिए। उन्होंने महायुग के चौथे भाग के लिए 'युगपाद' शब्द का प्रयोग किया है। ब्रह्मांड की सृष्टि और प्रलय में उनकी आस्था नहीं थी। वे कालचक्र को भी नहीं मानते थे। उनका मत

था कि काल एक सतत प्रक्रिया है; कल का न तो आरंभ है और न अंत *(कालोऽयमनाद्यन्तः)*। उन्होंने यह भी स्पष्ट शब्दों में लिखा कि युगारंभ या कल्पारंभ का हमारी पार्थिव या लौकिक घटनाओं से कोई लेना-देना नहीं है। इनका संबंध विशुद्ध रूप से ग्रहों के आकाश-गमन की खगोलीय घटनाओं से है। उन्हीं खगोलीय घटनाओं के आधार पर युग और कल्प के आरंभ का अनुमान लगाया गया है। पुराणों ने, मनुस्मृति ने भी घटती कालावधि वाले और ह्रासोन्मुख युगों की कल्पना की। मगर आर्यभट के अनुसार, चारों युग समान कालावधि (10,80,000 वर्ष) के होते हैं।

इस तरह यह स्पष्ट है कि प्राचीन भारत में केवल कालचक्र और ह्रासोन्मुख चतुर्युगों की धारणा ही प्रचलित नहीं थी। सच तो यह है कि प्राचीन भारत में *कालवाद* नाम की एक स्वतंत्र विचारधारा ही अस्तित्व में आ गई थी। उसके अनुसार, काल ही परम सत्ता है, काल ही विश्व का कर्ता है। पता चलता है कि श्रीपति (लगभग 1000 ई.) जैसे कई गणितज्ञ-ज्योतिषी इस मत के अनुयायी थे।

कई आयुर्वेदाचार्यों का विचार था कि काल ही संपूर्ण सृष्टि का आधार है। चरक-संहिता में आयुर्वेदाचार्यों के सम्मेलन का वर्णन है। उसमें ईश्वर को सुख-दुख का कारण माननेवाले कांकायन का विरोध करते हुए भिक्षु आत्रेय कहते हैं, ''पुरुष काल से उत्पन्न होता है और रोग भी काल से उत्पन्न होते हैं। संपूर्ण जगत् काल के वश में है। अतः सर्वत्र काल ही कारण है।''

परमाणुवाद का प्रतिपादन करनेवाले वैशेषिक दर्शन में विश्व के तत्त्वों को छह (बाद में सात) पदार्थों में विभाजित किया गया है। इन पदार्थों में एक है-द्रव्य। द्रव्य नौ माने गए हैं। उनमें से काल एक सर्वव्यापी तत्त्व है। वैशेषिकों ने यह भी कहा है कि विश्व में जो कुछ अस्तित्व में है उस सबका आधार काल है *(कालोत्पत्तिनिमित्तं जगदाधारश्च कालः)*।

प्राचीन भारत में कुछ ऐसे भी विचारक हुए जो वर्तमान काल को नहीं मानते थे; वे केवल भूत और भविष्य को स्वीकार करते थे। सांख्य दर्शन में काल को पृथक् तत्त्व या द्रव्य नहीं माना गया है। बौद्ध चिंतन में क्षण अथवा क्षण-परंपरा ही काल है। बुद्ध का तो दर्शन ही क्षणिकवादी है। उसमें कार्य-कारण के संबंध को अविच्छिन्न प्रवाह नहीं, अपितु विच्छिन्न प्रवाह माना गया है। जैनों के मत में काल एकमितियुक्त स्वतंत्र द्रव्य है।

सारांश यह कि प्राचीन भारत में काल के बारे में बीसियों मत प्रचलित रहे हैं। यहाँ ध्यान देने योग्य बात यह है कि प्राचीन भारत में मानव-जीवन की निस्सारता को दरशाने वाली और नैराश्य को उभारने वाली कालचक्र की पौराणिक धारणा का

ही अखंड वर्चस्व नहीं रहा; अपितु काल के बारे में वैज्ञानिक और भौतिक दृष्टि से भी काफी विचार हुआ। खगोलविदों, चिकित्सकों और परमाणुवादियों ने काल के बारे में भौतिकतावादी दृष्टि से ही चिंतन किया था।

प्राचीन यूनानी विचारकों ने भी काल की परिकल्पना चक्र या वृत्त के रूप में की थी। उनकी मान्यता थी कि प्रत्येक चक्र में पूर्ववर्ती कालचक्र की घटनाओं की ही पुनरावृत्ति होती है; नया कुछ भी घटित नहीं होता। अर्थात् ब्रह्मांडीय काल वस्तुतः घटनाओं की पुनरावृत्ति का चक्र है।

इस यूनानी चिंतन के दो मुख्य निष्कर्ष हैं। एक, कालचक्र में किसी भी बिंदु को आरंभ, मध्य या अंत का बिंदु नहीं कहा जा सकता। अन्य शब्दों में, ब्रह्मांड का आरंभ या अंत जैसी कोई चीज नहीं है। दूसरे, कालचक्र अपने को दोहराता रहता है, इसलिए उसमें कोई भी घटना 'पहले' की या 'बाद' की नहीं है। आज की कोई घटना ट्रोजन युद्ध के बाद की हो सकती है, तो अगले चक्र की ट्रोजन युद्ध के पहले की भी हो सकती है।

इस प्रकार भारतीयों की भांति यूनानी विचारकों ने भी कालचक्र की धारणा को स्वीकार किया था, यद्यपि दोनों के कालचक्रों में बुनियादी अंतर है।

ईसाई धर्म ने काल के एकदिक् गमन की धारणा यहूदी धर्म से ली। ईसाई धर्म के अनुसार, काल ईश्वर द्वारा विश्व के सृजन तथा उसकी सतत क्रियाशीलता के साथ जुड़ा हुआ है। इस तरह ईसाई चिंतन में काल का एक निश्चित आरंभ-बिंदु है, एक निश्चित दिशा है और एक निश्चित लक्ष्य है। दूसरे शब्दों में, काल एक निश्चित रैखिक दिशा में–भूत से भविष्य की ओर–गमन करता है।

इसके विपरीत, इस्लाम में काल के सातत्य (नैरंतर्य) को स्वीकार नहीं किया गया है। इस्लामी चिंतन में काल क्षणों का समूह है। अर्थात् इस्लाम की दृष्टि में दिक् और काल दोनों ही बिंदु-बिंदु से निर्मित समुच्चय हैं। इसी जन्म में तत्काल मुक्ति की चाह रखनेवाले साधकों और गूढ़ज्ञानवादियों की भी यही मान्यता रही है कि काल टुकड़ों-टुकड़ों में विभक्त है।

इस प्रकार हम देखते हैं कि प्राचीन जगत् में काल के बारे में मुख्यतया तीन प्रकार की धारणाएं प्रचलित रहीं–1. काल चक्रीय है; 2. काल की गति सीधी रेखा में एकदिक् है; और 3. काल बिंदु-बिंदु या खंड-खंड में विभक्त है।

काल के संबंध में एक और विवाद प्राचीन काल से चला आ रहा है। चैतन्यवादी दार्शनिकों की मान्यता रही है कि काल का कोई वस्तुनिष्ठ अस्तित्व नहीं है; वह एक निरपेक्ष धारणा है और व्यक्ति की चेतना पर आश्रित है। इसके विपरीत भौतिकतावादी विचारकों ने यह माना है कि काल एक वस्तुनिष्ठ सत्ता है और किसी कालातीत सत्ता का अस्तित्व नहीं है। आधुनिक भौतिकवादियों के अनुसार, द्रव्य,

गति, काल व दिक् एक-दूसरे के साथ अभिन्न रूप से जुड़े हुए हैं। आधुनिक विज्ञान की भी यही मान्यता है।

किंतु इनके विषय में 20वीं सदी से पहले के वैज्ञानिकों की मान्यताएं कुछ और ही थीं। आइजेक न्यूटन का मत था कि दिक् और काल की अपनी पृथक् सत्ताएं हैं, जो द्रव्य और गति से प्रभावित नहीं होतीं।

बीसवीं सदी की भौतिकी ने दिक् और काल विषयक सभी पुरानी मान्यताओं को अस्वीकार कर दिया और गतिमान द्रव्य के साथ दिक्-काल का अभिन्न संबंध स्थापित किया। आइंस्टाइन ने अपने आपेक्षिकता के सिद्धांत में प्रतिपादित किया कि पदार्थ से पृथक् दिक् और काल का कोई स्वतंत्र अस्तित्व नहीं है। वस्तुओं या पिंडों की गतियों के अनुसार काल की गति घटती-बढ़ती रहती है। यह अब प्रयोगसिद्ध तथ्य है, भले ही इस वास्तविकता के कई परिणाम हमें पहेली जैसे प्रतीत होते हों।

मगर इसका मतलब यह नहीं कि आधुनिक भौतिकी ने या आपेक्षिकता के सिद्धांत ने काल से संबंधित सभी सवालों का समाधान खोज लिया है। बीसवीं सदी में एक ओर अतिविशाल ब्रह्मांड का उद्घाटन हुआ है, तो दूसरी ओर परमाणु के भीतर अतिसूक्ष्म जगत् की भी जानकारी मिली है। भौतिक विश्व के कुछ ऐसे घटनाक्रम इस सदी में पता चले हैं जिन्होंने वैज्ञानिकों को काल के प्रवाह के बारे में, विशेषकर उसकी दिशा के बारे में, नए सिरे से सोचने को विवश कर दिया है।

हमारे दैनिक जीवन की घटनाएं इसकी गवाही देती हैं कि काल हमेशा भूत से भविष्य की ओर आगे बढ़ता है। भौतिक विज्ञान में भी काल के एकदिक् तीर को स्वीकार कर लिया गया है। मान लिया गया है कि काल का विपरीत दिशा में-वर्तमान से भूत की ओर-गमन संभव ही नहीं है।

किंतु अतिसूक्ष्म जगत् में कुछ ऐसी घटनाएं देखने को मिली हैं जो इस बात का संकेत देती हैं कि काल का तीर विपरीत दिशा में भी गमन करता है। परमाणु के भीतर के सूक्ष्म जगत् की व्याख्या करनेवाली क्वांटम भौतिकी काल के एकदिक् तीर को स्वीकार नहीं करती। क्वांटम भौतिकी के समीकरणों से हम एक ही क्षण में किसी परमाणु-कणिका की (जैसे, इलेक्ट्रॉन की) गति और स्थिति एक साथ निर्धारित नहीं कर सकते। परमाणु के अतिसूक्ष्म जगत् में अंतर्भूत यह अनिवार्य व्यवस्था काल की दिशा को भी अनिर्धार्य बना देती है।

आज हम देखते हैं कि विराट ब्रह्मांड का निरंतर विस्तार हो रहा है; मंदाकिनियों के बीच दूरियां बढ़ती जा रही हैं; काल का तीर आगे ही बढ़ता जा रहा है। परंतु ब्रह्मांड में यदि पर्याप्त द्रव्य विद्यमान है, तो एक समय आएगा जब गुरुत्वाकर्षण के अंतर्गत ब्रह्मांड सिकुड़ने लग जाएगा। मंदाकिनियां एक-दूसरे के निकट आती जाएंगी। तब काल का तीर विपरीत दिशा में अग्रसर होगा।

अब अधिकांश वैज्ञानिकों की मान्यता यह है कि आज से करीब 15 अरब साल पहले एक महाविस्फोट (बिग बैंग) के साथ ब्रह्मांड का आरंभ हुआ था। महाविस्फोट के समय या उसके पहले द्रव्य या विकिरण और काल तथा दिक् की क्या स्थिति रही थी, इसके बारे में कोई स्पष्ट जानकारी आज के वैज्ञानिक सिद्धांत हमें नहीं देते। वह विलक्षणता (सिंग्युलैरिटी) की स्थिति थी और ऐसी विलक्षणताओं के बारे में जानने में अभी हम असमर्थ हैं।

पिछले कुछ वर्षों से 'ब्लैक होल' (यानी कृष्ण विवर) काफी चर्चित हैं। कोई बड़ा तारा अपने ही गुरुत्वाकर्षण के अंतर्गत सिकुड़कर ब्लैक होल बन सकता है। तब उसमें से प्रकाश-किरणें भी बाहर नहीं आ पाएंगी। बिग बैंग की तरह ब्लैक होल भी एक विलक्षणता की स्थिति होगी। ब्लैक होल में काल की गति इतनी धीमी हो जाएगी कि उसे हमें स्थिर ही मानना होगा।

इस तरह, भौतिक जगत् में काल की गति और दिशा के बारे में विभिन्न दशाओं के दर्शन हमें होते हैं। तार्किक सिद्धांतों पर आधारित भौतिकी के नियम या समीकरण काल के अग्रगामी या पश्चगामी प्रवाह में कोई भेद नहीं मानते। विराट ब्रह्मांड की व्यवस्था में भी काल के दुतरफा गमन की व्यवस्था अंतर्निहित है। परंतु विश्व की एकाकी पृथक् प्रणालियों में काल का प्रवाह सदैव एक ही दिशा की ओर है–भूत से भविष्य की ओर।

वास्तव में काल की दिशा का सवाल वैज्ञानिकों के लिए आज भी एक पहेली ही बना हुआ है। विश्वास के साथ केवल इतना ही कहा जा सकता है कि द्रव्य और गति से पृथक् दिक् और काल का कोई अस्तित्व नहीं है।

काल-कल्पना–विविध देश-कालों में

* प्राचीन मिस्रवासी काल को अवस्थाओं की पुनरावृत्ति के एक क्रमिक सिलसिले के रूप में देखते थे। भूत या भविष्य का उन्हें विशेष बोध नहीं था। वे विश्व को तत्त्वतः स्थिर और अपरिवर्तनशील मानते थे। फिर भी मिस्री पुरोहित-ज्योतिषियों ने काल-गणना में काफी निपुणता हासिल कर ली थी और सोथिस (व्याध तारे) के सूर्य-सहोदय की घटना के आधार पर (2773 इ.पू.) एक उत्तम सौर कैलेंडर का निर्माण कर लिया था। अहोरात्र को 24 घंटों में बांटने की व्यवस्था प्राचीन मिस्री कैलेंडर की ही देन है।
* प्राचीन मेसोपोटामियावासियों की स्थायित्व में आस्था नहीं थी। वे सूर्य, चंद्र और ग्रहों की आवर्ती गतियों के अनुरूप काल को भी चक्रीय मानना पसंद करते थे। बेबीलोनी पुरोहित-ज्योतिषी बेरोस्सु (लगभग

300 ई.पू.) का मत था कि विश्व का पुनः-पुनः संहार और सृजन होता है। सात दिनों के सप्ताह की व्यवस्था मूलतः बेबीलोनी चांद कैलेंडर की देन है।

* प्राचीन ईरान में काल के बारे में दो पृथक् मत प्रचलित थे–1. काल अविभाज्य है अर्थात् वह नित्य 'वर्तमान' है; 2. काल क्रमिक खंडों में विभाज्य है। पहले प्रकार के अनंत काल को विश्व का सृजनकर्ता माना गया था। दूसरे प्रकार का परिमित काल मानव-जगत् से जुड़ा था और उसे क्षय व मृत्यु का जनक समझा जाता था।

* प्राचीन चीनियों ने व्यावहारिक काल-मापन को बहुत महत्त्व दिया था और कई पेचीदा जल-घड़ियों का निर्माण किया था। ई.पू. पांचवीं सदी के चीनी दार्शनिक *मो ती* की मान्यता थी कि काल कणमय है। इतना ही नहीं, मो ती के अनुयायी काल और गति के अन्योन्याश्रय को भी मानते प्रतीत होते हैं। इस धारणा का पूर्ण विकास तो आधुनिक काल में ही हो सका। सामान्यतः कहा जा सकता है कि प्राचीन चीन में विभिन्न कालावधियों को अलग-अलग स्वतंत्र इकाइयों के रूप में ग्रहण किया गया था।

* मध्य अमरीका के मय लोग दुनिया की अन्य उन्नत सभ्यताओं से अलग-थलग रहे; किंतु काल-चिंतन उन पर बहुत हावी रहा। वे काल को अनादि-अनंत मानते थे और सोचते थे कि घटनाएं एक चक्र में घटित होती रहती हैं। मय पुरोहित कुशल गणक व वेधकर्ता थे और उन्होंने जिस कैलेंडर का निर्माण किया था वह कुछ बातों में ग्रेगोरी कैलेंडर से भी बेहतर था!

❏❏❏